人类未来细思量

科学与人文百题

卞毓麟 —— 著

上海科学技术文献出版社
Shanghai Scientific and Technological Literature Press

U0174247

图书在版编目（CIP）数据

人类未来细思量：科学与人文百题 / 卞毓麟著．—上海：
上海科学技术文献出版社，2022.1
ISBN 978-7-5439-8484-4

Ⅰ．① 人⋯ Ⅱ．① 卞⋯ Ⅲ．① 天文学—普及读物 Ⅳ．
① P1-49

中国版本图书馆 CIP 数据核字 (2021) 第 233222 号

选题策划：张　树
责任编辑：王　珺
封面设计：留白文化

人类未来细思量：科学与人文百题
RENLEI WEILAI XISILIANG: KEXUE YU RENWEN BAITI
卞毓麟　著
出版发行：上海科学技术文献出版社
地　　址：上海市长乐路 746 号
邮政编码：200040
经　　销：全国新华书店
印　　刷：商务印书馆上海印刷有限公司
开　　本：720mm×1000mm　1/16
印　　张：23.5
字　　数：377 000
版　　次：2022 年 1 月第 1 版　2022 年 1 月第 1 次印刷
书　　号：ISBN 978-7-5439-8484-4
定　　价：148.00 元
http://www.sstlp.com

作 者 简 介

卞毓麟,1965年毕业于南京大学天文学系。中国科学院国家天文台客座研究员,上海科技教育出版社顾问,上海市科普作家协会终身名誉理事长,中国科普作家协会前副理事长。著译科普图书30余种,发表科普和科学文化类文章约700篇。作品屡获国家级、省部级奖。《追星——关于天文、历史、艺术与宗教的传奇》一书获2010年国家科技进步奖二等奖,《星星离我们有多远》入

卞毓麟(2018年11月摄于上海市科学会堂)

选教育部统编初中语文教材阅读书目。曾获全国先进科普工作者、全国优秀科技工作者、上海科普教育创新奖科普贡献奖一等奖、上海市科技进步奖二等奖、上海市大众科学奖、中国天文学会九十周年天文学突出贡献奖等表彰奖励。

科学与人文，无时不在，无处不有，察之不尽，言之不竭。

本书所选科学与人文类拙作百篇，散见于40年来诸多报章。它们在书中未予分类，而以见报先后逆向排序：最新发表者排在最前，最早面世的排到最后。这样做的好处是，开卷便有新鲜感、时代感，愈往后读则愈有历史感、档案感。文章篇末，皆注明何时原载何处。

书名借用全书首篇篇名《人类未来细思量》，诚为文集取名之常法。书中对部分文章酌加"追记"或"链接"，以期便利读者了解当初撰文之背景及日后事态之进展。

报刊文章——尤其是早年的——通常插图不多。此次选辑成书，做了不少旧文配新图的功课。其好处至少有二：一是丰富与正文密切相关的具象化信息，以收图文相得益彰之效；二是活泼版面，提升轻松阅读之愉悦感。

本书所述，既非宏论卓识，亦少精言妙语。然据实道来，足堪同好者切磋怡情也。

顺便一提，对于科学与人文，作者多年来尝不揣浅陋，在各种杂志上发表所感所悟，其体量远超报载文章。近年来时有友人敦促我抓紧整理，择要结集，及时成书。但要做好此事，却是很费时日的，且待因地因时制宜酌情为之吧。谨借此机会，对友人们的善意深表谢忱。

卞毓麟

2021 年 8 月 7 日（辛丑年立秋）

目录
Contents

001

人类未来细思量

一

《人类未来》英文原著名 *On the Future: Prospects for Humanity*，中文书名简洁有余，蕴藉稍逊，翻译实属不易。

未来，有近未来和远未来之谓。但"近"和"远"总是相对的，本书所言究竟是多远的未来？人类的未来又该是何等模样？

此题无标准答案。对人类未来之预判见仁见智，因人而异。作者马丁·里斯之学养与才识，决定了本书的品格与风貌。里斯是英国天体物理学家和宇宙学家，生于1942年，毕业于剑桥大学三一学院，1967年在丹尼斯·西阿玛指导下取得博士学位，学位论文题为《射电源和星系际介质中的物理过程》。西阿玛是一位难得的导师，培养出不少优秀的学生，包括《时间简史》的作者、"轮椅天才"斯蒂芬·霍金，还有不久前刚去世的约翰·巴罗（其多种著作已有中文版）。

20世纪60年代，里斯的学术生涯起步之际，正值国际上天文学新发现势如井喷之时，这为他提供了极佳的用武之地。里斯研究成果丰硕，1992年当选英国皇家天文学会会长（任期两年，不得连任），1995年至今任皇家天文学家，2004年

《人类未来》，[英]马丁·里斯著，姚嵩、丁丁虫译，上海交通大学出版社2020年3月出版

至2012年任剑桥大学三一学院院长,2005年至2010年任英国皇家学会会长。此外,他还是多国科学院的外籍院士。

《人类未来》立足科学,思考人类的现状与未来,探究人类应当如何选择自己该走的路。作者在导言中写道:"本书描述了一些关于未来的希望、恐惧和推测。要在21世纪生存下去,并让我们这个日益脆弱的世界维持至长远的未来,关键在于加快某些技术的发展,但同时也要限制技术的过度运用。人类面临的挑战将是巨大而艰巨的。我将对此提出一些个人观点——谨以科学家(天文学家),同时也是人类中的一名焦虑者的身份。"

二

里斯的这本书涉猎广泛,思路明晰:当前世界—未来科技—放眼宇宙—哲学探究—把握机遇。相应地,全书分设5章。

第1章"深入人类世纪",分析当下世界的一些潜在危机,包括能源、核威胁、气候变化等;第2章"人类在地球上的未来",预测生物技术、网络技术、人工智能等对人类未来的影响与风险;第3章"宇宙视角下的人类",探讨宇宙背景中的地球、太空旅行、"新人类纪元"、外星智慧等多方面的远景;第4章"科学的边界和未来",以科学视野重新审视人类与地球的关系,提供若干基础性与哲学性的科学主题探索路径。这些主题探索提出了关于物理现实的范围,我们对现实世界复杂性的认识是否有内在局限性等问题,有助于预测科学对人类长远未来的影响。

第5章"总结"复归当前,探讨人类依靠自身改变未来的可行途径和方式。作者认为,我们的文明由创新而塑造。创新来自科学进步以及随之而来的对自然的深入理解。科学家需要充分利用他们的专业知识,与公众进行更广泛的接触。应对当今的全球性挑战,可能需要新的国际机构,这些机构既要有正确的科学指引,又要对公众的政治和道德意见作出回应。

里斯认为,21世纪很特殊。21世纪是第一个由某个单一物种——人类决定生物圈命运的世纪。"人类掌握了地球的未来。我们已经进入了某些地质学家称之为人类纪的时代"。这个时代面临的一些重大问题,在书中各有发人深省的议论。

例如,在第1章的"气候变化"一节中,里斯指出气候变化"凸显了科学、公众和政客之间的紧张关系"。他提到"2017年美国特朗普政府禁止在公开文件中使用'全球变暖'和'气候变化'这两个术语",表达了对"气候变化的影响没有得到应有的重视"的沮丧。

里斯指出,空气中二氧化碳的浓度正在上升,二氧化碳浓度上升导致了大气的温室效应,人们对此没有什么争议。有争议的是,在世界继续依赖化石燃料的情况下,到21世纪后期是否可能突破临界点,发生灾难性的全球变暖,引发格陵兰冰盖融化之类的长期趋势?

即使同意这种观点,认为"存在一个世纪后发生重大气候灾难风险"的人,对于今天应该如何倡导紧急行动的看法也并不一致。这取决于诸多因素,"更重要的是,这还取决于一个道德问题——为了子孙后代的利益,我们应该在多大程度上限制自身的满足"。

里斯用一个类比来质问对气候变化的忽视:假设天文学家追踪并计算出某一颗小行星将在2100年撞击地球,而这种撞击的可能性(比如说)只有10%,我们会不会轻松地说:"这是一个可以搁置50年的问题?"相信人们会很快达成共识,应该马上着手,尽最大的努力设法让它偏离轨道。今天的许多儿童将会活到2100年,我们需要关心他们。那么,对于气候变化呢?

三

本书还有许多精彩讨论。如第2章生物技术方面,有转基因(作者认为关于转基因作物和动物的辩论,在英国处理得不太好)、延长寿命、"安乐死"(作者说,尽管80%的公众都支持安乐死,但英国坚持己见)、器官替代(作者设想或许能开发出制造人造肉的技术,用3D打印的方式实现器官的替代)……

里斯曾经接受过一群"冷冻"狂热分子的采访,他们的总部设在美国加州。里斯告诉他们:"我宁愿在英国的墓地里终结我的人生,也不愿在加州的冰箱里结束我的生活。"那些人嘲笑里斯太守旧了,是个"死刑犯"。后来里斯惊讶地获悉,英国有三位学者竟然已经注册了"冷冻"服务,两位付了全款,一位选择了打折项目,仅仅冻结头部。

我赞同里斯的主张:"就算冷冻计划有成功的可能,我认为也不值得钦佩……

尸体将会在一个陌生的世界里复活——他们将成为来自过去的难民。""'解冻的尸体'将会加重后代的选择负担,我们在当下并不清楚他们会如何对待这件事。"这如同在一部科幻小说中,针对克隆尼安德特人一事,一位教授质疑:"我们是应该把他放进动物园,还是送他去哈佛?"

为长生目的而"冷冻"人体,使我再次想起科普巨擘艾萨克·阿西莫夫早在半个世纪前说的一席话。面对西方国家当时盛行"人体冷冻学"的讨论,阿西莫夫直率地表达了他对长生不死的否定态度。他深刻地指出:"很清楚,假如地球上只有很少人甚至没有人死亡,也就将很少有人甚至没有人出生。这就意味着一种没有婴儿的社会。这将是由同样的脑子组成的社会,没完没了地沿着同一道路循环往复因习陈规。必须记住:婴儿拥有的不仅仅是年轻的脑子,而且是新生的脑子。多亏了婴儿,才不断地有新鲜的遗传组合注予人类,从而打开了通向改进与发展的道路。"里斯和阿西莫夫讨论的主题并不完全重合,但所见堪称异曲同工。

本书涉及的话题还有网络技术、机器人技术和人工智能。

1997年,"深蓝"计算机击败国际象棋世界冠军卡斯帕罗夫。20年后,"阿尔法狗"于2016年击败了围棋冠军李世石。这是一种非常了不起的"规则改变":"深蓝"的程序是专业选手编写的;"阿尔法狗"则吸收巨量对局的情形以及进行自我对局,获取专业知识,而其设计者并不知道它将如何决策。

2017年,"阿尔法狗零"更进一步:人们只告诉它规则,而没有真正的对局数据。它从头开始,结果在一天之内就具备了世界级水平! 但是,这里还是有差别:"'阿尔法狗'的硬件所使用的功率高达数百千瓦,""李世石的大脑仅需消耗约30瓦(相当于一个灯泡),而且除了下棋,他还能做许多别的事情。"

至于更长期的远景,一些科学家担心计算机会形成"自己的思想",并追求某种对人类怀有敌意的目标。一个强大的未来人工智能是否能学习到足够的道德和常识,从而"明白"在何种情况下道德和常识应该超越其他动机? 人工智能不应该

"阿尔法狗"标识

痴迷于追求目标,而应当在其即将违背道德规范时适可而止。

四

计算机的运算技能甚至包括创造力飞速提升,不同语言之间的互译也会变得司空见惯。

再下一步,如果我们能用电子植入物增强我们的大脑,那么我们的思想和记忆就可以下载到机器中——它将成为一个不受躯体约束的生命。这就遇到了关于个人身份的那个经典哲学问题:如果你的大脑被下载到机器中,那么它还会是"你"吗?你会因自己的躯体即将被销毁而感到轻松吗?

你是否认同:在更远的未来,一个多才多艺的超级智能机器人,也许是人类需要创造的最后一项发明。一旦机器人超越了人类的智能,它们就可以自行设计和组装更加智能的新一代机器人。机器人终有一天会超越人类最为独特的能力,多数人对此并无争议,争议仅在于超越的速度。

里斯认为,"取代人类的文明,将会完成无法想象的进步",这又令人想起半个世纪前阿西莫夫对于"思维机器"的见解:"假如人最终造出一种机械,不管带有或不带有有机部件,在各个方面,包括在智力和创造性上,都等同或超过人自己,会出现什么事情呢?""……当然,我们有能力通过拒绝建造太聪明的机器来阻止这种令人懊悔的斥责。但是,建造这样的机器是很诱人的。有什么样的成就能比创造出超过创造者的物体更宏伟崇高呢?"

无须列举书中谈及的更多实例了。2020年诺贝尔物理学奖得主之一、英国数学家和理论物理学家罗杰·彭罗斯言之有理:"《人类未来》是一本非常重要的著作……马丁·里斯结合他深刻的科学观点以及对人类的同情,用清晰的语言和完美的散文风格阐述了当今人类文明所面临的主要问题。其中有些问题至今尚未受到普遍的关注。无论是否同意书中提出的所有观点,你都需要认真对待它们。"

原载《中国科学报》2020年12月3日第7版

002

前进，向着火星

    2020年7月，人类航天的宏伟史诗又增添了浓墨重彩的一章。就在十来天的时间里，有三个国家的火星探测器相继启程前往这颗红色的行星：阿联酋于7月20日发射"希望号"、中国于7月23日发射"天问一号"、美国于7月30日发射"毅力号"。

    中国"探火"启幕，"绕、落、巡"一步到位的决策尤令世人瞩目："天问一号"轨道器将环绕火星运行，作为火星的人造卫星在空间执行探测任务；它施放的着陆器将降落到火星表面，成为一个多功能的固定工作平台；自着陆器驶出的火星车则可在一定范围内活动，实施既定的巡视计划。

    回顾人类认识和探索火星的全部历史，足见一次性实现"绕、落、巡"确实堪称雄心勃勃。在天文望远镜诞生之前的悠长岁月中，古人通过观测火星和其他行星在天穹上的复杂运动，逐渐知晓了太阳系的存在（哥白尼的日心说），懂得了行星环绕太阳运行的真实情况（开普勒的行星运动定律）。随着天文望远镜的问世和进步，人们测出了火星的距离，发现了两颗小小的火卫，看清火星真面目的欲望也与日俱增。19世纪末叶到20世纪初，由疑似的"火星运河"引发的火星生命之争历久不衰。然而，无论天文望远镜制作得多么精良，从地球上观测火星，视线都会受到地球大气层和火星大气层

"中国行星探测"系列
工程火星探测标识

的双重干扰,所见的火星总是"雾里看花",难以直接判明火星运河是真是幻,火星人是否子虚乌有。

20世纪50年代人类进入空间时代,形势发生了根本性的变化。1965年7月,美国发射的"水手4号"成为第一个飞越火星的探测器。它拍摄到21张火星照片,虽说质量不佳,但比从地球上看去强得多。1971年11月,"水手9号"进入环绕火星的轨道,成为首个绕着另一颗行星运行的人造天体。它绘制了第一幅真实的火星全图,明确否定了火星运河之存在。

继"水手9号"之后,合乎逻辑的下一步乃是让探测器在火星上软着陆,实地进行自动化的科学实验和分析研究。美国于1976年相继飞抵火星的两个"海盗号"着陆器做到了这一点。但是,它们只能停留在原地,对火星表面远处的事物鞭长莫及。直到1997年,美国的"火星探路者号"才将第一辆火星车"旅居者号"送上火星大地。虽说它每秒钟只移动1厘米,却是人造机器破天荒在地球外的另一颗行星上巡视。可以说,美国前后花了三十多年时间,才逐步实现了火星探测的"绕""落""巡"。

除了美国,还有一些国家也时有"探火"之举。然而,各国"探火"总的记录是成功与失败大体参半,而以苏联和如今的俄罗斯付出的努力和遭受的损失最为巨大。在"绕""落""巡"之后,无人"探火"的下一步将是"回"——从火星上采集样品并自动送回地球,预计约10年后可以实现。

按照比较乐观的估计,到21世纪30年代,载人火星探测将付诸实施。更长远的设想是在火星上逐步建立由小到大的"寓所",它们宛如一个个登陆火星表面的"空间站":寓所外面是未经改造的火星环境,内部则是适宜栖居的人造空间。一批寓所组合起来,就形成了不同规模的"火星基地"。基地不断扩大,又成为各具特色的社区、村落、城镇……

千里之行,始于足下。今天,对这些未

"天问一号"着陆器和"祝
融号"火星车艺术形象图
(来源:中国国家航天局)

来愿景做具体的规划为时尚早。眼下，天问一号离开地球故乡启程远航刚一个多月，再过将近半年才能到达目的地火星。我们衷心祝愿它一路顺利，祝愿它卓越的目标——跳过单纯的"绕"和简单的"落"，一次性实现"绕、落、巡"，完美成真！

原载《科普时报》2020年10月9日第8版

（系《世界科学》杂志2020年第9期卷首语，《世界科学》授权刊登）

追　记

1970年4月24日，中国第一颗人造地球卫星"东方红一号"成功发射。从2016年起，每年的4月24日定为"中国航天日"。2020年4月24日是第五个"中国航天日"，这一天正式宣布中国行星探测任务命名为"天问系列"，中国首次火星探测任务命名为"天问一号"，后续行星探测任务依次编号。

"天问"一语，源自中国古代大诗人屈原的长诗《天问》。它表达了中华民族对真理追求之坚忍执着，体现了关注自然和探索宇宙之文化传承，意味着探求科学真理征途漫漫，追求科技创新永无止境。

2020年12月16日，国家语言资源监测与研究中心发布"2020年度中国媒体十大新词语"，它们依次是：复工复产、新冠疫情、无症状感染者、方舱医院、健康码、数字人民币、服贸会、双循环、天问一号、无接触配送。火星探测器"天问一号"成为当年"网红"，虽然稍出意料，却在情理之中。

"天问一号"探测器于2020年7月23日发射升空，2021年2月进入环绕火星运行的轨道，传回首幅火星图像。5月15日，其着陆器成功降落到火星乌托邦平原南部的预选区域。5月22日，它携带的"祝融号"火星车安全驶离着陆平台，到达火星表面，开始巡视探测。一次性实现"绕、落、巡"的决策如愿以偿！

截至2021年8月15日，"祝融号"火星车已在火星表面运行90个火星日（约92个地球日），累计行驶889米，所有科学载荷开机探测，共获取约10 GB原始数据。至此，"祝融号"既定的巡视探测任务已圆满完成。然后，它将继续驶往乌托邦平原南部的古海陆交界地带，实施拓展任务。

003

凝视星空让人们 彼此更亲近

《望向星空深处》,[美国]蒂莫西·费里斯著,迟讷译,译林出版社2020年8月出版

从20世纪80年代开始,我就常被问及:"您认为20世纪最杰出的美国科普作家是哪几位?"

没有绝对的标准答案。我总是会提及乔治·伽莫夫、马丁·加德纳、艾萨克·阿西莫夫、卡尔·萨根……而今,他们都已去世多年。

"再往后,20世纪40年代出生的呢?""蒂莫西·费里斯,他生于1944年。"我说。

这本《望向星空深处》,就是费里斯的一部杰作,英文版于2002年问世。中文版虽说姗姗来迟,但空白既已填补,国人便有了重新领略经典风采的机会。

我本人第一次阅读费里斯的作品,至今已逾40年。那是英文版《地球的悄悄话》中长长的一章"旅行者的音乐",由费里斯撰写。《地球的悄悄话》出版于1978年,第一作者是卡尔·萨根,费里斯是另外五位合作者之一。这本书很精彩,我至今仍会不时翻阅。

在《望向星空深处》中,费里斯写道:"20世纪70年代,我制作了一张唱片,它随两个'旅行者号'星际空间探测器升空。这是地球文化的一个样本……唱片中保存了27段音乐——从巴赫、贝多芬到爪哇佳美兰音乐,一首中国古琴曲片段,还有'盲人'威利·约翰逊的《暗如夜》……"

这是一部"献给世界各地的观星者"的书，作者"希望它能鼓励读者将夜空的绚丽变成人生的一部分"。我认为，这正好契合德国哲学家康德在两个多世纪前写下的那段名言：世界上有两样事物能够深深地震撼人们的心灵，"一样是我们心中崇高的道德准则，另一样是我们头顶灿烂的星空"。

本书陆陆续续写了10年，全书充满引人入胜的故事：历史上的和今天的、作者本人的和其他观星者的、家乡的和世界各地的，总之是观星的或和观星有关的真实故事。这些故事激情洋溢，人文与天文并驾齐驱。它们娓娓道来，使人"阅读这种作品甚至不觉得是在阅读，理念和事件似乎只是从作者的心头流淌到读者的心田，中间全无遮拦"（阿西莫夫语），令人不由自主地与它们结伴同行。

费里斯所说的"观星者"，指的是忘情于用望远镜观星的爱好者——人们常称其为业余天文学家，也就是乔治·埃勒里·海尔所说的那种"情不自禁的工作者"。多少年来，这些观星者以惊人的毅力为天文学作出了重要贡献，只可惜充分展现这一方面的读物却不多。由此特别值得一提的是，费里斯在书中记述了他亲自拜访那些最受世人尊敬的观星者的情景，那是一些真正的传奇人物。

例如，被费里斯尊为"天文科普元老"的帕特里克·摩尔。我本人于1988年参加在美国巴尔的摩市举行的国际天文学联合会第20届大会期间，目睹了这位65岁的老者行走如风——步速就像他在BBC（英国广播公司）电视节目《仰望夜空》中的语速一样快；我也早就听闻当摩尔走进英国皇家天文学会会场时全体天文学家起立鼓掌致敬的情景。

可是，直到读了费里斯的访问我才知道，摩尔从未上过学，因为他心脏不太好，从6岁到16岁都没法上学。但他11岁就加入了英国天文协会，13岁时在该协会期刊上发表了第一篇论文。

在2000年的那次访问中，摩尔对费里斯说："天文学是业余爱好者也有用武之地的少数学科之一，业余爱好者为天文学带来的最大帮助是观测的持续性。如果火星上发生一场尘暴，或者是土星上出现一个新的白点，那肯定是业余爱好者发现的。我自己就发现过这么一个白点——非常小的一个——那是在1961年。"

戴维·列维（又译利维）也很有意思。他是一位彗星猎人，迄今已经发现了23

享誉全球的天文普及家帕特里克·穆尔在英国南部丘陵天文馆开幕式上（2002年4月5日）

颗彗星。其中使他变得家喻户晓的，乃是1994年7月与木星相撞的舒梅克—列维9号彗星。

列维幼年时患有严重的哮喘病，14岁时被送进一家专治哮喘的医院。医生注意到他夜间经常溜出去，就问他："你为什么夜里不睡觉？"列维回答："我不是不睡觉，而是出去用我的望远镜观测海王星。"医生思索后，又说："作为医生，我要求你继续观测海王星。别让哮喘挡住你想做的事。"

列维没有上过天文学课程，却写了许多天文科普书。我是他的《推销银河系的人——博克传》一书中文版的责任编辑。他在中文版序里提到，"卞毓麟是博克在北京讲学时的翻译，并在博克参观这座古老而伟大的城市时充当导游"，"当我从卞毓麟那儿知道……优美的中文版《推销银河系的人》被奉献给中国的广大读者时，我感到非常高兴"。

三十多年前，我曾在纽约阿西莫夫家中做客，也曾与卡尔·萨根通信谈科普，后来又多次为他们的作品写中文版序、导读或书评。我没有见过费里斯本人，但有机会为《望向星空深处》撰写中文版序，使我深感荣幸。希望读者能充分享受本书带来的阅读和观星的双重喜悦，体验作者在前言中之所言："凝视星空让人们彼此更亲近，因为它提醒我们，我们本质上是一颗小小星球上的旅伴。"

原载《中国科学报》2020年9月10日第7版
（系《望向星空深处》中文版序，标题另加，有删节）

004

说文解数　形散神敛
——小议谈祥柏的数学科普

　　三十多年前，我国科普界开始将张景中、谈祥柏和李毓佩三位先生并誉为"中国数学科普的三驾马车"。他们的数学科普作品皆独具一格，自出机杼，令人钦佩。凑巧，今年11月初在北京举行了"致敬科普前辈，共筑科学梦想——李毓佩科普创作研讨会"，11月20日又在上海如期举行旨在进一步倡导科普评论、推动科普原创的"谈祥柏科普作品评论研讨会"。笔者参与了谈祥柏这次研讨会的策划和筹备工作，并在会上简短发言。本文即据这次发言增删而成。

一

　　谈先生擅英、日、俄、德、法诸语，译作丰硕，包括《数学加德纳》《果戈尔博士的数学奇遇记》《矩阵博士的魔法数》等名著。惜乎本文专叙谈先生的原创作品，译事只好来日另说了。

　　谈先生的科普书，迄今已出版约50种。其作品就数量而言，以面向中小学师生者居多。今年春天，江苏凤凰教育出版社推出一套10册"谈祥柏趣味数学详谈丛书"（以下简称《详谈》），张景中院士为其写了长长的序言，缕陈"详谈"的出版与文化价值、学术与人文价值、科普及其研究价值，乃至数学教育价值。所言精当恳切，读者自可细细体味。

　　"详谈"的策划者游建华、沙国祥二位编审撰写的后记谈到：

　　　　七十年来，谈老趣味数学著作等身，但多为单本出版；散见于全国各地报

《谈祥柏趣味数学详谈》10种，江苏教育出版社2019年4—5月出版

刊的众多文章，更是未能成集。也就是说，谈老为之奉献一生的趣味数学创作成果，极可能因此散失，无法传之久远，让一代又一代读者受益。

我社一批"数学出版人"很快达成共识：要尽快对谈祥柏先生的作品，尤其是未结集发表过的科普文章、趣题，做搜集、整理、分类工作，并编辑出版谈老的"代全集"……一贯谦虚谨慎的谈老终于接受了我们的想法，同意采取十本小册子构成一套丛书的形式，并与我们字斟句酌，确定了十本小册子的书名。

"详谈"10册书名为《巧算巧解脑洞开》《数学游戏大家玩》《数学福尔摩斯》《特异的数学美》《数学文史一家亲》《数学趣味化大师》《趣味数学长相思》《有个性的自然数》《初等数学新思维》《行云流水话数学》，经过两年努力，大功告成，完满呈现在读者面前。

二

谈先生生于1930年，农历庚午年，故有笔名曰"庚午生"。他长我13岁，是我的良师益友。1959年，我第一次读到谈先生的书——上海科学技术出版社的新品《线性规划》。当时我是一名16岁的高中生，谈先生也才29岁，《线性规划》是他写的第二本书。从此，谈祥柏这个名字就印在了我的脑海中。

悠悠23年之后，我与谈先生首次晤面。这次相会的大背景，在我国现代科普史上值得留下一笔。1982年4月，创建未久的中国科普研究所在北戴河召开"全国科普创作研究计划会议"。会议第一小组的14名成员，有王梓坤、谈祥柏、郭正谊、林之光诸公，我亦忝列其侧。谈先生从小爱好天文，我又是数学爱好者，自有相见恨晚之感。他告诉我，年轻时记住全天20颗1等星的外文名，至今依然未忘。还告诉我，不久前有新著《趣味对策论》付梓,若有兴趣则会后即寄上求教。我自然求之不得。

1982年的北戴河会议,有一项重要议程是"制定近几年内的研究与创作选题计划,并落实到人"。与会者有不少好的想法,例如高庄的"竺可桢与科学普及"、符其珣的"别莱利曼及其作品研究"、谈祥柏的"马丁·加德纳及其数学科普作品研究"等。我本人所提的课题是"阿西莫夫科普作品研究"。

谈先生对马丁·加德纳及其数学科普之研究,堪为同道楷模。2010年5月22日加德纳以96岁高龄与世长辞,谈先生在上海的《科学》杂志上发表纪念长文《马丁·加德纳——一位把数学变成画卷的艺术大师》。文中述及,谈先生早年发现加德纳在《科学美国人》上的趣味数学专栏文章对教学颇有帮助,便开始了搜集加德纳作品的艰辛历程:跑遍复旦、同济、上海交大等高校,尤其是不断前往上海图书馆。当时没有复印机,就边看边抄,咀嚼消化。20世纪80年代,利用参加学术会议的间隙,在北京、天津、沈阳、长春、哈尔滨、西安、兰州、南京、杭州等地自费复印,终于收齐加德纳趣味数学的全部文章,感到一种难以形容的愉悦。不幸的是,抄录和复印的这些资料,后来竟丢失了大部分。然而,这种锲而不舍的精神,在谈先生身上却是永不磨灭的,他的全部作品便是最好的明证。

三

本文题目取为"说文解数 形散神敛",前四字"说文解数"脱胎于《说文解字》——东汉许慎编撰的中国古代语言学巨著。但所"解"者由"字"换成了"数","文"的内涵也拓宽为"文史""人文"乃至于"文化"了。题目后四字"形散神敛",是谈祥柏数学科普作品的鲜明特色。"散"是"发散","敛"是"收敛",这两个普通的动词,又是两个重要的数学概念。谈先生的数学科普文章,开头往往是一段貌似离题的故事或趣闻,有点像开胃的佐料,又像是通幽的曲径,其实都是为主人公登场设下的伏笔。此类文字,谈先生写来收放自如,张弛有度,乍一看似乎很"发散",最终却总能"收敛"到数学文化上。其所含的信息量,既拓展了人文视野,也提高了文章的可读性。

谈先生练就这身"形散神敛"的好功夫,曾得恩师郑逸梅先生亲炙。三十多年前,我正热衷于闲读郑逸梅著《艺林散叶》《书报话旧》《影坛旧闻》诸书,孰料同谈先生一聊，他竟告诉我，郑逸梅先生是他就读大同大学附中的语文老师！我不禁大为惊奇：原来谈兄竟是这位南社诗人、"补白大王"的弟子，难怪知识如此渊博。当然，名师之徒不成材者也不少，师父领进门，"修行"还得靠自己。

在《数学文史一家亲》中收录了谈先生"上天入地，难觅第二——一个扣人心弦的可除长链"一文，回忆了一生与郑老的诸多交往，绝对堪称佳话。这篇文章引起了读者的普遍关注。文中提到谈先生家距郑先生家很近，故常去拜望，向老师请教各种文史问题，仍如在大同中学的课堂中一样——

郑先生知道我非常喜欢对联，尤其是中间嵌着数字的，于是就告诉我，苏州网师园濯缨水阁中有一幅清代名人郑板桥所书的怪联：

曾三颜四

禹寸陶分

对联只有寥寥八个字，可是奥妙无穷、意义深刻。

原来，"曾三"是指曾子日"吾日三省吾身"；"颜四"是指孔门大弟子颜渊立下的四条规矩"非礼勿视、非礼勿听、非礼勿言、非礼勿动"，凡不合儒家道德标准的事就不看、不听、不说、不动。"禹寸"是说大禹珍惜点滴光阴，忘我治水，乃过家门而不入。"陶"指晋代的陶侃，他曾说："大禹圣者，乃惜寸阴，至于吾辈，当惜分阴。"此言很受后人称道。

"曾三颜四，禹寸陶分"一联，已入我国历代名联之列。谈先生在文中画龙点睛道："上联说的是'数'，下联说的是'量'，不仅对仗工整，而且充满着极其浓郁的数学趣味。"至于文章究竟如何转入那个"扣人心弦的可除长链"，真是相当有趣，诸君查阅原文便知。

四

谈先生知我也爱文史，遂屡次同我聊起郁达夫。正巧日前找出谈先生三十多年前惠赠的《智慧的磨刀石》一书，发现其中夹了一封短信，所署日期是1982年10月31日，并附"又及：浙江人民出版社最近出版了一本《郁达夫外传》，只九角钱，内容不错，建议您去看一看。"爱书人见到好书欲与友人同享其乐的心境，跃然纸上矣！

谈祥柏先生（右）与本书作者交谈科普创作心得。2019年7月17日摄于谈先生寓所

整整20年前，江苏教育出版社还出版了谈先生著《数学广角镜》（1999年），它是"金苹果文库"（下简称"金苹果"）第2辑的一员，谈先生为"金苹果"撰写的另一本书《稳操胜券》（2000年）则纳入第4辑。"文库"的主编是我本人，出版社方面由时任副总编辑喻纬先生负责。喻纬是数学专业出身，《数学广角镜》《稳操胜券》亦由其亲任责编。"金苹果"每个品种的卷首，各由作者撰写"命题作文"一篇，曰"我与科学世界"。

在《数学广角镜》的"我与科学世界"中，谈先生说道："天文学是一切科学中最具有诗意的学科""天文爱好将我引入科学之门""尽管我对天文学如此偏爱，但最终还是选择了数学。这是什么原因呢？"他说，扼要言之，原因约有三。其中第三点是："由于我在读中学时期，曾经小试牛刀，解决过一些看来像是鸡毛蒜皮，但确是前人没有发现的问题，所以我才断然决定，将自己的主要精力投入数学，这大概可以说是经过了深思熟虑，而不是轻举妄动吧。"

谈先生接着说："作任何学问，都必须占有资料……我一生爱书成癖，从只有一本书而积累到藏书数万册，省吃俭用，微薄收入的绝大部分都倾注在这个'无底洞'里。我成名较早，也出版过不少著作，写过许多文章，所得稿费完全不用于改善物质生活，百分之百地用于买书。郁达夫先生说：'出卖文章为买书。'但他由于嗜酒和爱交游，或许未必能够做到，而我却是真正身体力行的。"这篇"我与科学世界"中谈及一些淘旧书的趣闻轶事，亦皆言之有物，读来有味。

谈先生记忆力极佳，又极为勤奋，每天仅睡四五个小时——他居然说"已经够了"。我想，这样的一个人，写出这么多精彩的作品，恐怕也就不足为怪了。不是吗？

原载《中国科学报》2019年12月27日第7版

005
遥想1980年，
"星星"诞生时

六十多年前，我刚上初中时读了一些通俗天文作品，逐渐对天文学产生了浓厚的兴趣。半个多世纪前，我从南京大学天文学系毕业，成了一名专业天文工作者。几十年来，我对普及科学知识始终怀有非常深厚的感情。

我记得，美国著名天文学家兼科普作家卡尔·萨根在其名著《伊甸园的飞龙》一书结尾处，曾意味深长地引用了英国科学史家和作家布罗诺夫斯基的一段话：

> 我们生活在一个科学昌明的世界中，这就意味着知识和知识的完整性在这个世界起着决定性的作用。科学在拉丁语中就是知识的意思……知识就是我们的命运。

这段话，正是"知识就是力量"这一著名格言在现时的回响。一个科普作家、一部科普作品所追求的最直接的目的，正是启迪人智，使人类更好地掌握自己的命运。普及科学知识，亦如科学研究本身一样，对于我们祖国的发展、进步是至为重要的。天文普及工作自然也不例外。

因此，我一直认为，任何科学工作者都理应在普及科学的园地上洒下自己辛劳的汗水。越是专家，就越应该有这样一种强烈的意识：与更多的人分享自己掌握的知识，让更多的人变得更有力量。我渴望在我们国家出现更多的优秀科普读物，我也希望尽自己的一分心力，为此增添块砖片瓦。

1976年10月，十年"文革"告终，我那"应该写点什么"的思绪从蛰伏中苏醒过来。1977年初，应《科学实验》杂志编辑、我的大学同窗方开文君之约，我满怀激情地写了一篇2万多字的科普长文"星星离我们多远"。在篇首我引用了郭沫若1921年创作的白话诗"天上的市街",并且构思了28幅插图,其中的第一幅就是牛郎织女图。同年,《科学实验》分6期连载此文,刊出后反应很好。

在科普界前辈李元、出版界前辈祝修恒等长者的鼓励下,我于1979年11月将此文增订成10万字左右的书稿,纳入科学普及出版社的"自然丛书"。1980年12月,《星星离我们多远》一书由该社正式出版,责任编辑金恩梅女士原是我在中国科学院北京天文台的老同事,当时已加盟科普出版社。

每一位科普作家都会有自己的偏爱。在少年时代,我最喜欢苏联作家伊林的通俗科学读物。从30来岁开始,我又迷上了美国科普巨擘阿西莫夫的作品。

效法伊林或阿西莫夫这样的大家,无疑是不易的,但这毕竟可以作为科普创作实践的借鉴。《星星离我们多远》正是一次这样的尝试,它未必很成功,却是跨出了凝聚着辛劳甘苦的第一步。

《星星离我们多远》一书出版后,获得了张钰哲、李珩等前辈天文学家的鼓励和好评,也得到了读者的认同。1983年1月,《天文爱好者》杂志发表了天文史家、科普作家刘金沂先生对此书的评介,书评的标题正好就是我力图贯穿全书的那条主线:"知识筑成了通向遥远距离的阶梯"。1987年,《星星离我们多远》获中国科学技术协会、新闻出版署、广播电视电影部、中国科普创作协会共同主办的第二届全国优秀科普作品奖图书二等奖。1988年,《科普创作》第3期发表了中国科学院学部委员(今中国科学院院士)、时任北京天文台台长王绶琯先生的文章"评《星星离我们多远》"。

光阴似箭,转瞬间到了1999年。当时,湖南教育出版社出版了一套"中国科普佳作精选",其中有一卷是我的作品《梦天集》。《梦天集》由三个部分构成,第一部分"星星离我们多远"系据原来的《星星离我们多远》一书修订而成,特别是酌增了20年间与本书主题密切相关的天文学新进展。

又过了10年,湖北少年儿童出版社的"少儿科普名

"自然丛书·天文"中的《星星离我们多远》,科学普及出版社1980年12月出版

《星星离我们有多远》书
影：湖北少年儿童出版社
2009年版（左），人民文
学出版社2020年版（右）

人名著书系"也相中了《星星离我们多远》这本书。为此，我又对全书作了一些修
订，比如为这本书起一个读起来更加顺口的新名字：星星离我们有多远。

　　2016年岁末，忽闻《星星离我们有多远》已被列为教育部统编初中语文教材
自主阅读推荐图书，这实在是始料未及的好事。于是，我对原书再行修订，酌增
插图。

　　遥想1980年，《星星离我们多远》诞生时，我才37岁。弹指一挥间，过了39年，
而今我已经76岁了。三年多以前，年近九旬的天文界前辈叶叔华院士曾经送我16
个字："普及天文，不辞辛劳；年方古稀，再接再厉！"这次修订《星星离我们有多
远》，也算是"再接再厉"的具体表现吧，盼望少年朋友们喜欢它！

原载《中国科学报》2019年11月8日第7版

006

话说"水星七杰"
——60年前美国载人航天这样起步

1957年10月4日,苏联成功发射有史以来的第一颗人造地球卫星"斯波特尼克1号",这使美国深感惶恐,竭力急起直追。

1958年10月1日,美国政府的国家航空航天局(即NASA)开始运作。同年12月17日,NASA宣布行将实施"水星计划",其目标是将人送上环绕地球的空间轨道,并同飞船一起安全返回,以考察失重环境对人体的影响、人在失重条件下的工作能力,以及对发射和返回过程中遭到的超重之忍受能力。

这项计划的指导方针是:尽量利用简单可靠的现成技术,只要有可能就不搞新花样。其用意是减少风险,唯求成功。早先在发射人造卫星的竞赛中苏联占了先,此时的美国极想扳回一局:赶在苏联之前率先将人送入太空。

美国载人航天所需的运载火箭,由军用弹道导弹改造而成。此类导弹本拟用于发射核弹头攻击远程目标,但经改造后可将载荷释放到太空中去。

水星号系列飞船由麦克唐纳飞机公司负责研制,它的尺寸很小,总长仅约2.9米,最大直径1.8米,重约1.3～1.8吨,只能乘坐一名航天员,设计的最长飞行时间为两天。

"水星计划"徽标(左)和NASA徽标(右)(来源:NASA)

时任美国总统艾森豪威尔坚持，水星计划的航天员必须从顶级的空军试飞员中挑选。1958年12月22日，NASA发布"申请研究型航天员候选人职位的邀请书"。经过一系列高强度的面试和考核，最终从110名参选者中选拔出7人。1959年4月9日，该"水星计划7人"在新闻发布会上公开亮相。尽管他们最早也得再过两年才有可能进入太空，却立刻成了美国国民心目中的英雄。

这7名航天员被统称为The Mercury Seven，这个带定冠词的英语名称在汉语中至今尚无定译。译为"水星计划7人"固然不错，但就他们的业绩和在世人心目中的地位而言，我以为不如译为"水星七杰"。若译为"水星七雄"，则江湖气太重；译为"水星七贤"，则书卷气过浓。一孔之见，未知然否？

这7位杰出的航天员是：艾伦·谢泼德、格斯·格里索姆、约翰·格伦、斯科特·卡彭特、沃利·希拉、戈登·库珀，以及德凯·斯莱顿。后来发现斯莱顿有心律不齐，不宜长时期航天飞行。因此，实际上只有6人进入了太空。

"水星计划"本拟让每位航天员进行一次亚轨道飞行，让他们有一次短暂然而完整的空间飞行经历，然后每人再执行一次轨道飞行。然而，竞争对手苏联的宇宙飞船性能在不断提高，形势逼人，NASA于是决策：美国实现载人轨道飞行的步伐必须大大加快。1961年1月，谢泼德被选定执行美国第一次载人航天飞行。此任务原拟在1960年10月进行，但因故延期到1961年3月，后又再次推迟到5月。正在此间，1961年4月12日，苏联人尤里·加加林成了第一个进入太空的宇航员，美国率先将人送入太空的希望泡了汤。

有趣的是，NASA让"水星七杰"的每个人各为自己乘坐的那艘水星号飞船另取一个专名，并附以后缀"7"。例如，格伦为他的"水星6号"取名"友谊7号"。不少人觉得，在"友谊7号"之前，必曾有过"友谊1号"乃至"友谊6号"。其实这是一种误解,此处的"7",是表征这些飞船皆系"水星七杰"的伙伴。另外,也不时有人问: 格伦究竟是乘坐"水星6号"还是乘坐"友谊7号"飞船完成了美国的首次载人轨道飞行? 其实它们是一回事,宛如"水星6号"有个笔名叫作"友谊7号"。

为了加快进度,"水星七杰"的亚轨道飞行缩减成了两次。1961年5月5日,谢泼德乘坐"自由7号"飞船上升到187.5千米的高度,从而成为美国的第一位太空人。他从发射到返回地面,历时共15分21秒。13年之后,谢泼德乘坐"阿波罗14号"飞船登上了月球。1961年7月21日,格里索姆实施了美国人的第二次亚轨道飞行。

"水星七杰"首飞时间

艾伦·谢泼德 1961年5月5日 自由7号

格斯·格里索姆 1961年7月21日 独立钟7号

约翰·格伦 1962年2月20日 友谊7号

斯科特·卡彭特 1962年5月24日 曙光7号

沃利·希拉 1962年10月3日 西格玛7号

戈登·库珀 1963年5月15日 信仰7号

德凯·斯莱顿 因心脏问题取消"水星计划"飞行

1962年2月20日,格伦成为首位环绕地球做轨道飞行的美国人。他用4小时55分绕地球转了三圈,并安全返回。令人震惊的是,1998年10月29日"发现号"航天飞机升空,年已77岁的格伦竟然再次上天,创下了年龄最大、两次太空飞行时间间隔最长的航天员世界纪录。卡彭特、希拉、库珀的"水星计划"轨道飞行也都很顺利。

"水星七杰"皆已作古。想当初"水星计划"实施之初,美国尚无长期的空间探索目标。但到"水星计划"完成之际,他们已决定几年之内就要将人送上月球。"水星计划"实现甚至超越了原定目标,但它只是通往月球的头一小步。库珀的飞行持续了34个小时,而前往月球来回一趟要超过10天。当时全然无人知晓,失重10天究竟会对人体造成何等的影响。再说,到了月球上,航天员就得离开飞船去探索月球表面了。在严酷的太空环境下,仅仅靠一套太空服来保障人身安全,这究竟靠谱吗?

为了人类登上月球,需要解决的问题太多了。需要机动性能更强的飞船,它能够改变轨道,还能在太空中与其他飞船交会对接——在超过8千米每秒的高速飞行中，飞船能做到这一点吗？这些问题，当时谁都心中无数，NASA需要下一项载人航天工程"双子计划"来做出回答。几年以后，1969年7月21日，美国"阿波罗11号"的航天员尼尔·阿姆斯特朗和埃德温·奥尔德林安然登上月球。这一次，美国赢了苏联。

我在青少年时代，看到美苏两国航天的巨大成就，深感宛若神话，难以想象。但是，1970年4月24日，中国的第一颗人造卫星"东方红一号"发射成功了。短短几十年，中国已经成了举世公认的航天大国。"欲穷千里目，更上一层楼"，任重而道远，吾人共勉之！

原载《科普时报》2019年5月24日第5版

链接

中国航天事业的迅速发展，赢得了世人的注目与尊敬。1970年4月24日，在我国西部的酒泉卫星发射基地，"东方红一号"卫星由"长征一号"运载火箭发射升空。33年之后，2003年10月15日，航天英雄杨利伟乘坐"神舟五号"载人飞船，由"长征二号F"火箭送入太空，绕地球飞行14圈后于翌日安全返回，圆了中华民族几千年来的飞天梦。

2006年6月，中国天文学会理事会前往酒泉卫星发射基地参观访问，本书作者同往，并留下了这张珍贵的照片。

2006年6月12日，作者在"东方红卫星升起的地方"留影，远处背景是当初"长征一号"火箭发射"东方红一号"卫星时使用的塔架

007

闲说拉普拉斯的《宇宙体系论》

近日，重读罗曼·罗兰的名篇《歌德与贝多芬》，忽悟科坛巨擘皮埃尔·西蒙·拉普拉斯与大诗人歌德同年生（1749年），又与乐圣贝多芬同年卒（1827年）。

拉普拉斯生于法国诺曼底地区的博蒙昂诺日，年少聪慧。他于1766年入卡昂大学艺术系，后转神学系，准备做教士。他数学才能超群，遂放弃在卡昂大学取得硕士学位的机会，于1768年来到巴黎，投奔著名数学家达朗贝尔。首次晤面时，达朗贝尔给他做一个题目，嘱咐一周后回答。但拉普拉斯一夜之间就完成了。达朗贝尔又给他一个有关打结的难题，拉普拉斯当场就解决了。达朗贝尔高兴非凡，便推荐拉普拉斯到巴黎科学院任职，但院士们投票拒绝了这位没有学位的19岁后生……拉普拉斯是1773年进入巴黎科学院的，介绍其生平与业绩的著作汗牛充栋，此处不再赘述。

今年北京时间4月10日21时，在比利时布鲁塞尔、智利圣地亚哥、中国上海和中国台北、日本东京和美国华盛顿六地，以英、西、汉、日四种语言协调召开新闻发布会，宣布全球首张黑洞照片正式亮相，令人再次回想起拉普拉斯的名言：

一个密度与地球相同，但直径比太阳大250倍的发光恒星，由于它强大的引力，不会允许其发出的任何光线到达我们这里。因此，宇宙中最大的

邮票上的拉普拉斯：法国1955年发行（左），莫桑比克2001年发行（右）

法国 1955　　莫桑比克 2001

发光体或许是不可见的。

拉普拉斯首次提及此类"暗星",是在《宇宙体系论》(第1版,1796年)一书中。今天,人们将这种"暗星"称作"黑洞"。不过,"黑洞"这个称谓却是迟至1967年才由美国物理学家约翰·惠勒定下的,此前对这类事物的叫法曾多有不同。

拉普拉斯40岁那年,爆发了1789年大革命。在随后的岁月里,法国政治变幻无常。拉普拉斯凭借其学术威望和"识时务"的本领(人们对此颇多微词),成了一个"不倒翁",故其科学研究始终未曾夭折。那时法国的最高学府是1795年初成立的高等师范学校和同年重建的巴黎综合工科学校,安培、卡诺、菲涅尔、泊松等19世纪前期的物理学和数学名家,都毕业于这两所学校。拉普拉斯则是这两校的首批教授之一,《宇宙体系论》便由其讲稿整理而成,出版后在科学界和哲学界影响巨大。

因天文学家冯·扎克男爵的恳请,拉普拉斯在3年后对"暗星"之存在给出了严谨的数学证明,刊于《宇宙体系论》第2版(1799年)中。关于《宇宙体系论》有多少个中译本,我不甚了然,但知由李珩执译、何妙福和潘潚校的版本(上海译文出版社)确实相当优秀。李珩(1898—1989)先生是中国科学院上海天文台前台长,深谙数理、天文,熟习文学、历史,精通法语、英语。他是法国天文学家弗拉马里翁的百万言科普巨著《大众天文学》的译者,并执译了英国学者威廉·塞西尔·丹皮尔的名著《科学史及其与哲学和宗教的关系》……

上述中文版《宇宙体系论》按拉普拉斯生前的最后一版(即第6版)原著译出,这位勤奋的法国科学家在阅读第6版校样时突然逝世,致使修订工作未能完结。法文第6版"编者的话"写道:"这一版与以前一版相同,直角以100等分制量度,日子从正午起算,长度单位为米,温度单位是将水银温度计在冰点与沸点之间分为100°,其所受的压力是在纬度50°处温度0°时,0.76米的水银柱压。"这些都是法国大革命带来的改革,其中有些实行至今,有些则时过境迁烟消云散了。

有人觉得奇怪:为何在中文版里找不到拉普拉斯谈"暗星"的那些话? 因为从《宇宙体系论》第3版(1808年)开始,作者就把这段话删去了。删除的原因据信在于:到那时,物理学家已有足够的证据表明光是一种波,牛顿关于光是微粒的观念渐居下风,人们——包括拉普拉斯——不知道如何协调光的波动与牛顿的

中文版《宇宙体系论》由李珩先生据法文原著第6版译出：上海译文出版社1978年版（左）和2001年版（右）

引力定律，来计算星体的引力对其发出的光所施加的影响。

拉普拉斯在《宇宙体系论》中对两件事情只字未提——据信是因为他并不知情。一是在他论述"暗星"之前13年，即1783年，英国科学家约翰·米歇尔（此人大有意趣，值得另文专说）已经提出实质上相同的见解。二是在《宇宙体系论》的一个附录中，拉普拉斯对于太阳系如何起源提出了一种星云学说，但早在40年前，德国哲学家康德已在《自然通史和天体论》（1755年）一书中提出过类似的观念。虽然康德的学说较侧重哲理，拉普拉斯的学说更偏重物理，但它们都认为太阳系内的所有天体都有形成的历史，都由同一个原始星云在万有引力定律支配下逐渐演变而成。因此，后人常将两者合称为康德—拉普拉斯星云说。

链 接

拉普拉斯的科学成就洋洋大观。他首创了"天体力学"这一术语，写出煌煌5卷16册的巨著《天体力学》，因对太阳系稳定性的透彻研究而被称为"法国的牛顿"。从1878年开始陆续付印，至1912年方才出齐的《拉普拉斯全集》共有14卷，8000多页。但是，它仍然并不完整，不少著作仍未纳入，大部分通信也未收录。

在现代，国际天文学联合会将1986年发现的第4628号小行星命名为拉普拉斯。本文开头提及的几位大家，也各有小行星以其命名：第5956号小行星"达朗贝尔"，第3047号"歌德"，第1815号"贝多芬"。1930年发现的第1269号小行星被命名为"罗兰蒂娅"（Rollandia），乃是向罗曼·罗兰表示敬意，它仍保留了早年命名小行星时的习惯：将人名女性化。

原载《科普时报》2019年5月10日第5版

008

以科学眼观世界名画

　　一千多年来,中国画的发展道路与西方写实主义迥然不同,自成一套独立的绘画技法和评价体系。许多人认为中国画不讲科学性,与自然科学风马牛不相及。情况是否果真如此?

　　实至名归,林凤生先生著《名画在左 科学在右》继入选中国出版协会评选的"2018年度中国30本好书"之后,近日又被中宣部出版局、中国图书评论学会、中央电视台评为"2018 中国好书",并荣获国家图书馆第十四届"文津图书奖"。此书内容有深度,表述又流畅,科学与艺术并茂,同类著述至今仍为鲜见。

　　此书旨在从科学视角再识世界名画。全书23篇长文,归为三大主题——"现代画流派与科学的不解之缘""艺术与生活的交融"及"绘画与科学的碰撞"。善成其事之作者,非兼具良好的美术修养、宽阔的科学背景乃至深厚的文化底蕴而不可。

　　林凤生早年毕业于上海科技大学电子物理专业,从上海大学退休,如今年逾古稀。他中学时曾师从丰子恺、唐云等名师习画,近十几年来对绘画与自然科学之间的关系进行了持续的跨学科研究,成绩斐然。

　　8年前,他在《科学时报》(今《中国科学报》)开设专栏,发文达52篇之多,后结集成《画中有话:解读名画中的

《名画在左,科学在右》,林凤生著,上海科技教育出版社 2018年8月出版

科学元素》一书(东方出版中心,2013年)。书中"后记"引述哈佛大学终身教授巫鸿所言:在其工作的几所名校里,继续专攻传统名家杰作的美术史教授已经不多。"不但美术史家越来越像是历史学家、社会学家、宗教学家甚至自然科学家,而且历史学家、文学史家和自然科学史家也越来越多在自己的研究中使用视觉形象,有的甚至改行成为美术史家。""今日的美术史代表了一种新的学科概念:不再奠基于严格的材料划分和专业的分析方法之上,它成为一个以视觉形象为中心的各种学术兴趣和研究方法的交汇之地和互动场所"。(《美术史十议》)

西方习称的"现代绘画",流派繁多,风格殊异,圈外人每每深感不得其门而入。历史上,现代画流派自19世纪兴起,美术界对其即见仁见智,纷争不断。尝忆90年前,中国首次由国家举办"全国美术作品展览",画展专刊上就出现了著名的"二徐"之争:徐悲鸿针对一些仿效西方后印象主义和野兽派手法的展品,直称马奈、雷诺阿、塞尚诸人的作品不可容忍;徐志摩则指出悲鸿之言辞超出了艺术批评的范围,对现代艺术的指责也与事实不符……是以喜爱艺术的普通人,若非业有专攻,就更难说出个所以然来了。

林先生以独到的方式,在书中井然有序地介绍了印象派之捕捉光影变化、后印象派之激情燃烧、野兽派如何解放色彩、立体派如何探索空间、抽象画派之追求彻底简化、超现实主义之画出梦境、未来派之追求动感、维也纳分离主义之洞察内心、至上主义之追求秩序与平衡,以及美国抽象表现主义的行为画派和色域画派,让读者得以感受现代画流派与科学的不解之缘。

例如,立体主义作品的风格怪异,令人费解。虽然毕加索本人多次强调自己作品的原创性未受任何其他方面的影响,其实还是从自然科学里得到了启发。本书对此作了相当具体的分析,始叙20世纪初科学技术突飞猛进的态势,继述"对毕加索的立体主义创作来说,影响最大的自然科学理论就是几何学和四维空间"。然则,并无数理基础的毕加索何以会对此感兴趣,又是怎样获取这些科学知识的?原来,"四维空间"在当时宛如今日的一个"网红"名词,毕加索口里也会时常念叨。兼之其朋友圈里有一位名叫普兰斯的数学家兼科普作家,常在"酒馆的餐桌一角借助笔记本向毕加索和布拉克解释空间几何学的一些基本原理",还热心地把数学家茹弗雷通过旋转复杂多面体获得的四维结构投影到一个平面上的各种视图或透视图复制了送给这些立体主义画家。故而毕加索对空间几何的了解,恐怕不下于普通的大学理科生。

"艺术与生活的交融"有7篇长文,论题都很引人入胜:名画里的病人和病人画的名画、脑外伤会激发人的艺术创造力吗、从名画看西方美食文化、为什么肖像画会人见人爱、绘画里的"浮光掠影"、如何猜度画中人的内心世界,以及记忆与绘画。这里涉及脑科学、心理学、医学等的广博知识,作者常求教于复旦大学的神经科学家顾凡及教授,后者的科普佳作《三磅宇宙与神奇心智》(上海科技教育出版社,2017年7月)曾被中宣部出版局、中国图书评论学会、中央电视台评为"2017中国好书"。

达·芬奇画过六七幅美女肖像,几乎每一幅作品里的主角都有一些健康问题。那位"抱银鼠的女人"(本书封面图)右手僵硬的手指透露出一种莫名的紧张,心理学家弗洛伊德认为她应该患有某种焦虑症。更惊人的是,弗洛伊德分析了达·芬奇的许多作品,认为"这是达·芬奇绘画中经常出现的特征,与画家本人潜意识底层的神秘、悸动、焦虑有关"! 正如出生于西西里岛的病理解剖学家佛朗哥教授所言:"我看画的眼光和美术家们不一样,就像数学家听音乐的方式不同于音乐批评家。""画家恐怕不会意识到,他们在描绘人物的同时,也向我们展示了那个时代困扰人们的疾病。"

美术史上第一幅中规中矩的科学家肖像画,是德巴尔巴里的《帕乔利肖像》(1495年)。当时画家们正在苦苦探索,如何让二维平面上的绘画表现出三维的立体效果,为此他们必须与数学家并肩奋斗。"当时研究透视学的无非两种人:画家兼科学家(乔托、达·芬奇、丢勒等)和数学家兼画家(阿尔贝蒂、弗朗切斯卡、帕乔利等)。"帕乔利在绘画和数学两方面皆有造诣,年轻时与达·芬奇相识并成为挚友。达·芬奇曾向他请教过数学问题,还为其《神圣的比例》一书画过插图。

20世纪末,哈佛大学医学院的神经科学家利文斯通破解了"蒙娜丽莎的微笑之谜":人的眼睛有两个不同部分接收影像,

达·芬奇的油画《抱银鼠的女人》(约1489年)细部

中心部分（即视网膜上的小凹）负责分辨颜色和细致印记，环绕小凹的外围部分则留意黑白、动作和阴影。倘若在观赏《蒙娜丽莎》时，将中央视觉放在蒙娜丽莎的双眼，那么较不准确的外围视觉便会落在她的嘴巴上。由于外围视觉不注重细微之处，无形中便突出了颧骨部位的阴影，于是笑容的弧度便显得更大了。但当眼睛直视蒙娜丽莎的嘴巴时，中央视觉便不会看到阴影。利文斯通赞叹道：达·芬奇"从真实的生活中捕捉到一些不易为人们注意的东西，让我们困惑了500年"。

"绘画与科学的碰撞"同样趣味良多。光学器材助力西方写实绘画的内容相当丰富，在文艺复兴时期的名画中常可看到凸面镜、凹面镜和凸透镜之类的光学器件，画家们不难掌握它们如何反射或折射光线而成像的知识。借助此类器件作画，会给把握透视规律带来许多便利。那么，画家们如何获得自己所需的镜子呢？"八仙过海，各显神通"，也有一些是巧合。例如，1592年到罗马为教堂打工的卡拉瓦乔，很受红衣主教德尔蒙特的青睐，并因后者的推荐迅速蹿红。卡拉瓦乔下笔快捷如有神助（其实是凸透镜之助），他的"神器"又从何而来呢？原来，大主教还有一位好朋友就是伽利略——天文望远镜的发明者！至于弗美尔的凸透镜，那就来得更容易了：显微镜的发明人列文虎克就是他的亲戚兼邻居。当然，"即使没有这样的巧合，借助光学器材作画的事也迟早会发生，因为它快捷、方便"。

一千多年来，中国画的发展道路与西方写实主义迥然不同，自成一套独立的绘画技法和评价体系。许多人认为中国画不讲科学性，与自然科学风马牛不相及。情况是否果真如此？本书作者认为，中国画虽未用到透视学、色彩学、解剖学等，但许多独创的绘画技法却与现代心理学、视觉生理学和认知科学的原理不谋而合。我国历代名画至今仍有很强烈的感染力，与其符合科学道理不无关系。书中从"侧抑制现象是线条画的神经生理基础""写意画法与视觉心理学十分契合"和"中国画的时空表达有科学依据"三个方面，分析阐述了中国画最重要的几大技法——线条、写意、空间表述，读来颇受启发，值得进一步深究。

锲而不舍地探索绘画与自然科学的关系，使《名画在左 科学在右》的作者"犹如进入了'桃花源'一般：'初极狭，才通人，复行数十步，豁然开朗。'"此中之甘苦与美妙，殊非笔墨所能形容也！

原载《中国科学报》2019年4月26日第7版

009

这亚原子世界的
绘景美妙如初

　　《亚原子世界探秘——物质微观结构巡礼》(以下简称《亚原子世界探秘》),是享誉全球的美国科普巨匠和科幻大师艾萨克·阿西莫夫的一部物理学科普名著,书名中的"亚原子世界"是指比原子尺度更小的种种事物。这部作品诞生于1991年,距今已经将近30年;中文版于2000年问世,迄今差不多也有20个年头了。本书出版之后,关于亚原子世界又有了一些非常激动人心的新发现。例如,2013年的诺贝尔物理学奖就授予了对发现"上帝粒子"——也就是著名的"希格斯玻色子"——作出重大贡献的三位理论物理学家。不言而喻,诸如此类的新发现、新进展,往往并不是阿西莫夫早先所能预见到的。因此,很自然地,有人不禁要问:阿西莫夫在30年前描述的"亚原子世界"图景,在今天是否仍然值得一读,他的这本书难道还没有过时吗?

　　我的回答是:肯定值得,而且值得一读再读。这是为什么呢? 因为——

　　首先,你想了解当今这些科学成就的深刻内涵和重大意义,就不能不知晓整个事情的来龙去脉,也就是说必须对相关的科学史背景有所了解,而阿西莫夫正是一位通俗地讲述科学史的顶尖高手。例如,在"上帝粒子"发现之前,从古时候人们如何看待世界是由什么组成的,到近代原子学说的提出与确

"哲人石丛书"珍藏版《亚原子世界探秘——物质微观结构巡礼》,[美]艾萨克·阿西莫夫著,朱子延、朱佳瑜译,上海科技教育出版社2020年8月出版

立,再到原子核和电子的发现,一直到质子、中子、各种介子以及中微子等五花八门的亚原子粒子的属性与行为,乃至科学家们如何发现了那些曾经被认为是"最基本的"粒子的结构等,都一一交代得清清楚楚。

其次,本书不仅阐释了光、电、同位素、反物质、相互作用、量子色动力学等与亚原子世界密切相关的现象及其本质,而且在全书收尾时以"小"见"大",从亚原子粒子的角度言简意赅地探讨了宇宙的开端与结局,介绍了"黑洞""短缺质量之谜""暴胀宇宙"等当代宇宙学中最引人入胜的一些话题,从而大大扩展了读者的视野。阿西莫夫本人虽然在《亚原子世界探秘》出版一年以后就于1992年去世了,没能见到再过几年之后的那一项更加令人惊奇的新发现——宇宙的加速膨胀,以及由此引发的关于"暗能量"的假说。但是,他的《亚原子世界探秘》这本书,正好又为读者一窥上述那些论题之堂奥铺垫了必需的入门之阶。

再者,如今人们经常在各种场合谈论科学精神,而且充分认识到弘扬科学精神往往比只是记住一些具体的科学知识更为重要。但是另一方面,却又时常有人会自觉或不自觉地偏于另一种倾向,即轻视掌握具体科学知识的重要性。其实,科学精神是通过科学家们的创造性劳动及其取得的科学成果来体现的,而这些成果具有普遍意义的表达方式就是科学知识。高明的科普作家在阐述科学精神的时候总会列举一些科学人物和事件以为佐证,而在普及科学知识的时候又不忘画龙点睛,阐发其中所蕴含的科学精神。《亚原子世界探秘》一书生动而井然有序地讲述了自古至今众多科学家成功或失败的经历,将科学思想、科学方法、科学知识与科学精神融为一体呈现在读者面前,令人深感欣赏科学的愉悦与美妙。

还有,本书也是体现阿西莫夫写作风格的一个范例,如果用一句话来概括,这种风格就是平凡之中见新奇。我们读阿西莫夫的书,会感觉他说的话都很平常,但整体想来又觉得很不平凡。阿西莫夫曾经以"镶嵌玻璃和平板玻璃"来比喻两种大为不同的写作风格。他说:"有的作品就像你在有色玻璃橱窗里见到的镶嵌玻璃。这种玻璃橱窗很美丽,在光照下色彩斑斓,却无法看透它们。""至于平板玻璃,它本身并不美丽。理想的平板玻璃,根本看不见它,却可以透过它看见外面发生的事。这相当于直白朴素、不加修饰的作品。理想的状况是,阅读这种作品甚至不觉得是在阅读,理念和事件似乎只是从作者的心头流淌到读者的心田,中间全无遮拦。写诗一般的作品非常难,要写得很清楚也一样艰难。事实上,也许写得明晰比写得华美更加困难。"

　　我非常赞同阿西莫夫的理念。对于科普作品而言，直白朴素的写作风格是非常可取的。这种风格有利于读者理解复杂的科学概念，把握科学方法的实质，领悟科学精神的真谛，我真诚地建议诸君在阅读《亚原子世界探秘》时对此也能细细品味。

　　最后，能借此机会与读者诸君同温阿西莫夫其人其事其书，也是一件幸事。阿西莫夫 1920 年出生于俄罗斯，1923 年随双亲移居美国，1928 年入美国籍。他在哥伦比亚大学攻读生物化学，于 1948 年取得博士学位。1949 年起，他任教于波士顿大学医学院，1958 年起成为专业作家。阿西莫夫一生极为勤奋，写作就是他的生命。曾经有记者采访他时问道：假如医生告诉你，你的生命就剩下最后 6 个月了，这个时候你会干什么？阿西莫夫的回答是："我会加快打字的速度。"

　　辛劳一生的阿西莫夫为这个世界留下了一个宝库，这就是他的 470 部作品，其中非虚构类作品共 269 种，《亚原子世界探秘》就是其中之一；虚构类作品 201 种，包括科幻名著"机器人"系列、"基地"系列等。迄今为止，阿西莫夫的书已经有一百余种出了中文版，我想这样的纪录是很难打破的。因此，关于阿西莫夫，我们很容易记住的一点就是：中译本数量最多的外国作家，至今保持着这个"世界纪录"。

　　阿西莫夫及其作品，值得了解、谈论、研讨的事迹真是太多了。有兴趣的读者不妨再去读一下上海科技教育出版社推出的中文版《人生舞台——阿西莫夫自传》，它告诉你的事情将比你想知道的更多，也更加有趣。

原载《中国科学报》2019 年 4 月 12 日第 6 版

010

爱丁顿不会发疯的

"爱因斯坦创立的广义相对论是理论家的天堂,也是实验家的地狱",有人如是说乃因其理论表述十分优美,但实验验证却非常困难。

当广义相对论的第一项检验——阐明水星轨道近日点的反常进动——大获成功时,爱因斯坦在给好友、著名物理学家埃伦费斯特的信中情不自禁地写道:广义相对论的"方程给出了水星近日点进动的正确数字,你可以想象我有多么高兴!有好几天,我高兴得不知怎样才好"。

广义相对论的另一项天文学验证——光线在引力场中的偏转,是本文的主题。按照广义相对论,光线经过太阳引力场后其行进方向会偏转一个角度,其数值为$1.75''/r$,这里 r 为光线离太阳中心的最短距离(以太阳半径为单位)。例如在太阳表面处 $r=1$,则偏转角度为 $1.75''$。

先前在1911年,爱因斯坦已运用牛顿的引力理论推算出光线在太阳表面处该有多大的引力偏转。1914年8月,德国天文学家弗罗因德利希率队前往俄国的克

恒星视位置

1.75″

恒星真位置

太阳

地球

星光在太阳引力
场中偏折示意图

里米亚半岛,打算利用那里发生日全食的良机,来测量天穹上太阳附近的恒星位置,并与同一些恒星在几个月之前或之后的位置进行比较。根据这些位置的差异,便可以检验理论预言是否可靠。

然而,第一次世界大战爆发了,俄德两国进入交战状态。爱因斯坦在致埃伦费斯特的一封信中写道:"我亲爱的天文学家弗罗因德利希会在俄国成为战俘,而不是去那里观测日食。我为他担忧。"果然,倒霉的弗罗因德利希到俄国不久就被抓了起来,直到交换战俘时被遣送回国。

1916年,爱因斯坦运用广义相对论重新计算光线经过太阳引力场后的偏转角度(约1.75″),这依然需要利用日全食的良机进行验证。1919年,大战结束不久,英国一马当先,派出了两支日食考察队。

英国能如此急迫地派人去验证一位战时敌国科学家的理论,应该归功于20世纪最重要的科学家之一阿瑟·斯坦利·爱丁顿。当时30多岁的爱丁顿是英国剑桥大学天文学教授、剑桥天文台台长,兼英国皇家天文学会学术秘书。他研究爱因斯坦新理论的巨大热情,深深打动了皇家天文学家弗兰克·沃森·戴森,后者遂决定立即采取行动。

1919年5月29日的日全食带横越大西洋两岸。戴森派出的远征队,一支前往南美洲的索布腊尔;一支前往非洲西部的普林西比岛,后者由爱丁顿亲自带队。

在离开欧洲的前夜,爱丁顿的队员科廷姆曾问戴森:"假如测得的光线偏转是爱因斯坦预言的两倍,那该怎么办呢?"戴森深知爱丁顿相信广义相对论是真理,于是诙谐地答道:"那时爱丁顿将会发疯,你就得一个人回来了。"

爱丁顿一行抵达普林西比岛后,在紧张的准备工作中迎来了5月29日。现在,战争的乌云已经消散,天文学家们最担心的是天空中出现真正的乌云——它可以使人们根本见不到太阳!后来,爱丁顿在《空间、时间和引力》(1920年)一书中谈到"日食那天,天气极为不利""此刻别无他法,只有照原计划进行",他写道:

> 里里外外,上下四周,
>
> 除了魔影,别无所有。
>
> 戏在暗盒中演,太阳权为烛火;
>
> 我们围绕着它,幻影似地奔走。

他们在日全食的302秒钟内拍摄了16张照片。其中只有一张,有5颗恒星成像颇佳。据此求得的光线偏转值是1.61″。索布腊尔远征队拍摄的照片中有7张质量良好,他们由此求得在太阳表面处,光线的偏转角为1.98″。综合考虑两队所得的结果,与广义相对论的预言值1.75″颇为吻合。

1919年11月6日下午,英国皇家学会和皇家天文学会在伦敦举行联席会议,正式听取两支远征队的报告。与会者怀特黑德在《科学与近代世界》(1925年)一书中描绘了会议的情景:

> 充满强烈兴趣的气氛犹如一出希腊戏剧。我们则是合唱队,在为超级事件的发展中所泄漏的天机作注释。现场充满着戏剧色彩:传统的仪式,背景中有一幅牛顿的肖像……

此事轰动了世界。如果说,解释水星近日点的进动只是阐明了科学史上一宗早已发现的事实,那么,光线的引力偏转却是先做出理论预言,尔后才经观测证实的。爱因斯坦曾因自己的理论给出水星近日点进动的正确数值而“高兴得不知怎样才好”,那么现在他又该高兴成什么样子呢?

他并不像其他科学家那么激动。他收到爱丁顿发来的日食考察结果后,曾把电报递给他的学生罗森塔尔-施奈德看,并且非常平静地说:“我知道这个理论是正确的。”这位学生随即问道,要是他的预言未被证实,那又会怎样呢?“那么我将为亲爱的上帝感到遗憾——这个理论是正确的”,爱因斯坦信心满满,其时他正好年届不惑。

为了对光线的引力偏转作出更可靠的检验,在爱丁顿之后,天文学家仍不辞辛劳地利用一次次日全食的机会再作观测。总的说来,测量结果与爱因斯坦预言的理论值相符。爱丁顿早在1944年已经去世,他在九泉之下应

第一次世界大战结束之后多年,爱因斯坦(左)和爱丁顿(右)才首次晤面

该心安理得了。可以担保,如果爱丁顿还活着,他是不会发疯的。

广义相对论的第三项实验验证是"光谱线的引力红移":在引力场中的光谱线与不在引力场中的同一光谱线相比,会稍稍移往光谱的红端。两者的差异微乎其微,然而事实证明它是正确的。

广义相对论还经受了更多直接或间接的验证,此处不再赘述。历经一个世纪的努力,实验家们终于走出地狱、升往天堂了!

原载《科普时报》2019年4月12日第1版

链 接

编者在此文前面加了按语:

黑洞理论的基石是广义相对论。天文学家、著名科普作家卞毓麟为本报新开"梦天杂札"专栏首篇文章,讲述的正是整整100年前检验广义相对论预言光线之引力偏转的一则传奇。

并嘱作者本人写了一则"开栏语":

"梦天杂札"谓之"杂",指文章题材不拘一格;然其旨则一,所述古今人、物、事,无论远近巨细,皆不离科学二字。

"梦天"系作者笔名,始用于1982年10月《天文爱好者》杂志刊出的"'月亮骗局'及其他"一文。友人猜度这是借用了李商隐的"梦天"诗,其实不然,它还是缘于作者对天文学之钟情。

"杂札"的初衷是写得"短小、充实、漂亮",果若如此,庶几可不负本报与读者之期许也。

011
提出简单的问题，
寻求简单的答案

　　关于布赖恩·考克斯著作《自然原力》的中文版，颇有些往事值得回忆。

　　这些年来，"考克斯迷"是越来越多了。这不仅因为布赖恩·考克斯是一位出名的理论物理学家、一位优秀的大学教授，也不仅因为他在20世纪90年代曾是英国流行摇滚乐队的一名键盘手，而更在于他宣传、普及科学的卓越才华和突出成就。就此而言，考克斯堪与他的前辈、已故美国著名天文学家兼科普大师卡尔·萨根相比。

　　这本《自然原力》，已经是中文版的第5部考克斯作品了。先前出版的4种是：《太阳系的奇迹》（齐锐、万昊宜译）、《宇宙的奇迹》（李剑龙、叶泉志译）、《生命的奇迹》（闻菲译）和《人类宇宙》（杨佳祎等译），它们都与《自然原力》同样精美，并且也都是人民邮电出版社引进的。其中头3个品种均属BBC"奇迹"系列，中文版于2014年10月问世，《人类宇宙》则于2016年3月应市。

　　那么，这部《自然原力》究竟是一本什么样的书呢？考克斯本人是这样说的：

　　这是一本关于科学的书。什么是科学？这个问题提得好，有关这个问题的回答可能和科学家的数量一样多。我想说，科学是人类理解自然世界的一种尝试，科学发现往往看上去非常

《自然原力》，[英]布赖恩·考克斯、安德鲁·科恩著，朱达一、周元、杨帆译，人民邮电出版社2019年3月出版

陌生和抽象，并且脱离了我们所熟悉的现实世界，但这其实是一种误解。科学其实就是在解释人类在日常生活中经历的方方面面。天空为什么是蓝色的？恒星和行星为什么是圆的？我们的地球为什么一直转个不停？植物为什么是绿色的？这些都是连孩子们也可能会提出的问题，但是这些问题绝不幼稚，它们将产生一连串的答案，并最终带领我们走向认知的边界。

为了说明写这本书的目的，作者试着从宇航员的视角来看问题：

> 他们都游历过太空，都曾通过一个不同的视角审视我们这个世界……太空之旅实现了一种视角的转变，科学也是如此。我们对大自然了解得愈多，大自然就会显得愈加美丽，我们就愈发体会到能用短暂的生命去探索它们是多么幸运。让我们像孩子一样，关注一些小事，不被偏见所左右；不要人云亦云，学会观察和思考，提出简单的问题，寻求简单的答案。这就是这本书的目的……

"提出简单的问题，寻求简单的答案"，做起来却非常不容易，要做得好就更不容易。不过，考克斯还是做得很漂亮。在《自然原力》中，他从雪花为什么具有如此这般的形状、蜂巢为什么要建成六角形谈起，逐渐引出了全书的主角——自然界中的力，以及与此密切相关的种种事物和现象，小到亚原子粒子，大到星系乃至整个宇宙。有些深刻的科学内容和思想——例如爱因斯坦的相对论，其实谈得蛮到位，叙述方式却又非常简洁，易于读者接受。这一特色，或者说写作风格，是很难能可贵，也很值得我们体味和借鉴的。

同样一本书，一百个读者就会品出一百种滋味。不仅《红楼梦》《水浒传》如此，《人类宇宙》《自然原力》也是如此。例如，考克斯谈论宇航员们的视角，便引用了好几位宇航员的经典性原话，我觉得阿伦·谢泼德的这段话尤其真挚感人：

> 如果有人在我起飞前问我："当你从月球上回望地球时，你会激动得难以自已吗？"我一定会说："不会，绝不可能。"但当我站在月球上第一次回望地球时，我哭了。

阿伦·谢泼德于1961年5月5日乘坐飞船，完成15分钟的亚轨道飞行后安全返回地球，从而成为美国的第一位太空人。后来，他又乘坐"阿波罗14号"于1971年2月登上月球，并安全返回。上面引用的这一小段话，可谓字字千钧，承载了人类为飞出地球进入深空所付出的史诗般的努力。我本人在30年前曾到英国爱丁堡皇家天文台做访问学者，并于1989年4月2日同应邀前往参加第一届爱丁堡国际科学节活动的谢泼德合影。也许，那次偶然的经历，也有力地加深了我对上述引文的理解。

我同人民邮电出版社素有交往，2015年初夏见到BBC"奇迹"系列3本书的中文版，遂向该社科普出版分社负责人刘朋先生提议，早日引进考克斯的新著 *Human Universe*，刘朋则回复此书已在翻译之中，并嘱我写一段推荐词。我对此深以为荣，于是就有了冠于全书之首的那篇中文版推荐语"我想知道这是为什么"。中文版《人类宇宙》面世不久，正致力于筹建上海天文馆（上海科技馆分馆）的朱达一君又专程来访，向我介绍考克斯的又一新作 *Forces of Nature*。我再次联系刘朋，获悉他们又已先行一步，中文版授权已经签约，现正物色译者，并问我可否推荐合适的人选？这真是意想不到的机缘，我随即举荐达一君。因为先前已读过达一和周元合译的《透过哈勃看宇宙》（上海科学技术文献出版社2016年1月出版）一书，对其译文之准确、流畅、优雅印象颇深，所以对他们能够译好 *Forces of Nature* 信心满怀。今日视之，果不其然，而这次译者又增添了一位更年轻的杨帆博士，见到新人不断成长，欣喜之情油然而生。

不揣浅陋，写下这些文字，既为纪实，亦望为读者欣赏《自然原力》平添几分雅趣。

原载《中国科学报》2019年3月22日第6版

012

他激励所有人挑战
自己和未知
——霍金的人生和宇宙

  我的一生是充实而满足的。我相信残疾人应专注于残障不能阻止他们做的事,而不必对他们不能做的事徒然懊丧。在我的情形下,我尽力做我要做的大多数事情。我游遍天下:访问苏联7次、日本6次、中国3次,还去了除澳洲外的每一个大陆,包括南极洲。我曾经乘潜水艇下到海里,也曾乘气球和零重力飞行器去到天上。

  我早年的研究证明经典广义相对论在大爆炸和黑洞奇点处崩溃。我后来的研究证明量子论如何能预言在时间的开端和终结处发生什么。活着并从事理论物理学研究,使我拥有一个美妙的生涯。如果说我曾经为理解宇宙添砖加瓦的话,我会因此而感到快乐。

——斯蒂芬·霍金:《我的简史》

英国著名物理学家斯蒂芬·霍金上周(2018年3月14日,编者注)去世,享年76岁。

这位举世闻名的"轮椅上的天才",一生奇迹无数:他在宇宙学和黑洞研究方面取得的成果令各国科学家赞叹不已;他的科普名著《时间简史》被翻译成不下40种文字,在全球累计销量数以千万册计;21岁时被诊断身患"渐冻症",医生认为他只剩下2年时间,可他不仅顽强地活了55年,而且还上天入海,到过除澳大利亚之外的所有大陆……

希望本文叙述的一些关于霍金的小故事,让我们对这位"极富传奇色彩的科学巨星"有更多的了解。

不迷信课本的"懒散"学生

霍金向往数学和物理,所以没有遵从父亲希望他学医的愿望,于1959年考进牛津大学。由于他在物理学上大为领先,以至于不太相信某些标准教材上所讲的内容。有一次,辅导老师帕特里克·桑德斯从一本教材中摘了一些题目让学生课后思考。在下一次辅导课上,霍金说他没法解开这些题目。当老师问其缘故时,他却用20分钟指出了那本教材上的所有错误。

在大学时代,霍金花在学习上的时间不多。他觉得自己那时给人的印象是:一个懒散、差劲的学生,不爱整洁、爱玩、爱喝酒,学习不认真。不过,他低估了人们对其才能的高度评价。他在大学的最后一次、也是最重要的一次考试,得分介乎第一等和第二等之间。但主考官们决定再给他一次面试的机会。在面试中,他们让霍金谈谈未来的计划。他答道:"如果你们给我评第一等,我将去剑桥;如果我得第二等,我将待在牛津。所以,我希望你们给我第一等。"

考官们成全了他。1962年10月,20岁的霍金进了剑桥大学。

导师西阿玛

其实,霍金选择剑桥,意在成为英国当时最有名望的天文学家和宇宙学家弗雷德·霍伊尔的研究生。然而,霍伊尔的学生太多了,霍金遂被指派给了丹尼斯·西阿玛。

西阿玛是一名非常优秀的科学家,一位出色的导师。他早期带领的学生,后来几乎都成了宇宙学领域中的明星。

对霍金来说,被指派作为西阿玛的研究生,不仅不是灾难,而且是一种福分。

我从没听说过西阿玛,但那也许是最好的事情。霍伊尔经常出门,很少在系里,我不会引起他更多的注意。而西阿玛总在身旁,随时找我们谈话。他的许多观点我都不赞同,但这激发了我去发展自己的理论图景。

这番话，是2002年1月在剑桥大学隆重庆祝霍金60岁生日的报告会上，霍金亲口讲的。这次会上的报告者都是大师级的人物：马丁·里斯讲"复杂的宇宙及其未来"，詹姆斯·哈特尔讲"万物之理和霍金的宇宙波函数"，罗杰·彭罗斯讲"时空奇点问题：意味着量子引力吗"，基普·索恩讲"弯曲的时空"。霍金本人讲的题目是"果壳里的60年"。

这些演讲于2003年结集出版，书名为《理论物理学和宇宙学的未来》。2005年，该书的中译本面世，书名就译为《果壳里的60年》。

进入剑桥不到半年，霍金就被诊断患上了"肌萎缩性侧索硬化症"，他一度深陷绝望，但后来想开了："如果我终将死去，那不妨作些好事。"

霍金从极度沮丧中回到学业上来之后，他父亲曾经找西阿玛商量：斯蒂芬是否有可能在短于3年的时间内获得博士学位，因为他恐怕活不到3年了。然而，这位导师的回答是："不行。"

西阿玛也许比任何人都了解自己这个学生的能力，但他不能因为霍金而改变原则。西阿玛曾经说过："我知道斯蒂芬有病，但我对他和其他同学一视同仁。"而霍金本人所希望的也正是如此。

霍金真正的研究工作是从黑洞和奇点开始的。如今，关于黑洞比较准确的定义是："黑洞是广义相对论预言的一种特殊天体，它的基本特征是有一个封闭的边界，称为黑洞的'视界'；外界的物质和辐射可以进入视界，视界内的东西却不能逃逸到外面去。"将霍金引向通往黑洞之路的，正是西阿玛和彭罗斯。事情的起因是——

西阿玛经常安排学生参加重要的学术活动。1964年，也就是霍金取得博士学位的前一年，在伦敦举行的一次研讨会上，彭罗斯介绍了自己用新的数学方法证明：如果一颗恒星在自身引力作用下最终坍缩成为一个黑洞，那就必然会存在奇点。

"奇点"究竟是什么东西？一般说来，在数学上，奇点是数学函数无法定义的点，在该点函数值发散至无穷大。而在广义相对论中，奇点是时空的一个区域，在这个区域中时空弯曲得如此厉害，甚至广义相对论中的定律都不再有效。

霍金认真思考了彭罗斯的工作，若有所悟。他对西阿玛说："如果把彭罗斯的'奇点理论'用到整个宇宙上，而不仅仅用在黑洞里，那又会发生什么事情呢？"

黑洞和奇点的艺术创意图,其中奇点被描绘成黑洞深处的一个黑点。图中共画出五条光线,外面的三条因受黑洞的引力作用而依次弯曲得越来越厉害,但最终都还是离开了。第四条光线恰好处于既未落入黑洞,又不能远走高飞的临界状态,它将长久地绕着这个黑洞打转。最里面的第五条光线完全被黑洞俘获,永远不能复出

西阿玛意识到霍金的想法非同寻常,十分赞同,就将它作为霍金的博士论文题目。这不是一个简单的问题,但困难正好激发了霍金的兴趣和热情。正如他后来所说的那样:"我一生中第一次开始努力工作。出乎意料的是,我发现自己喜欢它。"

霍金努力学习有关的数学知识,奋战几个月完成了这篇博士论文。论文的精华,是得出了非常重要的结论:如果广义相对论是正确的,那么过去必然曾经有过一个奇点,这就是时间的开端。这个奇点之前存在的任何事物,都不能被认为是这个宇宙的一部分。

通过答辩,23岁的斯蒂芬成了霍金博士。

1965年是霍金的幸运年。这年冬天,他以论文《奇点和时空几何学》与彭罗斯分享了"亚当斯奖"。这一奖项的科学地位很高,霍金23岁就获此殊荣,真让他的同伴们赞叹不已。西阿玛欣喜地对霍金当时的妻子简·怀尔德说:"霍金的前程将有如牛顿那样辉煌。"这让简感到惊喜非凡,她衷心地感激这位导师的坦率和诚挚。

霍 金 辐 射

20世纪初,物理学中出现了两个意义深远的重要理论:一个是研究时空、引力和宇宙结构的相对论,另一个是研究原子微观结构的量子力学。霍金之前的许多物理学家,包括爱因斯坦,都曾试图将这两种理论统一起来,但是失败了。刚过而

立之年的霍金,通过对黑洞的研究,朝相对论和量子力学的统一迈出了重要一步。事情的经过是这样的——

1973年9月,霍金在莫斯科访问了苏联著名物理学家和宇宙学家泽尔多维奇。当时,泽尔多维奇的研究小组正在探索黑洞的量子力学问题。和这个小组的讨论,对霍金很有启发。原来,泽尔多维奇早在1969年就意识到旋转的黑洞应该发出辐射,这种辐射应该是广义相对论和量子理论的结合物或半结合物。泽尔多维奇相信,辐射基本上由黑洞的旋转能量产生;黑洞发出辐射损失了能量,致使旋转变慢,最后辐射也会渐趋停止。

霍金觉得泽尔多维奇的解释不能令人完全信服。于是,他用自己的方式重新思考了这个问题。他埋头计算了两个多月,结果发现由于量子力学效应,黑洞会向外喷射物质和辐射。这种"黑洞辐射"使黑洞丧失能量和物质,因而变得越来越小。而黑洞越小,辐射活动就越剧烈。因此,结论必然是:黑洞迟早会以一场爆炸而告终。

1974年初,霍金将这一切告诉了马丁·里斯。里斯正巧遇到西阿玛,遂急切地对自己的恩师说:

"您听说了吗? 一切都不同了,霍金改变了一切。"

里斯解释说,霍金发现:由于量子力学效应,黑洞像热体那样辐射,所以黑洞不再是黑的了! 这就使得热力学、广义相对论和量子力学有了新的统一,"这将改变我们对物理学的理解"!

1974年3月1日,英国权威性学术刊物《自然》刊登了霍金的论文,题为《黑洞爆炸?》。文中严密地表述了关于黑洞辐射的新发现。不少人认为,这一发现是近年来理论物理学最重要的进展,西阿玛也言简意赅地说:

"霍金的论文是物理学史上最漂亮的论文之一。"

从此,霍金发现的这种黑洞辐射就被称为"霍金辐射",许多人也开始称他为"黑洞的主宰者",甚至"宇宙的主宰"。

卢卡斯讲席教授

1974年3月中旬,霍金和简获悉,他将被选为英国皇家学会会员。对英国科学家而言，这是一种至高的荣耀。一名32岁的年轻人居然获此殊荣，在历史上相当罕见。

成为英国皇家学会会员之后，霍金接二连三地获得了许多荣誉和褒奖。但直到1975年，他才得到第一个正式职位——高级讲师。1977年3月，剑桥大学决定为他特设一个"引力物理学教授"的职位。只要他留在剑桥，此职就非他莫属。

1979年11月，霍金被任命为剑桥大学的卢卡斯讲席数学教授。这一职位历来任职者都很有名望。首任卢卡斯讲席数学教授是牛顿的恩师艾萨克·巴罗；第二任是牛顿；霍金则是第17任卢卡斯讲席数学教授。1980年，他正式就任该教职，原先为他特设的引力物理学教席就此自动取消。

1981年底，女王宣布1982年新年授勋名册，霍金由于在黑洞研究方面的开创性工作，被封为二等勋位爵士。1989年，霍金又一次受勋。这次被授予的是英国勋章系统中最高荣誉称号之一的"勋爵"，是对公职人员和知识分子的最高表彰。

得了一枚"上过天"的奖章

2006年11月30日，英国皇家学会向霍金颁发了科普利奖章，以表彰他对理论物理学和宇宙学的卓越贡献。"继阿尔伯特·爱因斯坦之后，斯蒂芬·霍金对我们认识引力所作的贡献可与任何人媲美。"皇家学会会长马丁·里斯如是说。美国

2007年4月26日，霍金在美国一架特制的飞机上体验了零重力漂浮。他快活地说："我用一根手指的事，比你们用整个身体的还要多。"（新闻图片）

国家航空航天局主管迈克尔·格里芬前往伦敦参与颁奖。

科普利奖章是英国科学界历史悠久、地位崇高的一项奖励。法拉第、达尔文、巴斯德、爱因斯坦等人都曾获此殊荣。然而，霍金的这枚奖章却多了几分独特之处：它曾经上过天！

原来，英国航天员皮尔斯·塞勒斯于2006年7月乘坐"发现号"航天飞机前往国际空间站执行任务时，曾带着这枚科普利奖章同游太空。他说，"对于我们所有参与探索宇宙空间的人而言，斯蒂芬·霍金无疑是一位英雄。""能携带他的奖章进入太空，执行STS-121任务的全体成员感到荣幸。"

霍金本人曾说，他的下一个目标就是到太空中去旅行。太空之旅充满着危险，但那却是霍金的梦想……

罗 塞 达 碑

1989年10月，霍金在西班牙作过一次讲演，题目是《公众的科学观》。他谈道：

> 现今公众对待科学的态度相当矛盾。人们希望科学技术的新发展继续使生活水平稳定提高，另一方面却又由于不理解而不相信科学。但是，公众对科学，尤其是天文学兴趣盎然，这从诸如电视系列片《宇宙》和科幻作品对大量观众的吸引力一望即知。

当代科学如此艰深，发展又如此迅速，于是，借通俗的语言助社会公众正确地理解科学，就变得分外重要。诚如艾萨克·阿西莫夫所言："只要科学家担负起交流的责任——对于自己干的那一行尽可能简明并尽可能多地加以解释，而非科学家也乐于洗耳恭听，那么两者之间的鸿沟便有可能消除。"

霍金、阿西莫夫以及卡尔·萨根等人，皆堪称为此宏愿而身体力行的楷模，他们是科学这块新的"罗塞达碑"的伟大释读者。

罗塞达碑原是拿破仑的法国远征军于1799年在埃及尼罗河三角洲的罗塞达镇附近发现的一块古埃及纪念碑，长约1.1米，宽约0.75米。法国人撤离埃及后，此碑为英国人所获，后由大英博物馆收藏。罗塞达碑上的文字约撰于公元前2世纪

《时间简史》英文版(左)
和中文版(右)选例

初,由古埃及象形文字和通俗体文字及希腊文组成。为释读这些碑文,许多人曾呕心沥血。

对于公众理解科学而言,霍金的《时间简史》、阿西莫夫的《科学指南》和萨根的《宇宙》所起的作用,恰如释读罗塞达碑。

霍金在1982年首次打算写一本有关宇宙的通俗读物,他解释说:"主要原因是我要向人们解释,在理解宇宙方面我们已经走了多远。"

这本"有关宇宙的通俗读物",就是日后的《时间简史》。

原载《文汇报》2018年3月25日第7版

013

阿西莫夫的
人生为何值得一读

　　这些年来,国家图书馆的公益性善举不断,其中之一就是开创"国图公开课"及相关的"读书推荐"活动。每期"读书推荐"由一位嘉宾推荐一部作品,其视频不过六七分钟,但积少成多,集腋成裘,如今已然洋洋大观。2015年活动肇始,本文作者即应邀推荐《人生舞台——阿西莫夫自传》一书,至今书友相询仍不绝如缕。因念所述内容依然适用,乃略作修订发表如下,以飨读者。

　　阿西莫夫(Isaac Asimov, 1920—1992)是一位很神奇的人物,他是世界一流的科幻作家,是世界顶级的科普作家,一辈子为世人留下了470部作品。我今天给大家介绍的,是他在去世前不久完成的一部自传,即《人生舞台——阿西莫夫自传》。

　　写作跟科学密切相关的大众读物,可以分成两个方面,一个是纯粹的科普作品,另一个是科幻小说,阿西莫夫在这两方面都是世界一流的人物。他的写作生涯是从习作科幻故事开始的,他的"机器人"系列故事、"帝国"系列故事、"基地"系列故事,是从他十几岁开始不断地写作、积累,直到二十多岁、三十多岁……出版的,那都是非常优秀的科幻作品。

　　到了1957年,苏联的第一颗人造卫星上天了。这使美国人非常吃惊:啊呀,怎么苏联人在科技方面走到我们的前头了?作为一名美国科学家和作家,阿西莫夫深感美国公众当下的科学素养已经落后于卫星上天这个时代了。他觉得自己有责任要很好地向社会公众宣传科学、普及科学,因此就决定自己暂时不再写科幻故事,而是专注于扎扎实实地普及科学知识,并且取得了很大

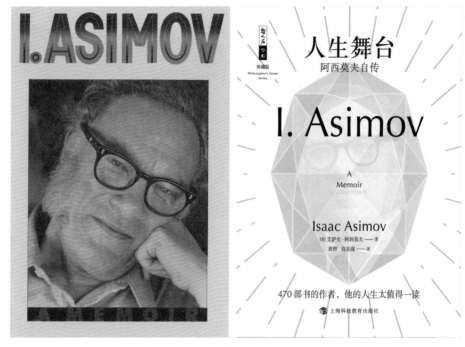

《人生舞台——阿西莫夫自传》书影：英文版（左），中文版（右）

的成功。他说，"我发现自己在这方面也能做得很好"，于是从1958年到1972年，他有整整15年之久，写的几乎完全是科普作品。1972年的时候，他才重新回过头来，既写科幻小说，也写科普读物。所以说，他是一个很有社会责任感的科学家。

我本人是一个阿西莫夫迷。我在"文革"结束以后，就开始翻译他的科普作品，前后翻译了七八本。我每翻译出版一本，都会把中文版寄给阿西莫夫本人，还跟他有十来次通信，所以他对我也有印象。后来，1988年的时候我去纽约拜访了他，他和夫人在家里接待了我。我喜欢看他的科幻，也喜欢读他的科普。必须承认，我自己的写作风格也是受到了阿西莫夫的影响。最重要的一点就是，我也希望写得朴素平易，而不是很花哨，要使人一看就能够明白。

关于写作风格，阿西莫夫在《人生舞台》书中是这样讲的："有的作品就像你在有色玻璃橱窗里见到的镶嵌玻璃。这种玻璃橱窗本身很美丽，在光照下色彩斑斓，却无法看透它们。同样，有的诗作本身很美丽，很容易打动人，但是如果你想要弄明白怎么回事的话，这类作品可能很晦涩，很难懂。""至于说平板玻璃，它本身并不美丽。理想的平板玻璃,根本看不见它,却可以透过它看见外面发生的事。这相当于直白朴素、不加修饰的作品。理想的状况是,读这种作品甚至不觉得是在阅读,理念和事件似乎只是从作者的心头流淌到读者的心田,中间全无遮拦。我希望你在读这本书的时候就是这样。"

有人一看这本《人生舞台》那么厚,有五十多万字,担心从头到底看一遍很费事吧? 不是的,阿西莫夫的写法跟一般的自传不一样,他并不是从自己的出生一直写到自己的老年,按时间先后这样写下去,而是把自己认为很有意义的一些思考和话题,作为一个一个专题来写。《人生舞台》这本书中一共有166个专题,每一个专题只不过是几千个字,短的大概也就两三千字,看起来非常容易,可读性很强,你读完一小段,就会觉得很有滋味,值得回味,很有启迪。因此可以说,这本书你可以翻开任何一页开始读,也可以在任何时候把它合上,它总是那么有趣。

阿西莫夫本人的专业是生物化学,但是他很神奇,对各门自然科学都非常熟悉。我是一名天文学家,我们好多天文界的朋友看了阿西莫夫写的天文书以后感到非常吃惊:他是一个生物学家,怎么能把天文学写得如此深入,如此准确,如此栩栩如生?

这就是我向大家简单介绍的《人生舞台》这本书。从这本书里可以知道关于阿西莫夫的方方面面的许多事情,也许就会有很多读者继续追踪这个神奇人物:他究竟给我们这个世界带来了什么。

我是文津图书奖的获得者卞毓麟,我在国家图书馆向大家推荐阿西莫夫的自传《人生舞台——阿西莫夫自传》。

原载《科普时报》2017年11月10日第5版

014

话说恬淡悠阅

"科学、文化与人经典文丛"（科学普及出版社），于5年前端倪始现。

2012年8月，"文丛"首批4种图书出台，是为《叶永烈相约名人——文学与艺术专辑》《叶永烈相约名人——科技与科普专辑》《叶永烈行走世界》之第1辑和第2辑。半年以后，《林下书香——金涛书话》和《南极夏至饮茶记——金涛散文》亮相。2013年7月继而推出《科学的星空——郭日方朗诵诗选》和《科学之恋——郭日方散文随笔选》。2015年1月，《流光墨韵——陈芳烈科学文化记忆》面世。2015年11月，《巨匠利器——卞毓麟天文选说》和《恬淡悠阅——卞毓麟书事选录》出版。

"文丛"的作者群中，叶永烈久为公众所熟知，自毋庸多言。其他作者的篇章亦皆有其趣，如《林下书香》正文前有一篇《关于"书话"》，谈到书话素来被出版界视为倡导学术、繁荣文化的重要方面，并以浙江人民出版社的"近人书话序列"（包含胡适、梁启超、林语堂、刘半农、顾颉刚、郁达夫、王国维、蔡元培诸多大家的书话）等为例证。文章感慨虽然文学界很重视"书话"，但由于种种原因，关于科普作品的书话却几乎见不到，"这本《林下书香》是一次尝试，它在《科学时报》（今之《中国科学报》）的'读书'专版上前后坚持了近十年……经过这个专栏率先评介的许多优秀作品，如潘家铮院士的科幻小说、卞毓麟的《追星》、张开逊的《回望人

"科学、文化与人经典文丛"，
科学普及出版社出版

类发明之路》、尹传红的《幻想》等,都相继获得国家各种规格的奖励"。

著名科学诗人郭日方曾任中国驻索马里大使馆外交官、方毅副总理的秘书、《中国科学报》总编辑、中国科普作家协会副理事长等职。在中宣部、教育部、团中央、中国科学院、中国科协及有关省市的支持下,曾在北京及全国重点高校举办"郭日方诗歌朗诵演唱会"四十余场,反响热烈。其诗作写科学之实与抒爱国之情浑然一体,风采迷人。

中国科普作家协会前理事长、中国科学院院士刘嘉麒为《流光墨韵》作序,述及作者陈芳烈一生工作在电信行业,始终能把握信息科技的脉搏,以滋润科普创作,如《泰坦尼克号与SOS》一文,"不仅使人们重温那场海难惊心动魄的场面,更能了解无线电技术的知识与应用,令读者实有屏住呼吸,一气读完之感"。诚哉斯言! 此文尚言及SOS作为国际统一的呼救信号之来历,曾有人猜测那是Save Our Souls(救命)或 Save Our Ship(来救我们的船啊)的缩写,实则是在1906年的首届国际无线电报会议上,东道国德国提议沿袭他们一直在船上使用的呼救信号SOE,"但是人们考虑到在莫尔斯电码中E只是一个点,表现起来不是十分令人满意,因此经多次争论选中了SOS(···———···)。它不仅好记,还可首尾相接,连续播发,被认为是一个理想的呼救信号"。真是好亮点、好看点!

拙著《恬淡悠阅》,书名直言作者素来向往的阅读心境,并有"前言"解说如下。

英国思想家、哲学家、实验科学的先驱者弗朗西斯·培根的一篇Of Studies,400年来引得世上多少读者竞折腰。数十年前读王佐良先生的译文(篇名译为《谈读书》),惟觉词清句丽,妙不可言,曰:"读书足以怡情,足以傅彩,足以长才。其怡情也,最见于独处幽居之时; 其傅彩也,最见于高谈阔论之中; 其长才也,最见于处世判事之际……"

这Of Studies,乃是培根存世的58篇论说文(《论真理》《论死亡》《论恋爱》《论嫉妒》等)之一。曩昔水天同先生着手翻译《培根论说文集》时,"适值敌寇侵凌,平津沦陷,学者星散,典籍荡然",且1939年译成之书,到1950年才首次刊行。水译下了不少考证工夫,加了大量注释,给读者带来诸多便利。另一方面,鉴于水译用语的时代印记,在今天读来已难免有点拗口了。其中 Of Studies 译为《论学问》,开头几句是:"读书为学

《恬淡悠阅》,卞毓麟著,科学普及出版社2015年11月出版

底用途是娱乐、装饰和增长才识。在娱乐上学问底主要的用处是幽居静养；在装饰上学问底用处是辞令；在长才上学问底用处是对于事务的判断和处理……"

再者，1983年上海人民出版社曾出版何新译的《培根论人生——培根随笔选》，从上述58篇文章中选译了26篇。其中 Of Studies 篇名译为《论求知》。开篇译为："求知可以作为消遣，可以作为装潢，也可以增长才干。当你孤独寂寞时，阅读可以消遣。当你高谈阔论时，知识可以装潢。当你处世行事时，正确运用知识意味着力量……"

一文多译，各有千秋，读者尽可对照英文原著细细品味。有人评述，培根的那些论说文称得上是一种"世界书"，它不是为了一国而作，而是为万国而作；不是为了一个时代，而是为一切时代。这话自有相当的道理。但另一方面，阅历和处境不同的人，对培根论说文的感悟亦必有所不同。笔者以为，读这类书须持恬淡之性情；毋急功近利，方能品出真滋味。读后有所悟，才是真快活。

笔者尝应多家出版物之邀，撰文介绍书人书事。本书是作者十余年来谈论书事之文章精选，共计50篇。它们皆与科学为伍，又有文化相伴，其笔调当可传达作者悠然阅读之恬淡心情，全书亦遂以《恬淡悠阅》冠名。书中上篇"悦读撷菁"，汇集了作者对数十种佳作的评介；下篇"书外时空"，包含了多篇与书籍密切相关却并非直接评书的文字。当然，不分上下篇也可以，盖因诸文虽情景不同，而旨趣则一：与读者悠阅共享也！

选这些文章时，考虑了科学与人文的交融。本来，科学与人文是密不可分的。但是，不恰当的教育把它们割裂开来了。半个多世纪来，无论中外，有识之士都想力挽这"两种文化"分道扬镳的颓局。我本人写过一本书，名叫《追星——关于天文、历史、艺术与宗教的传奇》，并在其"尾声"中引用了林语堂的一句话："最好的建筑是这样的：我们居住其中，却感觉不到自然在哪里终了，艺术在哪里开始。"我想，最好的科学人文读物，不也应该令人"感觉不到科学在哪里终了，人文在哪里开始"吗？如何达到这种境界呢？很值得作者们多多尝试。

感谢科学普及出版社将《恬淡悠阅》纳入"科学、文化与人经典文丛"。"经典"二字重若千钧，笔者深感惶恐。但谈谈"科学、文化与人"却永远是一件乐事，愿与读者诸君共勉。

原载《科普时报》2017年10月6日第5版

015

期待我国的
"元科普"力作

"元科普"是人们还不太熟悉的一个名词。大家听说过"元科学""元典",那么"元科普"又是什么？我所理解的元科普,是工作在某个科研领域第一线的领军人物(或团队)生产的科普作品,这种作品是对本领域科学前沿的清晰阐释、对知识由来的系统梳理、对该领域未来发展的理性展望,以及科学家亲身沉浸其中的独特感悟。

可能有人会问,有那么多人做科普,为什么一定要强调"元科普"？我想,如果把科普及其产业化比作一棵大树,那么元科普就是这棵大树的根基,它不同于专业的论文综述,也不同于职业科普工作者的创作,而是源自科学前沿团队的一股"科学之泉"。它既为其他形形色色的科普作品提供坚实的依据——包括可靠的素材和令人信服的说理,又真实地传递了探索和创新过程中深深蕴含的科学精神。

向大众传播科学知识,传递科学思想、科学方法和科学精神,是科学家义不容辞的责职。但是,科学家首先要致力于科学研究,那么他又应该或能够花多少时间来做科普呢？这当然因人而异。但我认为,这里也有一个共同点,那就是应该尽可能把时间和精力优先用于做别人难以替代、潜在社会影响最大的科普,而元科普就是非由一线科学家来做不可的事情。

科普中的元典之作

大家可能知道一套书,叫作"科学元典"丛书,是北京大学出版社出版的。这套书从哥白尼的《天体运行论》开始,包括牛顿的《自然哲学之数学原理》、达尔文的《物种起源》、摩尔根的《基因论》、魏格纳的《海陆的起源》,已先后出了几十本,也包括哈勃的《星云世界》、薛定谔的《生命是什么》等等。为什么叫"科学元

《文汇报》2017年7月16日第7版（"科技文摘"第1104期）整版刊发关于元科普的论述

典"丛书？因为这套丛书中的作品，都是历史上最重要的科学论著。

那么元典的"元"究竟是什么意思？不妨查一下《辞海》，里面对"元"的释义有十几项，主要意思包括"始、第一""为首的""本来、原先""主要、根本"等。那么，把"元"字用到科普上来，元科普就是科普中的元典之作。

世界上这样的科普元典，其实已经诞生了不少。比如，1936年出版的《物理学的进化》一书，作者是爱因斯坦和英菲尔德。爱因斯坦亲自写书来科普相对论和量子论，是无人可以替代他的。因为一个领域的创始者，才最明了这个思想究竟是怎么来的，这个理论是怎样建立的。当然，爱因斯坦也有一位难得的合作者——科普表述和写作能力极强的波兰理论物理学家英菲尔德。这本书几十年来，在世界科学史、科普史方面都是经典。我认为，这正是可以称为元科普的作品。

我还想提到《双螺旋》一书，它的作者是DNA双螺旋结构的发现者之一、1962年诺贝尔生理学医学奖得主沃森。这本书详述了DNA双螺旋结构的发现过程，半个多世纪以来，人们都赞不绝口。其中一个主要原因，正在于沃森的亲自叙述，是一般人无法替代的，为后人提供了丰富的史料和准确的理解。对某个前沿科学领域给出准确、权威的通俗理解，这是元科普非我莫属的重要功能，是再往下做层层科普的源头。

再如1991年诺贝尔物理学奖得主、法国科学家德热纳与巴杜合著的《软物质与硬科学》，也是一本脍炙人口的科普经典。德热纳是软物质学科的创始人，这本书写得非常生动、清晰，以与中学生谈话的形式，从橡胶、墨水等我们身边的诸多事物，具体入微地说明了什么是"软物质"，描述了它们融物理、化学、生物三大学科于一体的全新特征和认知方法，此书甚至被认为"连家庭主妇也能看懂"。现在，软物质已经是物理学中非常重要的一个领域了，我国的欧阳钟灿院士特地为此书的中译本写了序言。这种书，我认为也是元科普著作。

还可以再举一些元科普佳作的例子，它们的作者也都是诺贝尔奖得主，如埃克尔斯的《脑的进化——自我意识的创生》、温伯格的《最初三分钟——宇宙起源的现代观点》、莱德曼的《上帝粒子——假如宇宙是答案，究竟什么是问题》等等。

科普大树的根本

当我们说到元科普是一线优秀科学家对某一个前沿科学领域作全景式或特写

式的通俗描述时，很容易让人联想到学术著作中的综述，因为综述通常也是某学术领域的领军人物对本领域研究进展的概括和对发展前景的展望。元科普和综述两者的区别在哪里？简单地说，综述主要是面向圈内人的，有时甚至主要是给小同行看的，完全用纯专业的语言来叙述。但元科普著作就不一样，它的目标是本领域以外的人群，为此就需要由最了解这一行的人将知识的由来和背景，乃至科研的甘苦和心得，都梳理清楚，娓娓道来，这就是非亲历者所不能为的缘故。

回想18年前，我国天文学界的陈建生院士曾经对我说过这样一段话："像我们这样的人，有较好的科学背景，但是非常忙，能够读科普书的时间很有限，所以希望作品内容实在，语言精练，篇幅适度，很快就触及要害，进入问题的核心，这才有助于了解非本行的学术成就，把握当代科学前进的脉搏。"现在想来，他所期望和欢迎的，其实正是各前沿领域的元科普作品。

我也记得上海科技馆一位科普主管曾对我提到，他们做了许许多多面向青少年、面向学生的科普工作，但有时难免会感到力不从心，感觉有些科学内容把握不准，很希望有一线科学家来讲解指导。在我看来，倘若我们拥有更多的元科普资源，那么广大的教育工作者、科普工作者和传媒工作者就更容易找到坚实的依靠了。

向公众传递科学知识、传播科学精神，是科学家义不容辞的责任。但是科学家首先要致力于科研，他究竟能花多少时间来做科普，显然是一言难尽的。通常，一线科学家很难花费太多的时间和精力直接参与一波又一波的科普活动。然而，一项科学进展，一个科研成果，从高端的传播到儿童的科学玩具，它的科普化、产业化链条是很长的，书籍、影像、课件……就像一棵大树的枝丫可以纵横交错，在一线科学家不可能对每个环节都事必躬亲的情况下，元科普作品也就显得分外重要了。

毋庸置疑，科学家直接面向青少年、面向公众做科普演讲，是非常值得称道，也非常值得尊敬的。但这里有一些——即并非元科普的那一部分，却是可以由他人替代的。比如我本人就发表过一篇题为"恒星身世案，循迹赫罗图"的高端科普长文，读者对象是具备理科背景的大学生直至非天体物理专业的科学家。此文虽颇获好评，但它却不能跻身元科普之列，因为其作者并非专攻恒星演化且取得创新成果的一线科学家，这同领军者原汁原味的讲述总会存在一定的距离。由此也可以看出，虽然元科普经常会是高端科普，但高端科普却未必都是元科普。我想，科学大家们是否应该将自己用于科普的宝贵时间和精力，更多地倾注于他人难以替代的元科普创作呢?

呼唤更多中国"元科普"

最后,也是我最想说的,就是呼唤更多的中国一线科学家从事元科普的创作。中国这样的作品还太少太少,而需求却很大很大。

比如,今天这个科普产业论坛的主办方之一,就是一家从事科普影视作品创作的公司,他们和中科院古脊椎动物与古人类研究所的一线优秀科学家深度合作,将科研成果变成电影脚本,生产出高质量的4D科普电影。上海科技馆现在放映的不少原创影片,也与科学家有全面合作。有越来越多的优秀科学家投入到科普事业中,这确实很鼓舞人心。

然而,总体而言,我们在元科普方面的力度、广度、深度还是不够。21世纪来临之际,清华大学出版社曾和暨南大学出版社联手推出一套"院士科普书系",共有上百个品种,作者都是我国的领军科学家。这是一次有益的尝试,"书系"中有不少佳作,有些选题甚至有可能成为元科普的范例。但囿于时间仓促等因素,"书系"的总体效果尚非尽如人意。近年来,国际、国内重大科技成果迭出,这正意味着对元科普的强烈诉求。例如,社会公众都很关注"量子纠缠"以及我国在该领域取得的世界领先成果。我想,如果潘建伟院士的团队能够就此写一本元科普作品,以利外行人——至少是让非本行的科学家——明白就里,那该是多好的事情!前不久读到瑞士著名量子物理学家尼古拉·吉桑著《跨越时空的骰子:量子通信、量子密码背后的原理》一书,潘建伟院士在中文版序中对此给予很高的评价。但是,此书法文原版是2012年问世的,而今世人更翘首以待的则是潘建伟团队自己的元科普作品了。当然,元科普对于科技政策制定者和科技管理人员更好地把握科研动向,对于国家决策、经费投入,也都有重要的现实意义,此处就暂不展开了。

衷心期盼中国的领军科学家团队创造出更多的元科普产品,这是社会的需求,也是时代的呼唤!

原载《文汇报》2017年7月16日第7版
(系作者在"科普产业化"论坛的演讲,《文汇报》首席记者许琦敏整理)

016

《南雍骊珠》小记

十多年前，笔者临近退休，尝为上海科技教育出版社策划"嫦娥书系"和《科学编年史》两个新项目，后皆纳入"国家'十一五'重点图书出版规划"。本文所谈，是为《科学编年史》之计算机科学部分求教于母校南京大学徐家福教授的一项意外收获。

徐家福先生1924年生于南京，是中央大学数学系的高材生。他长期在南京大学任教，是中国计算机软件的先驱。徐先生有浓烈的国学情结，甚至面试研究生时也会问到古诗词。2002年5月，南京大学、东南大学等坐落于南京市的9所高校，因有着共同的前身，同时举行百年校庆。百年大庆之后，年届八旬的徐先生以中央大学南京校友会会长的身份，花费多年时间，主持完成了《中央大学名师传略》的编纂工作，上溯至1902年初建的三江师范，共收入270位名师。徐先生指出，中国自古以来，就强调道德文章，我们也按此要求为名师作传。例如陈三立、李瑞清、陶行知、罗家伦、吴有训、茅以升，这些学者的道德学问都是一流的。刘师培是民国时期的国学大师，二十多岁就颇负盛名，并曾在中大执教，但他逆历史潮流而动，投靠袁世凯，支持复辟帝制。"这样的人，道德上站不住，因此我们不选他"。

《南雍骊珠：中央大学名师传略》
及其《续篇》和《再续》书影

《名师传略》全名《南雍骊珠：中央大学名师传略》，首卷含108位传主，2004年12月由南京大学出版社出版。生于1925年、就读于中央大学气象系的著名气象学家邹进上教授有《中央大学名师传略参编感赋》一首，曰：

> 南雍多俊杰　校史载风流
>
> 功绩丰碑在　文光射斗牛

书名《南雍骊珠》，"骊珠"易懂，"南雍"则在此稍作解说。"雍"义源自"辟雍"，亦作"辟廱"、"辟雝"、"璧雍"，本为西周天子所设大学。地处今北京市安定门内的国子监，是元、明、清三代国家管理教育的最高行政机构和国立学府，又称"太学"、"国学"。国子监始建于元代至元二十四年（公元1287年），明代曾大规模修葺扩建。清代乾隆时又增建一组辟雍建筑，中心建筑"辟雍"本殿建于乾隆四十九年（公元1784年），乃皇帝临雍讲学之所，也是我国现存唯一的古代"学堂"。明初在南京设立的国子监，地处四牌楼，北及鸡笼山，南临珍珠桥，西至进香河，东达小营，覆盖今成贤街两侧东南大学及周边地区。明成祖北迁后，南京国子监称为南雍，与北京的北雍并立。中央大学既据故明南雍之地，又宛若民国时期的国子监，是以誉中大名师为"南雍骊珠"可谓绝妙。

2006年4月20日，笔者经昔时同窗、曾任南大天文学系主任的唐玉华教授引荐，前往徐家福老师办公室谒见师长。徐先生惠赐我《南雍骊珠》首卷一册并亲笔题字："毓麟贤棣正之。徐家福　丙戌春月。"书中有序、跋各一，皆言简意赅。《序》曰："中央大学名师云集，本书首记名师一百零八位，约四十万言，其中院士三十八位，二十世纪四十年代之部聘教授十二位。罗家伦校长乃五四先锋，睿智高诣，颇多建树。吴有训校长乃物理泰斗，道德文章有口皆碑。胡小石、楼光来、柳诒徵、戴修瓒、孙本文、陶行知、徐悲鸿、赵忠尧、高济宇、秉志、潘菽、竺可桢、茅以升、杨廷宝、陈章、邹秉文、金善宝、梁希、戚寿南、蔡翘等均文坛翘楚，科技泰斗，一代宗师，国之瑰宝，其他诸师亦莫不以道德文章闻于世，传道、授业、解惑，堪称模范，令人永世敬仰。"

《跋》复有云："为学必先为人，为人要有以天下为己任之志，爱国爱民，诚信为本。为学要有宏图大志，脚踏实地，锲而不舍，持之以恒，求真务实，经邦济世。""沧海桑田，山河巨变。本书所记名师大都早已驾鹤西去，但其为人为学之道犹如日之永恒,永放光芒。宋人张载有言:为天地立心,为生民立命,为往圣继绝学,为万世开太平。中央大学名师之精神,永垂不朽。"

中国近代文化史有"南雍双柱"之谓,指清末和民国早年承古开今的两位国学大师:王瀣(字伯沆,1871—1944)和柳诒徵(字翼谋,1880—1956)。《南雍骊珠》中,有1946年毕业于中央大学文学院中文系的鲍明炜教授撰写的《国学师尊王伯沆先生》和署名柳定生的《魂依夭矫六朝松——记先父柳诒徵先生》一文。柳定生系柳诒徵先生之高足与爱女,1936年毕业于中央大学历史系,此文乃据柳诒徵先生之孙柳曾符教授所提供之材料整理而成。

2008年,上海科学技术文献出版社"馆藏拂尘",出版柳诒徵先生的《中国文化史》全三册,百余万字。卷首冠以"出版者的话",披阅之余颇感确有深意。其词曰:"他们,是大家,是名师,通古今之学,成一家之言,传播寰庐;它们,是经典,是名著,经岁月锤炼,尤显底蕴,让人仰止。""本着弘扬经典、传播文化的理念,上海科学技术文献出版社凭据上海图书馆的资源优势,将近代以降的人文经典冠以'馆藏拂尘'的名义陆续整理出版……原汁原味地重新流播于读者的视野之内,这是我们的出发点,也是一以贯之的宗旨。"《中国文化史》"每篇分章分段,紧接于段落后必附引经史、诸子百家语,以及现代中外学人的谠言伟论,藉供读者的彻底了解"。

关于南雍,不可不提始建于1919年的南京大学北大楼悬挂着著名戏曲家、中文系教授吴白匋(1906—1992)的一副楹联:

> 北楼高耸南雍,容师生发扬中国文明,兼采东西长处;
> 黄土显留青史,喜黎庶爱戴赤旗指引,分明白黑前途。

上下联分别嵌入"北南中西东"和"青黄赤白黑",以描述百年来这座学府的办学特色,以及社会的沧桑巨变,委实身手非凡。

笔者当年往访徐家福先生时,他已82岁。先生说,自己眼下大约有三分之一的时间用于编好《南雍骊珠》,其余三分之二的时间还在负责一个项目,研究国际上计算机科学的新课题。弹指间已是2015年,徐先生身体依然硬朗,《南雍骊珠》三册亦早已出齐。唐玉华再访徐先生时,先生除面赐她全套《南雍骊珠》外,并嘱咐转交我后两卷,即《南雍骊珠:中央大学名师传略续编》(2006年,共记名师84

位)和《南雍骊珠：中央大学名师传略再续》(2010年，记名师78位)。《再续》有《序》云："我中大校友于今已届耄耋之年，为出是书，四处奔走，搜集资料，遍及中外，查阅档案，多方核实，句斟字酌，以善其稿。全书虽几经审改，然限于水平，史料短缺，欠妥错讹之处，尚祈不吝赐正。"寥寥七八十字，说透了老人们的甘苦与心声。

依然是钢笔行书："毓麟贤棣正之，徐家福敬赠，甲午冬月。"前后十年，蒙徐先生惠赐《南雍骊珠》全三卷，实属喜出望外。"徐先生思维很清晰，讲了他目前还在做四件事。91岁的老人可真不简单！"唐玉华来信所言，诚矣哉！

原载《文汇报》2017年2月19日第8版

追 记

徐家福老师委托唐玉华君转交我的《南雍骊珠》之《续编》和《再续》，签题"甲午冬月"，即2014年冬天。我深盼能再次面谒徐老师。恰好2015年是我们南京大学天文学系1965届学子毕业50周年，5月7日至10日，共有32位昔日同窗回母校欢聚一堂。其间，仍赖唐玉华君事先联络，并如约于5月8日晚由她领我同往徐老师寓所。但完全出乎意料的是，叩门良久而无人应答。我们为此殊感不安。

原来，年届九旬的徐老师近年丧偶，晚上独居。那天他刚出差青岛归来，疲惫非常。晚上8点多钟我们到他家时，老人家已然安寝了。我犹暗忖，好在如今高铁时代，沪宁两地可谓近在咫尺，拜谒师长随时可行。不意当年年底我被确诊患有直肠癌，放疗化疗一切按需进行。倏忽间又过了两年多，竟有噩耗劈头传来：2018年1月16日，徐家福教授与世长辞，享年94岁。学长校友、后辈桃李，悲痛之情，不克言状。著文撰联哀悼徐先生者甚众，兹敬录邹进上教授挽联于斯：

十载寒窗，创建量子计算程序，力攀科学高峰，终获丰盈硕果；
一身正气，弘扬名师治学精神，谨守中华礼教，主编《南雍骊珠》。

哀哉，徐家福师千古！

017

何为成材之道?
没有标准模式的答案

　　人们喜欢将"成材之道"概括成公式"天分+勤奋+机遇",或更"量化"地说成"百分之几的天分+百分之几的勤奋+百分之几的机遇"……

　　这些说法当然都是象征性的。以寥寥数语概括成材之道,堪称难乎其难。然而,成材者们的足迹却宛如引人奋进的路标,十来年前读到"国家最高科学技术奖获奖人丛书"首辑4种(上海科学技术出版社,2002年)便深有此感。这4种书是:《吴文俊之路》《走近袁隆平》《黄昆——声子物理第一人》和《王选的世界》。

　　数学家吴文俊从讲话、教学、做学术报告,到撰写科普文章,无一不是条理清晰、深入浅出,这与他良好的语文功底有关。中学时代他作文成绩优异,得益于从童年到青年持之以恒的大量阅读。老师们品德高尚,有真才实学。他们生活清贫,却以自己的智慧和身教影响着学生的一生。高中时代的吴文俊,数学学得主动而有味,题越难越吊胃口,内容远远超出课堂的范围。

　　高中毕业时吴文俊的兴趣主要在于物理。而作为一名学校决定给予资助的尖子生,他必须报考校方指定的上海交通大学数学系。可是到大学二年级的时候,吴文俊对于单调的数学教学逐渐失去兴趣,甚至想转学其他专业。这时,又一位优秀教师——武崇林先生所讲的实变函数论,再次激发了他的数学兴趣。以后,他又遇到了朱公谨、陈省身这样的好老师。但如果只是按部就班地学习,吴文俊也不可能在青年时代就成为一位国际知名的数学家,此时杰出的自学能力大大帮助了他……这些往事看似平凡,却能震撼读者的心灵。

　　农学家袁隆平属马,幼时在长辈眼中这匹"小马驹"有点笨手笨脚,但他爱动脑筋。"学贵知疑"的科学精神在袁隆平的一生中发挥着无可估量的作用。高中毕业,他除因"偏科"致使数学成绩一般之外,其他各门功课全优。父亲希望他继续深造文理,但他有自己的志向:投身"农门"。

"世界的永久秘密就在于它的可理解性。要是没有这种可理解性,关于实在的外在世界的假设就会毫无意义。"爱因斯坦的话对袁隆平日后从事杂交水稻研究产生了极大的影响。"小马驹"长大后率领千军万马,奋蹄纵横在农业科技的天地里,把杂交水稻的恩惠播撒在中国和世界的广袤田野中。风风雨雨几十年,走到了世界的最前列。

物理学家黄昆认为自己少年时代属于智力发育滞后的学生。他治学的重要特点——"从第一原理出发",是在中学时代开始培养的。他说在中学时代的反面教训是"我的语文基础没有打好,多少年来,在各个时期,各种场合都给我带来不小的牵累"。在燕京大学求学期间,宽松、开放和求实的环境熏陶了黄昆,使他养成了凡事独立思考,决不盲从的习惯。他极其珍视当初那种学习的主动性,认为无论学习还是从事研究,主动性都是最为重要的……这一切的一切,使黄昆成了"声子物理第一人"。

4位国家最高科学技术奖获奖人:吴文俊(左上)、袁隆平(右上)、黄昆(左下)和王选(右下)

计算机的广泛应用,使王选的名字变得家喻户晓。在小学五年级的时候,老师让大家评一名"品德好、大家最喜欢的同学",王选以压倒多数的高票获此荣誉。数十年后,王选才意识到这一荣誉对自己一生之重要。经验告诉他:一个人要想有所成就,首先要做个好人。王选说:"我赞成季羡林先生关于'好人'的标准:考虑别人比考虑自己稍多一点就是好人。我觉得这一标准还可以再降低一点:'考虑别人与考虑自己一样多就是好人'。"谁都知道计算机科学的宠儿"方正",这一词语源自《后汉书》:"察身而不敢诬,奉法令不容私,尽心力不敢矜,遭患难不避死,见贤不居其上,受禄不过其量,不以无能居尊显之位,自行若此,可谓方正之士矣。"选"方正"做品牌,适见王选之方正。

"何为成材之道?"国家最高科技奖获得者告诉我们的不是什么标准答案,而是胜似答案的启示。

原载《科技文摘报》2016年12月22日第13版

018

科普佳作如何达到
真与美的境界

　　科普,简略地说,就是以"科"为基础,以"普"为目的的行为或活动。科普作品则是以作品形式表现的科普活动。

　　科普佳作,自然是指"好"的科普作品。"好"是我们的追求。问题则在于:究竟何为"好"?

　　"好",要有判据。不同的人,出于不同的需求,从不同的视角看问题,就会对"好"给出不同的判据。例如:

　　有人说,好的科普作品应该充分展示其和谐与美。应该是真与美的完美结合;

　　有人说,好的科普作品应该做到知识性、可读性、趣味性、哲理性兼而备之,浑然一体。

　　如此等等,无疑都是正确的。这里,我想再举一个更具体的例子。

　　2001年5月30日,我拜访了中国科学院北京天文台(今国家天文台)的陈建生院士,他当时还兼任北京大学天文系主任。我本人曾在北京天文台度过三十余年的科研生涯,其中后一半时间就在陈建生院士主持的类星体和观测宇宙学课题组中。他向我谈了自己对科普作品的向往,"像我们这样的人,有较好的科学背景,但是非常忙,能用于读科普书的时间很有限,所以希望作品内容实在,语言精练,篇幅适度,很快就触及要害,进入问题的核心,这才有助于了解非本行的学术成就,把握当代科学前进的脉搏"。

　　这是一位一线科学家从切身需求出发,对高级科普读物的期望。陈院士的建议很中肯,要实现却不容易。由任鸿隽等前辈学人于1915年创办的《科学》杂志,在不同历史时期刊出的许多文章,对此作了非常有益的尝试,成绩可观。1985年

中文版《伊林著作选》部分品种，中国青年出版社出版

《科学》杂志复刊，关于办刊方针有一句话，叫作"外行看得懂，内行受启发"。确实，这是我们努力的目标之一，是我们的一种追求。

关于"好"，正如每个文学作家都有自己的美学理念、都有自己的个性那样，每一位科普作家也有自己的偏爱。在少年时代，我最喜欢苏联作家伊林，读过他的许多科普作品；从30岁开始，我又迷上了美国科普巨擘艾萨克·阿西莫夫。尽管这两位科普大师的写作风格有很大的差异，但我深感他们的作品之所以具有如此巨大的魅力，至少是因为存在着如下的共性：

第一，以知识为本。他们的作品都是兴味盎然，令人爱不释手的，而这种趣味性又永远寄寓于知识性之中。从根本上说，给人以力量的乃是知识本身，而不是任何为趣味而趣味的、刻意掺入的泛娱乐化的"添加剂"。

第二，将人类今日掌握的科学知识融于科学认识和科学实践的历史过程之中。用哲学的语言来说，那就是真正做到"历史的"和"逻辑的"统一。在普及科学知识的过程中钩玄提要地再现人类认识、利用和改造自然的本来面目，有助于读者理解科学思想的发展，领悟科学精神之真谛。

第三，既授人以结论，更阐明其方法。使读者不但知其然，而且更知其所以然，这样才能更好地启迪思维，开发智力。

第四，文字规范、流畅而生动，决不盲目追求艳丽和堆砌辞藻。也就是说，文字具有朴实无华的品格和内在的美。

我一向认为，对于科普创作而言，平实质朴的写作风格是十分可取的。平实质朴，意味着行文直白流畅，叙事条分缕析，这很有利于读者领悟作者想要阐明的科学道理，也有利于读者即时琢磨最应该思索的问题。

原载《科技文摘报》2016年12月15日第7版

（节选自《"科普追求"十章》一文，

见尹传红、姚利芬主编《科普之道：创作与创意新视野》，

中国科学技术出版社2016年10月出版）

019

从朱光亚先生的一封短信说起
——忆"科学大师佳作系列"兼怀张跃进君

重读二十多年前朱光亚先生的一封短信,心头很不平静:多么可亲可敬的长者,多么平易近人的领导,多么认真谦逊的学者啊!信件全文如下。

卞毓麟同志:

　　为"科学大师系列"中文版作序事,收到来函和您代拟的序稿已三个多月,今天才回复,我甚感不安。序稿很好,只是我想在前面加上一些话,而近来工作头绪又繁多,以至迟到95年首又过了20多天才写成。现送上,不当之处,请您修改、更正。

　　另我建议,将此系列两辑共20余本书名和作者,以附录形式登出,使读者了解全貌。当否,亦请酌定。

　　顺致

春节问候。

朱光亚

1995年1月24日

事情的来龙去脉梗概如下。1993年11月,上海科学技术出版社的编辑张跃进来函相告,该社正在引进一套由诸多领军科学家原创的高端科普图书"科学大师系列"(Science Master Series),且与原出版商美国约翰·布罗克曼公司有约,将于

1994年10月与世界24国同步以多种文字推出头几个品种。此举对翻译水准和时间要求甚高,希望我能参译。

其时我在中国科学院北京天文台(今国家天文台)工作,张跃进邀我执译的是《宇宙的起源》一书,其作者系英国著名理论物理学家和宇宙学家约翰·巴罗。巴罗与“轮椅天才”斯蒂芬·霍金以及英国皇家天文学家马丁·里斯是同门师兄弟,三人读博时的导师都是丹尼斯·西阿玛。巴罗学识渊博,极擅写作,其《天空中的π》《万物至理》《无之书》等作品皆享国际盛誉。《宇宙的起源》简洁而生动地介绍了人类探索宇宙起源问题的过程、已取得的研究成果和时下存在的歧见。

翻译务求精工细作,工夫没下够,就有可能闹出“门修斯”“常凯申”之类的荒唐事。《宇宙的起源》那些极简短的章首引语既未注明作者,亦未交代版本,离开了上下文语境而仅据所引的片言只语是极易误译的。幸好,作者毕竟留下了引语所本之原著篇名。如第一章引语“‘我真的感谢您,’歇洛克·福尔摩斯说,‘能引起我对这件饶有兴味的案件的注意’”出自《巴斯克维尔的猎犬》,第十一章引语出自《四签名》,这些都是我熟知的福尔摩斯探案故事。我推测其余各章之引语亦然,遂取来《福尔摩斯探案全集》按图索骥,所有引语果真一一就范。我遂结合福尔摩斯故事情节和巴罗引用的意图,为每段引语写了简明扼要的译注。那个周末我过得很开心,翻译永远是苦中有乐、乐在苦中的差使。

1994年8月,张跃进来函相告,这个盛夏他整天闭门编辑加工我的译稿,大功即将告成。他觉得每章章首的引文译注堪称画龙点睛,还说“卞先生基本上是紧扣原文来译,自己发挥的成分很少”,“我遇到许多人,在翻译时尽其所能进行发挥,究其原因,是对原文的理解含混”。但与此同时,跃进还以6页纸的篇幅表达了他对某些译文的异见。例如,首章标题“Starry Starry Night”,我为追求简洁,译成“多星之夜”。跃进来信告曰,“Starry, Starry Night”乃当代著名流行歌手麦克利安的传世之作《文森特》的头两句,而这首歌是描写画家凡·高的。跃进认为此章讲人类对宇宙的认识过程,用“繁星闪烁之夜”似更有文学气息,且隐含人类智慧的“闪烁”之意。我对麦克利安的《文森特》本无所知,故觉跃进的解说很有趣味。为慎重计,我又重新检阅全章正文,发觉仅出现一次“Starry Night”,据上下文看宜译为“繁星密布的夜空”。再与跃进商讨,本章标题便由此确定。后来,“系列”的出书进度有所推迟,我收到拙译《宇宙的起源》之校样已是1995年年初了。

时任中国科协主席的朱光亚先生同意出任"系列"中文版编译委员会主任，令出版社深受鼓舞。最后确定的编译委员会成员是：主任朱光亚；顾问龚心翰；副主任谢希德、叶叔华；委员（以姓氏笔画为序）文有仁、卜毓麟、陈念贻、杨沛霆、杨雄里、吴汝康、何成武、郑度、洪国藩、胡大卫、谈祥柏、戴汝为。其中的列位领导和名家毋庸赘述，我却是既非领导、又刚申报正高职称的唯一特例。跃进尝向光亚先生面陈何以将卜某列入名单，不料朱老插话：我知道卜毓麟，看过他写的不少科普作品。

1994年9月，出版社请光亚先生为"系列"作中文版序，要我帮忙写一份两千来字的材料供先生参考。盛情难却，我完稿后即寄跃进，并另函朱老呈上所拟文字，敬请朱老审阅、指示。翌年1月下旬，我收到本文开头照录的朱老亲笔来信。我由衷地佩服朱老的字斟句酌，其内容之精要自不待言，他用铅笔书写的字迹竟然如此工整、如此一丝不苟，也大大出乎我的始料。顺便一提，此前跃进曾谈及，"科学大师系列"这一名称易被误解为科学大师们的传记，故拟改称为"科学大师讲座系列"。我提议不妨改为"科学大师佳作系列"，出版社颇以为然，朱老也完全赞同。

后来，又有一件出乎意料的事。一天，朱老在中国科协的秘书袁克伦先生约我一晤，告知出版社给朱老寄来"'科学大师佳作系列'中文版序"的稿酬，但朱老坚辞，并指示务请转交卜毓麟同志。我说，我只是拟了一个草稿而已，从朱老那里学到许多东西已经获益匪浅，朱老的稿费我可不能拿。最后，克伦先生说：作为秘书，朱老的指示我必须坚决执行，你不拿走，是我没能完成任务，这事朱老是不会改变主意的，你不要再推让了。最终，我只好恭敬不如从命。先生懿德高风，怎不令人肃然起敬！

"科学大师佳作系列"的出版是一个长长的故事。《宇宙的起源》是其第一个品种，第二种书《宇宙的最后三分钟》系保尔·戴维斯著，由我的大学同窗、中科院上海天文台研究员傅承启君执译。第三种书《人类的起源》作者是著名人类

中文版《科学大师佳作系列》书影，
上海科学技术出版社出版

学家理查德·利基,跃进请我推荐译者,我立即想到吴汝康院士。1994年3月,我为此造访78岁高龄的吴先生。说明来意后,吴先生欣然同意执译。他向我谈起与理查德·利基的诸多交往,使我更明白了他如此钟情《人类的起源》一书之缘由。1995年9月,"系列"头3种书初版首印,迅即销售一空。到1997年10月第6次印刷时,它们的累计印数均各自突破5万册。对高端科普读物而言,此种盛况多年来已颇罕见。

1995年11月,上海科技出版社、《文汇报》、上海市科普作家协会在沪联合举办"'科学大师佳作系列'丛书首发式暨专题讲座",编委会副主任谢希德、叶叔华二位院士出席并讲话,我本人应邀作专题讲座《宇宙学的历程》。会前,上海东方电台一位记者采访我时问道:"您是否知道买这套书的中文版权要花多少钱?"我答了个约数。记者又问:"那么,您认为值得吗?"我说明了值得的种种理由,末了又添上一句:"我们付出了金钱,但买来的是知识。知识是无价之宝,这难道还不值得吗?"于是,记者小姐道谢后满意地离去了。

1997年1月21日,"'科学大师佳作系列'丛书暨科普创作座谈会"在京召开,朱老等几位领导讲话,我在会上代表编译委员会简介"系列"和我们的工作,《科技日报》副总编辑王直华先生作为译者代表介绍《伊甸园之河》一书的翻译情况。我在发言中特别提到,当时上海科技出版社收到的是英文稿,而不是英文书,我们就是照着隔行打字的英文稿翻译的。也就是说,出版社与布罗克曼公司签约时,对方只是搞定了"科学大师系列"这组选题及其作者,书还有待于陆续写作。这乃是引进国外作品的一种新模式,那就是"买选题",而不是简单的"买版权"。我认为,上海科技出版社敢于这么做,首先不在于它是穷还是富,而是至少具备了3个条件:第一,识货,看出了《宇宙的起源》《大脑如何思维》这些选题究竟意味着什么;第二,能判断作者们驾驭这些题材的实力,即对这些著名科学家兼科普作家有一个基本的了解;第三,勇于用新的思路探索我国图书市场的结构和潜力。上海科技出版社看准"系列"是好书,认定值得尝试把它介绍给国人,于是就做起来了。

中文版"科学大师佳作系列"第二批4种图书问世后,同样大受读者青睐。其中《大脑如何思维》的译者杨雄里院士,后来还承担了此系列另一品种《人脑之谜》的翻译工作。正是《人脑之谜》的作者、英国牛津大学药理学教授苏珊·格林菲尔德,在1994年成了165年来首位登上英国皇家学会圣诞讲演台的女性。

时至2003年7月,中文版"系列"共出书18种。在约翰·布罗克曼预告的"系列"书目中,尚有马文·明斯基著《思维机器》等7个品种待出,但中文版似未跟进,原因不详。2007年,上海世纪出版集团的"世纪人文系列"丛书收纳了"科学大师佳作系列"的不少品种,《宇宙的起源》《人类的起源》《大脑如何思维》等均纳入该"人文系列"丛书的"科学人文"子系列中。译者皆一仍其旧,但光亚先生的"中文版序"却踪影全无,殊为可惜!

张跃进君后来历任上海科技出版社副社长、上海远东出版社社长、上海教育出版社社长诸职。他于2016年11月12日病逝,年仅58岁。惊悉噩耗,不胜悲恸,谨此深表哀悼。

原载《中华读书报》2016年11月30日第14版

链 接

迈向21世纪,上海科技教育出版社推出了袖珍本的《名家讲演录》系列,周光召、朱光亚、宋健、路甬祥等科技界领军人士均予以大力支持。图为朱光亚先生为此来函及所著《跨世纪科学技术发展趋势概述》的书影,先生一丝不苟之精神跃然纸上矣!

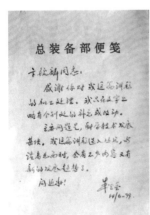

朱光亚先生1999年6月14日来函(左),信中所说"这篇讲稿"题为《跨世纪科学技术发展趋势概述》,同年作为上海科技教育出版社《名家讲演录》系列之一种(右)出版

020

又遇溶溶先生

忽然发现，近期《文汇报》"笔会"先后刊出的拙作三件，皆与任溶溶先生的佳篇相伴。料想这未必是编者故意为之，是以更觉惊喜。

溶溶先生是我敬重的前辈，是我的偶像。少时读他的作品，便再未忘却这个名字。但直至花甲之秋，终于才见到他。

那是十多年前的一次机缘。2003年9月26日，我作为读者代表应邀参加少年儿童出版社庆祝《少年文艺》杂志创刊50周年大会。会场中间是主席台，台下左右两侧各有几排桌椅相向对列，主席台正对面的座位上多半是少先队员。我坐在主席台下方左侧，与王国忠、秦文君等人相邻，二位任老——80岁的任溶溶和78岁的任大星——正好坐在台下右侧我的对面。

早在此前三个月，《新民晚报》"夜光杯·十日谈"专栏配合《少年文艺》50寿诞，自6月18日起连续刊出各行各业10位作者的10篇纪念文章，依次为李肇星的《少年理想伴我成长》、拙作《难忘的生日礼物》、叶辛的《〈少年文艺〉和少年的我》、吕凉的《我当了回"心灵密友"》、任大星的《走向少年朋友的心灵之桥》、张抗抗的《美哉少年》、施雁冰的

本书作者与任溶溶（左）、任大星（右）二位前辈学长合影（2003年9月26日）

《苦与乐》、姜玉民的《一个老运动员的少年情怀》、张成新的《激情燃烧的日子》，以及于漪的《撒播智慧的种子》。

再说9月26日那天的庆祝会气氛热烈，会后更有很多中学男生女生将秦文君团团围住索要签名。60岁的我手持相机快步走向"二任"，邀请他们合影。照片拍摄效果甚佳，可惜摄影师是谁已不复可忆。

相片冲洗放大，寄赠合影者，一切如常。出乎意料，不久收到了溶溶先生的亲笔回函。先生来信百余字，轻松幽默，期待殷切，文字功力真是了得，兹照录如下：

卞毓麟先生：

您好！寄给我的照片收到了，谢谢！

认识您真是荣幸。我是个崇拜名人的人，现在我可以指着电视上您的高大形象，对家里人说："我认识这位先生！"于是我大为满足。

希望多为孩子也写些东西，孩子们将得到实实在在的知识，实实在在的好处！

敬礼！

老朽 任溶溶

2003.10.15

先生是以儿童文学为终身事业的杰出翻译家、作家和出版家，受惠于他的读者不计其数。先生的译作《安徒生童话全集》《木偶奇遇记》《彼得·潘》，原创童话集《没头脑和不高兴》，儿童诗集《一个可大可小的人》《小孩子懂大事情》等杰作是何其脍炙人口。自不待言，"多为孩子也写些东西"，是先生实实在在的希望。微妙的是这句话中的那个"也"字，我体会到先生知我写了不少成人读物，希望我多为孩子"也"写些。是啊，我虽然写过一些少儿科普作品，也曾多次获奖，但离先生的希望还是太远太远了。

先生谦称"老朽"，其实当年八旬高龄的他精神矍铄，鹤发童颜，还在做许许多多事情。转瞬间又是十多年了，乙未年岁末拙作《恬淡悠阅——卞毓麟书事选录》（科学普及出版社，2015年11月）面世，我与二位任老的那张合影是书中的第一幅人物插图。丙申年元宵佳节过后，我托少儿出版社的朋友将此书转呈二位任老；本人则因别无其他要事，未敢贸然打扰尊长。

回到本文开头所说的那三期《文汇报》"笔会"。7月26日刊出溶溶先生的《南粤杂记》,所载拙文则是《异国夜话埃舍尔》;9月4日刊登先生的《说方言》和拙作《琐忆科幻的"开路小工"》;10月4日又刊载先生《谈我的读书》一文和拙作《怀汤翁而念郭公》。先生妙文大多不长,笔调轻松,言之有物,能让人引出许多联想。

例如《说方言》,全文仅六百来字,写得生动细腻,令人宛若亲临其境。文中不但提到上海话、广州话、宁波话、常州话、苏北话、山东话、福建话等等,而且"猛想起林汉达教授曾劝我去一次大世界,因为那里有各地剧种,讲不同方言。真的,我是去大世界听了,而且学讲几句"。先生不惟"发现最难学的方言是苏州话。光'好'这个字我就学不好,'好'苏州话读'ha',这个ha我就不知道口该张得多大",更观察到"特别是评弹演员说苏州话,像余红仙,不但话好听,看她说话的嘴就够好看的"。方言太多,自然不利各地人交往,全文遂借鲁迅先生的见地作结:中国人一定要会说两种话,一种就是大家都懂的普通话。

《说方言》将我带回到50年前。1965年至1966年,我曾到晋西南黄河东岸临猗县参加"农村社会主义教育运动"(即"四清运动")。天天在生产小队里与老乡"三同"(同吃、同住、同劳动),特定的语言环境让我练就了一口几可乱真的临猗方言。"听你口音好像也是这边的人",有当地人误判如此,令我这个二十二三岁的小伙子得意洋洋。南方人往往觉得北方话都差不多,其实北方不同的方言土音仍足以令外乡人丈二和尚摸不着头脑。

例如,fu是临猗那一带极具特色的语音,诸如"福"、"水"、"书"、"睡"、"树"、"朱"、"鼠"等,大体上都念成fu,甚至"主席"都读成fuxi。第一次听他们提到fudei,我真不知道说的是谁,再一问原来竟是"朱德"。他们说"老鼠",颇似上海人说"老虎"。遥念语言学大师赵元任当年学习西安方言时,也对把"水"念成fu留下了很深的印象。晋陕的某些方言,确有不少相似之处。

溶溶先生在《说方言》中提及:"我是研究语言的,对有些方言的情况也比较熟悉。"若能有机会向他多多讨教,该是多么有趣的事情!

想念溶溶先生,为何不去看望他呢? 想去啊,自己却病了一场,争取早日如愿吧。不过,"笔会"已经让我和先生在版面上相遇再三了,真是好开心哦。

原载《文汇报》2016年10月26日第12版

021

怀汤翁而念郭公

汤显祖（1550—1616）逝世四百周年，纪念活动精彩纷呈，佳评不绝。本文借题发挥，回望元代大科学家郭守敬（1231—1316），兼祭郭公辞世七百载。

汤翁与郭公本无干系，如何请他们"同台出演"？念及昆剧套曲中前后曲牌若所属宫调不同，或宫调虽一旦节奏悬殊，则需施以过渡手法使前后协调和谐。此种过渡称为"过搭"，它通常是曲牌，亦可间以宾白或采取其他措施。下文亦多有借鉴"过搭"之意味。

汤翁与莎士比亚（1564—1616）、塞万提斯（1547—1616）于同一年各归道山，而其时世上更有许多文化巨人交相辉映。试看莎翁降生前两月有余，1564年2月15日，近世实验物理学的鼻祖伽利略（1564—1642）在意大利的比萨诞生。三天之后的2月18日，米开朗琪罗（1475—1564）以89岁高龄辞世，仿佛象征着意大利文艺复兴从专注艺术转向了钻研科学。

年长莎士比亚三岁的英国哲学家弗兰西斯·培根（1561—1626）23岁进入下议院，至52岁升任检察总长，57岁成为大法官，最终却因受贿罪断送了仕

左图　汤显祖画像
右图　郭守敬胸像（郭守敬纪念馆，北京市）

途。培根是一位成就卓著的思想家，是"知识就是力量"的倡导者。他针对亚里士多德《工具论》一书论述的演绎法推理，在1620年出版了《新工具论》，论述一种新的推理方法——归纳法。培根以顺畅精练的语言阐述实验科学理论，使之在英国绅士阶层盛行。其中有个研讨这一新风尚的小组，最终发展成了英国皇家学会。此时，意大利也有一个类似的小组"猞猁学会"，伽利略就是它的成员。

意大利人利玛窦（1552—1610）年长伽利略12岁，是一位博学的耶稣会传教士。30岁那年他奉命赴华，起先在广东肇庆传教，后来任在华耶稣会会长。明万历二十九年（1601年），利玛窦到达北京，向明神宗进献自鸣钟等西洋器物和《坤舆万国全图》等著作。他结交士大夫，研读四书五经，并作拉丁文注释。尤其重要的，是他与明末重臣徐光启的交往。

徐光启（1562—1633）比利玛窦小10岁，比汤显祖小12岁，晚年官至礼部尚书兼文渊阁大学士，一生对中国的天文学、数学、农学均有重要贡献。他于万历二十八年（1600年）在南京与利玛窦相遇，被后者介绍的西方科学知识深深吸引。万历三十五年（1607年），经利玛窦口译、徐光启笔述的古希腊欧几里得经典之作《几何原本》前6卷刊印，同年徐、利两人又合译了《测量法义》。徐光启积极致力于介绍欧洲科学技术，近代中国之"西学东渐"大致即始于兹。

那时，丹麦有一位年长利玛窦6岁的天文学家第谷·布拉赫（1546—1601），于13岁那年进哥本哈根大学学习法律和哲学，16岁入莱比锡大学，17岁开展首项天文研究——木星合土星，26岁发现了著名的仙后座"第谷新星"。他在而立之年获得丹麦国王腓特烈二世资助，建起了"天堡"——一座规模宏大的天文台。第谷研制的大型天文仪器，堪称前望远镜时代的极品。他是一位极出色的天文观测家，在汶岛潜心跟踪观测行星运动二十余年，特别是对火星的位置先

中国—丹麦联合发行邮票《古代天文仪器·大赤道经纬仪》，纪念第谷于1585年创制此种仪器

后进行了几千次测量。

第谷51岁时因与新国王不和被迫离境,两年后在布拉格成为神圣罗马帝国国王鲁道夫二世的御前天文学家。第谷性情古怪,目中无人,年轻时竟为争论某个数学问题而在决斗中被削掉了鼻子,后来只好装上个金属假鼻。他念念不忘自己的贵族身份,进行天文观测也要特意穿上朝服。但毋庸置疑,他的天文观测数据乃是构建近世天文学的优质材料。

1601年,55岁的第谷因酒食过度病逝。临终前他曾叹息:"唉,我是多么希望自己的一生没有虚度啊!"所幸此前不久他邀请到比自己年轻25岁的德国人开普勒(1571—1630)前来共事。开普勒具有很强的创新思维能力和对于数据的敏感性,他殚精竭虑地分析第谷留下的观测资料,终于确立了反映行星运动基本规律的"开普勒三大定律"。这段故事,乃是体现近代科学精神——理论与观测对证——的最早典范之一。

在西学东渐史上可与利玛窦相提并论的耶稣会士汤若望(1591—1666),于万历四十八年(1620年)29岁时来华抵达澳门。崇祯三年(1630年),汤若望奉诏参加编撰《崇祯历书》。这是为改革历法而编的一部丛书,计46种137卷,由徐光启主编(徐去世后由李天经主持),于崇祯七年竣工,书中多方引入了欧洲的古典天文学知识。明亡后,汤若望归顺清朝,曾任相当于皇家天文台台长的钦天监监正,成就、著述皆丰。

汤若望在华了解到郭守敬的天文伟绩,便情不自禁地夸奖郭公是"中国的第谷"。诚然,对当时的欧洲人而言,这乃是一种至美的赞誉。然而,郭公生活的时代却比第谷早了三个世纪。

郭守敬少时即显示出不凡的科学兴趣与才能。曩昔北宋学者燕肃曾发明一种重要的计时仪器"莲花漏",但其结构和制作工艺久已失传。16岁的郭守敬偶见一幅莲花漏拓片,竟然就能依图阐明它的工作原理。他20岁时率众修复家乡的石桥、填补了堤堰的决口,1262年31岁时首次觐见忽必烈就提出6项水利工程建议,此后又领导完成了修浚西夏古河渠等多项重要任务。忽必烈于1271年正式定国号为"元",他就是赫赫有名的元世祖。

郭公45岁时奉旨全力投身天文事业。他创制的大批天文仪器远远超越前朝,创造了新的世界水平。现代英国科学家约翰逊曾评论:元代的天文仪器"比希腊

中国一丹麦联合发行邮票《古代
天文仪器·简仪》,纪念郭守敬于
1276年创制简仪

和伊斯兰地区……的做法优
越得多",这些地区"没有一件
仪器能像郭守敬的简仪那样完
善、有效而又简单"。英国的科
学史大家李约瑟也称道:"对于现代天文望远镜广泛应用的赤道装置而言,郭守敬
[简仪采用]的装置乃是当之无愧的先驱。"300年后,第谷才在欧洲率先采用同样
的装置。虽然郭公的仪器原件世已无存,但明代正统年间(1437年)仿制的铜铸简
仪现在依然陈列在南京市中国科学院紫金山天文台上。郭公研制的水力机械时钟
传动装置先进,也走在了14世纪诞生的欧洲机械时钟的前头。

郭公在阳城(今河南省登封市告成镇)建造的观星台,是现存的世界重要天文
古迹。他主持的"四海测验",是中世纪世界上规模空前的一次大范围地理纬度测
量。他编制的两部星表所含的实测星数突破了历史记录,且在往后300年间也无
人超越——包括第谷在内。他测定的黄赤交角数值相当精确,500年后法国科学
巨擘拉普拉斯还引用它来佐证黄赤交角随时间的变化。

郭公与王恂等人一起制定了在当时世上遥遥领先的新历法"授时历"。此历
将回归年的平均长度定为365.2425天,仅比实际年长多出0.0003天!欧洲人自古
罗马时代起,始终把一回归年的长度当作365.25天。直到公元1582年罗马教皇
格里高利十三世颁行"格里历"(即今之公历),才采用与授时历相同的年长,而时
间却晚了三个世纪。郭、王诸人在编历过程中创立的一些新算法,是重要的数学
成果。例如他们创用的"三差内插"法,直到400年后欧洲才出现与之类似的数
学方法。

1291年,年届花甲的郭公再度奉命领导水利工作。他主持的水利工程,对发
展农业生产作用显著,为南北水路交通和元大都城的繁荣作出了历史性贡献。今
天从密云水库直通北京市区的京密引水渠,自昌平经昆明湖到紫竹院这一段,大体
上还是沿着郭公当初巧妙规划的路线。他在大地测量方面创立相当于"海拔"的

概念,又在世上拔了头筹。

纵览世界科学技术史,郭公乃是那个时代足以雄视中外的顶级科学家。他兼为天文学家、水利专家、数学家、地理学家、测绘学家、机械工程专家,无论是科学水平和创新能力,还是其务实精神和工作态度,都着实令人高山仰止。

在现代,人们又用许多方式表达了对郭公的崇敬。中国历史博物馆设有郭守敬的胸像,介绍他的事迹。我国邮电部1962年发行"中国古代科学家(第二组)"纪念邮票8枚,其中就有一枚是郭守敬的半身画像,另一枚的画面是简仪,文字则是"天文"。国际天文学联合会于1970年将月球背面的一座环形山以郭守敬命名,1978年又将中国科学院紫金山天文台发现的一颗小行星(编号第2012)命名为郭守敬。1986年,郭公的故乡河北省邢台市建成占地五十多亩的"郭守敬纪念馆",时任中共中央总书记的胡耀邦为之题写匾额。纪念馆大门两侧的楹联:

治水业绩江河长在　观天成就日月同辉

系1994年全国人大常委会副委员长卢嘉锡教授所书。纪念馆门前有一座大型陶瓷影壁,其上镌刻"观象先驱　世代景仰"八个大字,系1986年全国政协副主席周培源教授所题。2010年,中国科学家研制成功的现代化天文观测设备——颇受国际同行赞誉的"大天区面积多目标光纤光谱天文望远镜"(简称LAMOST),正式冠名为"郭守敬望远镜"。

邢台的纪念馆有一座郭公铜像,全高4.1米,其非凡的气度不禁令人遐想:要是当初汤若望或者其他欧洲人先知晓了郭公,后来才知道第谷,他们会不会反过来把第谷比作"欧洲的郭守敬"呢?

郭公啊,你是中华民族的骄傲,值得后人万世景仰!

原载《文汇报》2016年10月4日第4版

022

要跨越多少河流，
才能找到路

　　今值卡尔·萨根逝世20周年，各国公众自然会重温有关他的种种往事，本文且从两位中国青年科学家喜获以萨根命名的奖项说起。

　　一位是北京大学的东苏勃教授，2009年曾在美国获首届国家航空航天局的卡尔·萨根系外行星博士后奖金。另一位是中国科学院国家天文台的郑永春博士，因在行星科学研究和科学传播方面的贡献，成为2016年的美国天文学会卡尔·萨根奖得主。我与永春相识十余年，闻此喜讯即以一部《展演科学的艺术家：萨根传》（以下称为《萨根传》）相赠，为不遗余力普及科学而共勉。

　　《萨根传》是美国科学作家凯伊·戴维森的力作，英文原名《卡尔·萨根的一生》（*Carl Sagan: A Life*），于1999年面世。全书六十余万言，严谨而又生动地介绍了萨根的多彩人生与业绩。

《展演科学的艺术家：萨根传》，[美]凯伊·戴维森著，暴永宁译；上海科技教育出版社2014年6月出版的中文版（左），1999年出版的英文原著（右）

他有"三只眼睛"

卡尔·萨根1934年11月9日出生在纽约市。他是美国一流的天文学家,长期担任康奈尔大学天文学与空间科学教授和行星研究室主任,是美国太空探测领域中很有影响力的人物。

对社会公众而言,萨根则是一位充满热情的科学普及家。"展演科学的艺术家"是人们对他的美誉,喻其宣传科学的杰出才能。萨根博学多才,英俊潇洒,富有表演天赋,是美国无数年轻人的偶像。20世纪80年代初,他主创的13集科学电视系列片《宇宙》,在近70个国家播出,与此配套的同名图书全球销售500万册以上。他的《宇宙联络》《伊甸园的龙》《彗星》《暗淡蓝点》《魔鬼出没的世界》等科普和科学文化读物在世上广为流传,在中国也拥有广大的读者。1994年10月,康奈尔大学为庆祝萨根60岁生日,专门组织了一次学术讨论会,世界上三百多位科学家、教育家以及萨根的朋友和家属应邀参加。该校荣誉校长弗兰克·罗兹在闭幕词中说:"我们对所有员工有学识、教学和服务三方面的要求。无论你如何衡量这三个因素,卡尔都有明星般的上佳表现……的确,卡尔讲的题目是宇宙,而他的课堂是世界。"美国《每日新闻》评论说:"萨根是天文学家,他有三只眼睛。一只眼睛探索星空,一只眼睛探索历史,第三只眼睛,也就是他的思维,探索现实社会。"

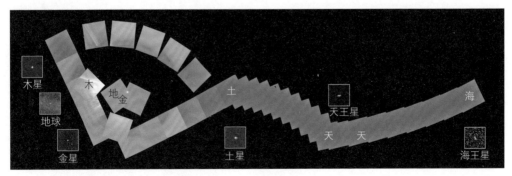

太阳系"全家福"照片,卡尔·萨根提议摄制,由"旅行者1号"飞船于1990年2月14日在远离地球约40.11天文单位(约60亿千米)处朝向太阳系内部所拍摄的60幅照片拼接而成。拼接图旁的小方框分别呈示6颗行星(自左而右:木星、地球、金星、土星、天王星、海王星)的影像,拼接图上则标明它们各在哪一幅照片上。地球只是一个极微小的"暗淡蓝点"。水星太靠近太阳,火星所处位置不利,冥王星过于暗弱,故在"全家福"中皆不见踪影

这正是萨根赢得人们广泛尊敬的根本原因。

很有意思的是，三只眼睛的萨根有一部描写一位女科学家执着地寻找地外文明的科幻小说《接触》，于1997年搬上了银幕，女主角由朱迪·福斯特出演。在《接触》中女主角通过时间旅行，到外星世界实现了人类和更高级文明的"第一次握手"。萨根原本假设女主角进入了黑洞，但著名理论物理学家基普·索恩指出，"只进不出"的黑洞无法作为穿越媒介，并建议萨根利用"虫洞"，从此虫洞便成了科幻领域的一种标配。

人生充满着矛盾

当然，世事——尤其人事是很复杂的，这使萨根麻烦多多。例如，1992年美国科学院增选院士，著名生物学家斯坦利·米勒院士大力推举萨根："你们翻过他的履历吗？简直无法相信。"然而反对者也不甘示弱，萨根最终落选了。他离异多年的前妻琳因·马古利斯这时已是一位颇有声望的生物学家，也是美国科学院院士。她虽因私人问题生前夫的气，但她坚定地认为萨根完全有资格当选院士。事后，她给萨根写了一封信，气愤地讲到在美国科学院的历史上，部分科学家刻薄而可笑地攻讦同行，这是最为严重的一次。信的结尾写道，总而言之"挡在道上的是人类最恶劣的天性：红眼病"。

1994年，美国科学院对此事亡羊补牢，向萨根颁发了"公共福利奖章"，并评论道："就反映科学的奇妙、振奋与快乐而论，从不曾有任何人像萨根这样广博，也很少有人像萨根这样出色……他能紧紧抓住千百万人的想象，并能以通俗的语言解释艰深的概念。这是了不起的成就。"但作为一个人，萨根又充满着矛盾：他心地善良，成就卓著，却有着一些令人头痛的缺点。他的头两次婚姻均以感情破裂而告终，在同行中又不乏"对头"。所有这一切，在《萨根传》中均刻画得入木三分。

为文明进步鞠躬尽瘁

1996年12月20日，62岁的萨根因骨髓增生异常引起肺炎并发症与世长辞。与其毕生事业关系最密切的三个城市伊萨卡、帕萨迪纳和纽约，分别举办了三场悼念仪式。在纽约的悼念仪式上，时任美国副总统的戈尔动情地说：萨根的"精神之光照到了我们身上……照到所有热忱地探求无涯知识的人。我们之中有幸能接受这种光芒的人，不管接受时间是长是短，都永远不会忘记它的强烈。"

确实，萨根称得上为人类文明的进步鞠躬尽瘁。他态度鲜明地反对核武器，努力阐释"核冬天"理论：核战争酿成的巨大火灾将使大气中烟雾弥漫数周甚至数月之久，阳光将被阻隔，地球严重降温，造成近乎冰封的状态；核战争不是下象棋，输了可以重来。倘若"核冬天"假说是正确的，那么即使只动用人类核武库的一小部分，也有可能使地球陷入核冬天。挑起核战争的一方同样在劫难逃，最后的结局无异于自杀。萨根等人的强硬宣传，使热衷于"星球大战"计划的时任美国总统里根十分恼火。当局派人游说萨根或与之辩论皆无济于事，里根便使出了圆滑的一招：邀请萨根夫妇去白宫赴宴。然而，夫妇俩认为应邀前往无异于表明对当局的支持，他们先后三次收到这类邀请，但是都拒绝了。

又如20世纪70年代末的美国，各种迷信和伪科学大行其道，甚至在媒体上霸占一方，引发人们"科学被迷信打败了"的惊呼。萨根对此洞若观火，并与之不懈斗争。他生前的最后一部著作《魔鬼出没的世界——科学，照亮黑暗的蜡烛》，集中研究了在美国流行的形形色色的伪科学，阐明它们为什么是伪科学，人们为什么会追捧这类货色。他呼吁社会公众要重视科学的怀疑精神，科学地认识世界，不要让那些猎奇的迷信误导人们。如今科学的发展日新月异，但较诸萨根的时代，各种迷信和伪科学活动也变本加厉。重读萨根有助于我们清醒地领悟，科学地认识人类所处的世界，以及了解我们的自身是多么不易。

我 的 萨 根 缘

我未见过萨根本人，但仍有不少往事值得回忆。三十多年前，我正在为《自然辩证法百科全书》撰写"宇宙中的生命""平庸原理"等条目。这些议题非常微妙，使我感到有必要同此领域的学术带头人萨根直接沟通，于是便给他去信，兼告我对普及科学的兴趣与热忱。那一年萨根正好50岁，早已名扬全球，忙得不可开交，但他很快就回信说：

"我很高兴收到您的来信并获悉您有志于在中国致力科学普及。谨寄上什克洛夫斯基和我本人所著《宇宙中的智慧生命》（1966）一书第25章的复印件……另附一篇新

《暗淡蓝点》书影：上海科技教育出版社2000年10月中文版（左）、1994年英文原著（中）和人民邮电出版社2014年11月中文版（右）

近发表在《发现》杂志上的文章'我们并无特别之处'的复印件。我希望这将对您有所帮助。请向中国天文界的同行们转达我热烈的良好祝愿。您真诚的卡尔·萨根。"

2001年12月为纪念卡尔·萨根逝世5周年，我国几家重要的科普单位共同在京主办"科学与公众"论坛，卡尔的长子多里昂·萨根应邀专程从美国前来与会。首场论坛的分主题是"科学家及公众理解科学"，依次由我讲《真诚的卡尔·萨根》、多里昂·萨根讲《追念父亲》、北京大学哲学系吴国盛教授讲《科学巨星与科学传播》。其时全场爆满，至今回味无穷。

也就在那前后，上海科技教育出版社取得了《萨根传》的中文版权，我任中文版责任编辑，并撰写了附录《真诚的卡尔》。附录对萨根60岁那年出版的名著《暗淡蓝点》作了简介："暗淡蓝点"一语系萨根首创，指的是从太空中遥望地球。此书主题关乎人类生存与文明进步的长远前景：在未来的岁月中，人类如何在太空中寻觅与建设新的家园。对此，萨根用诗一般的语言道出了自己的心境：

"我们遥远的后代们，安全地布列在太阳系或更远的许多世界上……他们将抬头凝视，在他们的天空中竭力寻找那个蓝色的光点。""他们会感到惊奇，这个贮藏我们全部精力的地方曾经是何等容易受伤害，我们的婴儿时代是多么危险……我们要跨越多少条河流，才能找到我们要走的道路。"

原载《解放日报》2016年9月10日第6版

023

琐忆科幻的"开路小工"

　　国人近年科幻创作明显升温已是众所周知。在希冀更多的本土科幻新锐走上"星光大道"的同时,我对曩昔中国科幻领域的"开路小工"也更加心怀敬意。

　　"开路小工"之说,可追溯到百年前。1915年,正在美国留学的任鸿隽、杨杏佛、胡明复、赵元任等前贤伤怀祖国内战连年、外辱交加,乃刻苦节省生活费用,发起成立中国科学社,创办了《科学》杂志,并率先将科学与民主并提,以为救国之策。胡明复尝谓,现在科学社的职员社员不过是开路的小工,中国的科学将来果能与西方并驾齐驱,造福人类,便是今日努力科学社的一班无名小工的报酬。

　　其实这些"小工"都是地道的精英。胡明复与赵元任在康奈尔大学本科所修均以数学为主,两人又是室友,关系很是亲密。他们成绩极佳,在全校数千学生中名列前茅。1917年,26岁的胡明复成为哈佛大学首获博士学位的中国留学生,同

《凡尔纳传》两种:[英]彼得·科斯特洛著,徐中元等译,漓江出版社1982年11月出版(左);[法]让·儒勒–凡尔纳著,刘扳盛译,湖南科学技术出版社1999年9月出版(右)

时又是以数学论文取得博士学位的第一位中国人。此文题为《具有边界条件的线性积分微分方程》,乃是中国学者最早发表的现代数学论文,载于1918年10月号的《美国数学会会刊》上。胡明复做科学救国"开路小工"的事迹感人至深,但这不是本文主题,只好从略。

中国对科幻小说的介绍,始于20世纪初梁启超用文言文翻译法国儒勒·凡尔纳的《十五小英杰》,以及鲁迅翻译凡尔纳的《月界旅行》,并将《地心游记》编译成章回小说。在《月界旅行》的"辨言"中,鲁迅写道:"我国说部,若言情谈故刺时志怪者,充栋汗牛,而独于科学小说,乃如麟角。知识荒隘,此实一端。故苟欲弥今日译界之缺点,导中国人群之进行,必自科学小说始。"

儒勒·凡尔纳(1828—1905)是小仲马(1824—1895)的同时代人,人们常尊其为"科学幻想小说之父"。但多年前,英国作家彼得·科斯特洛在其力作《凡尔纳传》(徐中元等译,漓江出版社,1982年)中表达了另一种思维,认为把凡尔纳说成科幻小说之父恐怕并不确切,而宁可称其为"科学幻想小说的创始人"。科斯特洛说自己已经听到批评家们抱怨他对爱伦·坡、玛丽·雪莱或其他人的早期作品重视不足,"但我要说,凡尔纳的特殊贡献是,他喜欢作准确的科学叙述,而这样的叙述在爱伦·坡或玛丽·雪莱的作品中常常是缺少的。所以说,凡尔纳是地地道道的科学幻想小说的鼻祖",足见科斯特洛对科幻小说的界定明显地偏向于硬科幻。

有几种重要的凡尔纳传记早已出了中译本。例如,儒勒·凡尔纳的孙辈让·儒勒-凡尔纳著的《凡尔纳传》(刘扳盛译,湖南科学技术出版社,1999年);法国凡尔纳研究会会长奥利维埃·迪马依据大量新发现的资料及研究成果著述的《凡尔纳带着我们旅行:凡尔纳评传》(蔡锦秀、章晖译,广西师范大学出版社,2003年)等。

成"建制"地引进凡尔纳的科学幻想小说,是在新中国成立之后。为此,就该说到当初的"开路小工"黄伊先生了。1929年出生的黄伊,自20世纪50年代直到90年代末,曾就职于中国青年出版社和人民文学出版社两大名社。他著有《编辑的故事》(金城出版社,2003年)一书,20万字,记叙作者本人亲历的书事与人物。封面上有一首未署名的小诗,想必出自黄伊本人之手。全诗三句话,分成十行:"当编辑,当记者,这是一个迷人的舞台;台前戏,幕后剧,谁人能解其中趣;快乐世界,绝对精彩，编辑的故事，人见人爱。"如今年逾古稀如我者，多是伴随着《编辑的故事》中记叙的许多书籍——诸如《红旗谱》《革命烈士诗抄》《凡尔纳选集》等——成长起来的。

20世纪50年代我在中学时代，遍读校图书馆的《凡尔纳选集》，激起了对科幻小说的浓厚兴趣。但直到花甲之年，才从《编辑的故事》知晓，当年黄伊偶见一份联合国教科文组织的资料，说是某年全世界译成外文最多的是列宁的著作，共译成74种文字。高居第四位的是法国科幻小说作家儒勒·维恩的作品，用54种文字在世界各地出版。儒勒·维恩是那时的译名，后来中国青年出版社法语编辑严大椿在处理书稿时，决定改译为儒勒·凡尔纳，从此一直沿用至今。

令人惊奇的是，当时的中国青年出版社资料室居然拥有法文和俄文两种版本的《凡尔纳全集》，还有英译的单行本。1955年，黄伊建议有计划地出版凡尔纳的作品，并具体列出20个选题，经编辑室主任同意上送副总编辑李庚。李庚当时是团中央委员，时任团中央第一书记的胡耀邦常找他研究青年工作。李庚在黄伊的报告上用红笔批注先组织出版画了圈的15种。后来，《气球上的五星期》《格兰特船长的儿女》《海底两万里》《神秘岛》《蓓根的五亿法郎》《机器岛》《八十天环游地球》和《地心游记》等均按原定计划陆续面世，我也成了它们的早期读者之一。

黄伊特地讲述了美术编辑沈云瑞设计《凡尔纳选集》封面的一些细节。我真是孤陋寡闻，直到读了《编辑的故事》才恍然大悟，原来苏联科学文艺大师伊林的中文版选集（《黑白》《几点钟》《人怎样变成巨人》《十万个为什么》等）封面都是沈云瑞设计的；鼎鼎大名的别莱利曼选集（《趣味物理学》《趣味几何学》《趣味天文学》等）的封面还是他设计的；《茹尔滨一家》《创业史》《王若飞在狱中》《雷锋之歌》等名作，甚至夏丏尊和叶圣陶合著的《文心》，吕叔湘和朱德熙合著的《语法修辞讲话》，封面也都出自沈云瑞之手！

为中文版《凡尔纳选集》开路的黄伊，对科幻的热情始终如一。岁月悠悠，20世纪80年代，他又主编了一本《论科学幻想小说》（科学普及出版社，1981年），全书28万字，印了14 400册。他在"编后记"中写道："我编辑这本书的目的，是想给从事科学幻想小说创作的同志及爱好者，提供一些理论依据，介绍一些有关科学幻

金城出版社2003年5月出版的黄伊著《编辑的故事》（左）和科学普及出版社1981年5月出版的黄伊主编《论科学幻想小说》（右）

想小说的观点、看法和创作体会、写作经验。""我还组织有关同志翻译、介绍世界各国有关科幻小说创作出版的情况，以及有关理论或资料，企图通过这些文章，开阔开阔我们自己的眼界。"小工大志，跃然纸上！

《论科学幻想小说》收入当时国内外论述科幻小说的代表性文章27篇，涉及评论、理论研究、作者介绍、出版概况等诸多方面。全书以郭沫若在1978年3月31日全国科学大会闭幕式上的著名讲话《科学的春天》之相关片段为"代序"，并冠以标题"科学也需要创造，需要幻想"。这段文字很精彩，兹选摘如下：

> 科学也需要创造，需要幻想，有幻想才能打破传统的束缚，才能发展科学。科学工作者同志们，请你们不要把幻想让诗人独占了。嫦娥奔月，龙宫探宝，《封神演义》上的许多幻想，通过科学，今天大都变成了现实……我们一定要打破常规，披荆斩棘，开拓我国科学发展的道路。既异想天开，又实事求是，这是科学工作者特有的风格，让我们在无穷的宇宙长河中去探索无穷的真理吧！

《论科学幻想小说》对当时我国最主要的科幻作家郑文光、叶永烈等的作品各有专文介绍，对法国的凡尔纳、英国的威尔斯、苏联的别利亚耶夫和他们的科幻小说，也都有专文论述。而在全书行将发排之际，黄伊又意识到，缺少一篇专门介绍阿西莫夫及其科幻作品的文章，将会成为此书的一大缺憾。

于是黄伊向郑文光咨询：请谁增写阿西莫夫篇为好？郑推荐了我。黄伊很快来信,言简意赅地道明,经郑文光介绍特邀你撰文介绍阿西莫夫及其科幻小说,字数少则数千,多可逾万,要求行文流畅,言之有物。交稿时间以一星期为限,过时不候。

我对"过时不候"印象特别深刻。心想,这是你找我"救急",措辞何以如此生硬!但承蒙抬举邀我撰文,也是机缘难得。出于对阿西莫夫作品之酷爱,我全力以赴写就13 000字的《阿西莫夫和他的科学幻想小说》,于一星期后如约交卷。此后黄伊还曾来信致谢,说在这么短的时间里写出一篇高质量的文章确属不易。《论科学幻想小说》正式出版后,因无更多的工作联系,我就再没见过黄伊先生。

郑文光等友人还曾建议我也写点科幻。但我自觉形象思维能力单薄,写小说恐怕不行,故未敢贸然闯入这块领地。出乎意料的是,时至今日科幻界有不少人依然记得我。究其缘由,还是那篇《阿西莫夫和他的科学幻想小说》加上后来《在阿西莫夫家做客》一文的影响。有人称前文是"我国第一篇系统地介绍阿西莫夫科幻创作历程的颇有深度的作品",果若如此,那真是三生有幸了。

扯远啦。遥念初唐诗人陈子昂,"远绍建安,下开盛唐"真是功莫大焉。今谈科幻史,亦当有助于"远绍";而更期待的,则是庆贺之后的"下开"!

原载《文汇报》2016年9月4日第8版

024

毕竟好书有人识

　　电子工业出版社的中文版《DK宇宙大百科》，自2014年11月问世至今，未及两年竟然已经连印6次，累计印数达43 000册。这部极其漂亮而又实用的科普巨著，煌煌160余万字，精美图片逾千幅，用128克无光铜版纸全彩印，大12开540页，封面以特殊工艺为土星光环和诸多星星加上荧光，因而在暗黑环境下能够看到一个绚烂多彩的夜空。

　　第八届吴大猷科学普及著作奖颁奖典礼不久前在台北市隆重举行。由海峡两岸科技名家组成的评委尽心尽力，确保了获奖图书的高水准。如今这一奖项在海峡两岸声誉日上，参评的踊跃程度也不断提升。《DK宇宙大百科》一书喜获本届翻译类佳作奖，可谓实至名归。这次参评的好书着实不少，依我看来，《DK宇宙大百科》同最终分获翻译类金签奖和银签奖的《人类大历史：从野兽到扮演上帝》和《10种物质改变世界》，其实也是轩轾难分的。

　　出版业内人士皆知，DK就是Dorling Kindersley Limited，即英国的DK出版社或DK公司，以出版精美图文书著称于世。《DK宇宙大百科》英文原版书名是《Universe》(宇宙)，其厚重的内容和篇幅足以表明它就是一部《宇宙大百科》。书名冠以DK，是DK输出版图书的常例。我应中文版译者和出版社之邀，担任了此书中文版

《DK宇宙大百科》，[英]马丁·里斯主编，余恒等译，电子工业出版社2014年11月出版

顾问,并撰写中文版前言如下。

洞察宇宙的身世,是人类智慧的骄傲。现代英国作家罗伯特·麦克拉姆曾说,"决定一本书的开头,犹如确定宇宙的起源一样复杂"。但是,弄清宇宙的起源其实要复杂得多。

欲知宇宙的来龙去脉,务须详察宇宙今天之面貌。人类对宇宙的认识在不断深入,对于一个人,从地道的门外汉到训练有素的天文爱好者来说,要准确地读懂宇宙这本大书却并非易事。公众需要能将宇宙奥秘娓娓道来的"说书人",而理想的说书人自然是既业有专精,又善于将其通俗化的优秀科学家。

史上确有一些长于此道的科学大家。远者例如伽利略,近者例如阿瑟·斯坦利·爱丁顿、乔治·伽莫夫,更近者例如卡尔·萨根,乃至"轮椅天才"斯蒂芬·霍金等。这部《DK宇宙大百科》的主编马丁·里斯,恰是霍金的同门师兄弟。他们俩同生于1942年,同在剑桥大学三一学院获得博士学位,导师同是丹尼斯·席阿玛——一位非常善于指导学生的教授。2006年,英国皇家学会向霍金颁发科普利奖章,以表彰他对理论物理学和宇宙学的卓越贡献。身为皇家学会会长的马丁·里斯手持奖章告诉人们:"继阿尔伯特·爱因斯坦之后,斯蒂芬·霍金对我们认识引力所作的贡献可与任何人媲美。"

马丁·里斯作为一名天体物理学家和宇宙学家,在20世纪70年代已经崭露头角。1980年代,我在中国科学院北京天文台(今国家天文台)从事星系和宇宙学研究时,也时常阅读里斯的专业论文。1980年代末,我在英国爱丁堡皇家天文台做访问学者,曾在伦敦召开的一次英国皇家天文学会的会议上见到里斯。他的形象很鲜明:个子不高,体态偏瘦,眼神明亮,思维敏锐,很受同行尊敬。除皇家学会会长外,他还曾任皇家天文学家、皇家天文学会会长、剑桥大学教授等职。

2005年,里斯主编的这部《宇宙大百科》初版付梓。未久,当初与我同在爱丁堡做访问学者的老友、厦门大学

《DK宇宙大百科》主编、曾任英国皇家学会会长的马丁·里斯肖像(2019年)

的张向苏教授正好赴英国开会，遂帮我买到这部厚重的书，并亲自"扛"了回来。再后来，致力于天文普及六十余年的李元先生告诉我，他本人曾先后向一些出版社建议推出此书的中文版。虽然各家出版社均对它赞不绝口，却终因中译本出版工程之浩大而一一止步。

山重水复，柳暗花明。孰料2013年秋余恒博士忽然告诉我，他与几位同道翻译2012年的《DK宇宙大百科》（修订版）已近竣工，将由电子工业出版社出版。这真令我喜出望外，后来译者和出版社希望我写一个中译本前言，我立即欣然从命。2014年春，我有一次拜访年届九旬的李元先生，将这一好消息告诉他。李老不胜唏嘘，叹曰：毕竟好书有人识啊！

当代天文学的进展日新月异。里斯主编的这部《宇宙大百科》从初版到修订版历时不过7年，内容却有了不少更新。例如，更多柯伊伯带天体的发现、冥王星"降格"为矮行星等。如今中文版《DK宇宙大百科》行将面世，特撰斯篇，兼志祝贺。既贺作者、译者、出版者取得的成功，也祝此书的知音——钟爱它的读者——怀着崇高的志趣：

敞开胸怀，拥抱群星；净化心灵，寄情宇宙！

非常可喜的是，此书的译者余恒、张博、王靓和王燕平都是青年天文学家。领军的余恒博士最年长，始译此书时也方届而立之年。他执教于北京师范大学天文系，曾在意大利的里雅斯特天文台访学。此番获奖后他尝有感言："《DK宇宙大百科》是我翻译的第一本书。当我接下这个任务的时候，并不知道有些什么样的困难在等着我。本来计划半年交稿，结果一做就是两年。从专业名词的定名、数据的查证、原版的勘误，到文字的润色、天文新发现的补充……就这样度过了许多夜晚和周末。好在有朋友的支持、编辑的理解和师长的勉励。走过之后，回头去看，才发现已经走了这么远。当我第一次捧到沉甸甸的图书时，闻着油墨的香气，摩挲着荧光的封面，顿时觉得所有努力都值得了。"是啊，事情真要做好，就必须具备这种锲而不舍、精益求精的工匠精神！

原载《科技日报》2016年8月9日第4版

025

异国夜话埃舍尔

今年7月10日,第八届吴大猷科学普及著作奖颁奖典礼在台北市隆重举行。由海峡两岸科技名家组成的评委很是尽心,他们设立的高"门槛"确保了获奖图书的高水准。如今这一奖项在海峡两岸声誉日隆,参评的热情也在不断提升。《魔镜——埃舍尔的不可能世界》一书获得本届翻译类佳作奖,在我看来多少还有点憋屈。不过好书多了,总不能都并列冠军吧。此番荣获翻译类金签奖和银签奖的,分别是《人类大历史:从野兽到扮演上帝》和《10种物质改变世界》,确乎无可非议。

《魔镜》获奖,令我再次回想起27年前的那个圣诞节,笔者在异国的一个小岛上,同一位西方艺术家谈起了毛里茨·科内利斯·埃舍尔。

从大不列颠岛最北端的小城瑟索,再往北越过一片名叫彭特兰湾的水域,便是中国人足迹罕至的奥克尼群岛了。那里住着一对姓斯特鲁特的夫妇。他们四十来岁,无子女,丈夫是作曲家,妻子擅长装帧美术,是一对性情潇洒的自由职业者。他家原在英格兰,由于酷爱宁静的田园生活,才搬到这人烟稀少的地方。

英国的许多家庭,往往乐意邀请外国留学生或访问学者到家里小住几天,共度圣诞佳节。1989年,我正在

中文版《魔镜——埃舍尔的不可能世界》,[荷]布鲁斯·恩斯特著,田松、王蓓译,上海科技教育出版社出版。首版于2002年10月面世,此图是2020年4月的最新版书影

英国爱丁堡皇家天文台做访问学者,意外收到了斯特鲁特家的邀请。圣诞前夕到达他们家,我送给主人三件小小的礼物:一支中国竹笛、一副中国象棋,还有一块中国真丝头巾。同时在他家做客的,还有一位在阿伯丁大学求学的津巴布韦黑人姑娘。

时任爱丁堡皇家天文台台长的朗盖尔教授是正宗的苏格兰人,听说我要去奥克尼群岛过圣诞觉得很有意义,并告诉我:"奥克尼的文化就像中国一样古老。"那里的史前遗址和文物,为此提供了无言的证词。

在斯特鲁特家的几天过得非常愉快,还生平第一次见到了绚丽飘缈、变幻莫测的北极光。辞行前夜,与主人关于现代科学和艺术的一番海阔天空,更给我留下了极美好的回忆。

其实,斯特鲁特先生对于天文之懵懂,同我对于作曲之外行堪称伯仲。起初,双方所思未能迅速合辙。忽然,他从书架上抽出一本画册,我顿时脱口而出:"埃舍尔!"话题随即就集中到了埃舍尔身上。我还随手做了一点记录,主人感到奇怪,我说:"留个纪念,以后也许有用。"这条记录注明,他那本《埃舍尔的世界》署名作者是埃舍尔本人和洛赫尔,1971年由纽约的阿布拉姆斯出版公司出版。我们谈得最起劲的埃舍尔画作,是《变形》《昼与夜》《默比乌斯带》以及平面分割习作《骑士》。

"您是怎样知道埃舍尔的?"斯特鲁特先生问我。

我告诉他,1963年我上大学时读到杨振宁教授的《基本粒子发现简史》一书,封面上就印着埃舍尔的《骑士》,它那神奇的对称性令我陡生敬意。书中说:"可以看到虽然图画本身和它的镜像并不相同,但是如果我们将镜像的黑白两种颜色互换一下,那么两者又完全相同了。"杨先生借此来阐释物理学中与缔合变换相关联的对称。

1972年,埃舍尔去世了。不久,一部名为《埃舍尔的魔镜》的新著问世,作者布鲁诺·恩斯特是荷兰人,一名数学教师,此书是他长期拜访和研究埃舍尔的结晶。虽然画家本人未能活到此书付印,世人却对它表现出很高的热情。它被译成十几种文字,2002年秋,上海科技教育出版社以《魔镜——埃舍尔的不可能世界》为题,推出田松和王蓓的中译本,2014年又推出了同一译本的典藏版。

埃舍尔是荷兰人,1898年出生于吕伐登,父亲是水利工程师。中学时代,似乎惟有每周2小时的艺术课能给他带来一点快乐,他也只有艺术课的成绩比较像样,最后连毕业证书都没能拿到。

1919年,埃舍尔赴哈勒姆就读建筑与装饰艺术学院,不久就表现出其在装饰艺术方面的天赋更胜建筑一筹。他努力用功,打下了良好的绘画基础,而且擅长木刻。1922年春,他离开艺术学院,此后直到1935年基本上都以意大利为家,并与耶塔·乌米克成婚。他在意大利广泛旅行,其间还到过西班牙,目的是寻找素材并作速写,其中有一幅《卡斯特罗瓦尔瓦》,后来发展成为他最美的风景石版画之一。但此时的埃舍尔尚远未成名,很大程度上仍要靠父母亲接济。

1935年,埃舍尔对意大利的法西斯政治氛围忍无可忍,遂全家迁居瑞士的厄堡。次年,他和妻子到西班牙南部游历了格拉纳达的阿尔汗布拉宫。那里墙壁和地面上的摩尔风格装饰艺术,使他产生了极大兴趣,并研究和临摹了整整三天。这成了他日后开创周期性空间填充作品的基础。他对瑞士的风景不能激发自己的灵感颇为不满,遂于1937年迁居比利时布鲁塞尔附近的于克勒。1941年1月,埃舍尔回到荷兰,住在巴伦。在祖国故土,他最奇妙的思想和最丰富的作品喷涌如泉。但直到1951年,他才靠自己的作品有了一定的收入。由于其作品中不断涌现出十分新奇的观念,到1954年,他终于变得声名显赫了。

1970年,埃舍尔住进荷兰北部拉伦的罗萨—施皮尔养老院。在那里,他有自己的画室,生活也有人照料,直至1972年3月27日与世长辞,享年74岁。

起初"艺术评论家看不清埃舍尔的神龙首尾,只有将他的作品搁置一边。最先表现出极大兴趣的是数学家、晶体学家和物理学家",恩斯特此言不虚。埃舍尔在50岁前后显露出对简明几何图形的兴趣,作品中包含了正多面体、空间螺线和默比乌斯带等。《群星》便是其中的杰出范例——如此置评并非缘于我偏爱天文学,实在是许多人皆以为然。

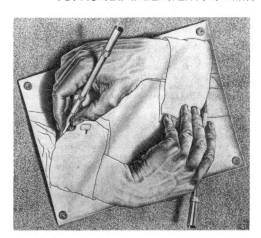

埃舍尔的石版画《画手》(1948年)。这件作品中,左手在画右手,右手又在画左手,画者与被画者形成了一个"怪圈";而在这一切的背后,还隐藏着一只未画出来但是正在画的手——它属于埃舍尔

默比乌斯带的妙处在于其只有一个面、一条边,没有里外之分。它的做法其实很简单:拿一张窄长的纸条,将一端扭转180°,再和另一端粘起来,变成一个圈。看看埃舍尔的《默比乌斯带Ⅱ》,顺着图中蚂蚁爬行的方向前进,或者用你的手指沿着带子的边缘滑行,你就能体验到上面所说的一切。

在埃舍尔的最后一幅作品《蛇》中,无数小环从圆的中心生长出来,变大,达到极大之后,在接近边缘的时候重新缩小、消失。画面坚定有力,木刻壮丽辉煌。图中的网络结构极其复杂。恩斯特在《魔镜》中说得好:"埃舍尔的角色不仅是个数学家,也是个技艺超凡的木匠。作为木匠,他给作为数学家的自己出了一道题:这个新的网络结构该怎样解释呢?"

恩斯特还说:"如果有人想从生物书中找到三条蛇,以此证明这幅画不是纯粹的抽象,那必将是徒劳一场。埃舍尔本人在研究了大量蛇的照片之后,认为他画的这种蛇是最美、最'像蛇'的蛇。"画《蛇》的时候,埃舍尔已经年逾七旬。他的作品是他毕生对现实礼赞的见证,同时以视觉形象再现充满数学奇迹的无穷之美。

1965年10月,版画艺术家阿尔贝特·弗洛孔发表了一篇极有洞见的评论。他评价埃舍尔:"他的艺术不能激起多少情感,却常常会带来智力上的惊喜。""他的作品告诉我们,最完美的超现实主义就存在于现实之中,但愿我们能够克服各种困难,弄懂其中隐含的基本原理。"

《魔镜》的译者田松有获奖感言云:"《魔镜》获吴大猷奖,让我觉得有点儿意外……因为吴大猷奖是一个科普奖,《魔镜》却是一本艺术著作。当然,《魔镜》获奖,也有十足的理由,正如郑愁予的著名诗句'我哒哒的马蹄是美丽的错误'";"我们可以看到,在科学和艺术之间,存在着更深层的关联。在这个意义上,《魔镜》获得吴大猷奖,也是实至名归。"

有一群美国年轻人曾写信给埃舍尔,在一幅画下面写道:"埃舍尔先生,感谢您的存在。"再次细细品味《魔镜》,使我对埃舍尔的认识远远超越了当初在奥克尼与斯特鲁特先生的圣诞夜话。我愿一百次、一千次地对埃舍尔说:"感谢您曾经存在于这个世界上。"

原载《文汇报》2016年7月26日第12版

026

回望至善先生的《我是编辑》

1998年3月底，我告别供职33年的中国科学院北京天文台（今国家天文台），南下加盟上海科技教育出版社。一个多月后，即收到叶小沫奉父命寄赠我的新书《我是编辑》（叶至善著，中国少年儿童出版社，1998年4月）。

至善先生是名副其实文理兼通的学者、作家和出版家，曾任中国科普作家协会理事长多年。我因长期活跃于科普领域，故同年长我25岁的至善先生时有交往。《我是编辑》问世的缘由，作者在"跋"中交代得明白：

> 今年四月廿四日，我满八十岁。中国少年儿童出版社说要举行祝寿；并建议我编一个集子，交给中少社出版。我说祝寿不敢当，出本集子，我很愿意。于是花了一个半月，赶编了这本《我是编辑》。

又说：

> 《我是编辑》专收近二十年来，我从事编编写写的有关文字，数一数，恰好一百篇，虽说不是全部，相差也不远了。因为内容杂，形式杂，没法分门别类，只好按写作或发表的先后排列。

《我是编辑》全书近30万字，做得很精致，至善先生亲笔题签书名。首印2000册，不知有否重印。我觉得，全国

叶至善著《我是编辑》，中国少年
儿童出版社1998年4月出版

出版系统搞编辑培训，这正是难得的上佳教材，书印得太少，成为"珍本"，实在非常可惜。遂自掏腰包请小沫代再买20本，以便我主持的上海科技教育出版社版权部每有新同事报到，都能送上一册，并题字曰："向至善老学习，与××共勉。"小沫以叶家人特有的认真办妥此事，并来信说："谢谢您这样热心，这样真诚，也代爸爸向您致谢。"

小沫信中尚提及一事令我惭愧。原来，20世纪90年代后期，我正为江苏某出版社主编一套青少年科普读物《金苹果文库》，拟出书50种。为此，我带了一位俞姓年轻编辑向至善先生约稿，意谓新题新作固美，旧文重编亦佳。至善先生于百忙中整理出一份稿子，但与出版社几度交流，想法仍不尽一致。至善先生遂亲笔致函小俞，诚恳地写道：

> 听小沫说她给您打过电话，知道您对我的稿子不太满意。不满意是对的。我自己也觉得……所以听了小沫说的，我一点儿不生气。只想凡事总得有个了结，而我又没有改弦易辙的精力和时间了。是不是这样办，把稿子寄回给我算了，就当没有发生过这回事儿。以后我有什么稿子，觉得给您合适，还会寄给您的。我希望您有机会来看看我，好让我了解你们的工作。

信末并附言："稿子赐还，千万请勿付退稿费，免得更使我遗憾。至善又及。"小沫则在信中说，"爸爸这样诚心和诚恳，如果她们还要坚持改，大概不太好。我不知怎么办……您看如何。还是把稿子退回爸爸吧"。后来，出版社照办了。但我终觉愧对老人，于心难安。

至善先生在"跋"中还说：

> 这二十年来，先是把大部分精力花在科普创作方面，少儿的智力开发方面；后来，急着整理和编辑父亲的文集；近两年，又沉湎于给古诗词配上现成的曲子，说穿了仍旧是编辑工作。凡此种种，都在这本集子中留下了痕迹。

这些话显得很平和，细细琢磨却句句有滋味，有分量。科普创作、少儿智育、先人遗墨，哪一项不是见功力的活计？给古诗词配上现成的曲子，更是谈何容易？作者之文化底蕴，思维洞见，为人处事，哪一样不值得我们后来者认真学习！

《我是编辑》的彩色插页,图注为"父亲给我的篆字联:'得失塞翁马,襟怀孺子牛。'写的那一天,父亲正好八十三岁生日也"。

《我是编辑》中篇幅最长的是《一个编辑读〈红楼梦〉》,其次就数作于1982年9月的《编辑科普刊物的体会》了。文中多次谈到《我们爱科学》,我读着尤觉亲切,因为自己同这份刊物有过相当密切的联系。

《我们爱科学》的历史,可参见依据对郑延慧的长篇访谈编著出版的《情系少儿——郑延慧》一书(科学普及出版社,2010年5月)。郑延慧长我14岁,我常称她郑大姐。1959年她30岁时,在中国少年儿童出版社工作,有机会为少年儿童筹备一份综合性的自然科学刊物——最后定名《我们爱科学》。她说,此刊"自始至终都得到了社领导叶至善同志的指导","至善同志负责终审的特点之一是亲自修改稿件……他把修改好的稿件退还给我的时候,还要仔细地告诉我,为什么要做这样那样的修改,从指导思想到字斟句酌,思路十分清晰,章法又有条有理。那一篇一篇修改过的稿件都是我自己抄清楚的。在誊抄这些稿件的时候,等于是看作文老师所批改的作文,学到的东西至今仍然有益。"

至善先生在《编辑科普刊物的体会》中说,"《我们爱科学》的读者对象是小学高年级和初中低年级的学生……它的方针任务是开发他们的智力,帮助他们学好各门基础知识,启发他们学习科学的兴趣和爱好,培养他们动手和动脑的能力";还说"搞习题解答主要为了提高所谓的'应考得分率',不符合《我们爱科学》的方针任务。符合方针任务的就搞,不符合的就不搞。这叫作

'有所为，有所不为'"。半个多世纪来，这份刊物办得很好，当初打下的基础委实功不可没。

《我们爱科学》昵称"爱科学"。1979年7月，"爱科学"刊出我应约撰写的第一篇文字《太阳系中的蒙面巨人》，谈的是木星。以后我又按篇幅不超过两千字的要求，逐一撰文介绍金星、水星……乃至当时仍被视为太阳系第九大行星的冥王星。由于冥王星很特别，文章字数超标了。编辑觉得已无从删节，遂打算破例刊出。至善先生以为不妥，便亲自动手将拙文删到两千来字。我对删改心悦诚服，并好奇地询问这是谁改的，方知乃是"小叶老"操刀。当时人们尊称至善先生的父亲叶圣陶先生为"老叶老"，至善先生高超的编辑本领和字斟句酌的态度，正来自老叶老的主张和作风。

郑大姐退休时，至善先生曾经感叹："连梳着两个小辫儿的郑延慧也退休了。"而今我也已年逾古稀，想到至善先生在《我是编辑》问世之后，以耄耋之年又完成了那么多工作，真是感佩不已。常有人问我："科普几十年，有什么感悟？"我答曰："科普，决不是在炫耀个人的舞台上演出，而是在为公众奉献的田野中耕耘。"我是多么希望也能像至善先生那样，再耕耘十年、二十年啊！

原载《科技日报》2016年6月28日第4版

027
美矣哉,"生命需要创造!"

五十多年前,在南京大学天文系求学,生活极清苦。"三年困难时期",食能果腹已非易事。不过,清苦归清苦,心情却很愉快。母校有诸多遐迩闻名的系科和教师,有读之不尽的各门各类的图书,还有太多精彩的课外讲演无时不在吸引你。

当初,我和同窗刘炎君都特别喜欢听中文系吴新雷老师讲诗词谈戏曲。吴老师年长我10岁,其时方届而立之年,瘦削的个子一副斯文相。他携笛持箫,讲演时连唱带奏,情趣十足。他教唱南宋姜夔的《暗香·旧时月色》和《疏影·苔枝缀玉》,令来自全校各系的学子流连忘返。昆剧《长生殿》的第二出《定情》写唐明皇偶见宫女杨玉环才貌双全,遂在金殿册封她为贵妃。盛装之下的杨玉环娇艳无比,唐明皇不禁移步下阶,其唱词曰:"下金堂,笼灯就月细端详,庭花不及娇模样。轻偎低傍,这鬓影衣光,掩映出风姿千状……"吴老师边讲解边示意,真个是演绎得惟妙惟肖。

2004年春节本书作者到吴新雷
老师(右)家贺年留影

吴老师学业精深,为人忠厚。我大学毕业多年之后,对此有了更深的知晓。例如,上海古籍出版社1991年出版的程千帆、吴新雷著《两宋文学史》,有一篇程先生在1988年10月写就的《后记》。程先生1913年出生,他在《后记》中说,自己曾想据讲授中国文学史的内容写一部较大的书。1957年春,写成宋元部分约40万字。但不久反右戴上"帽子",一戴就是19年。1978年,受南京大学匡亚明校长聘请,程先生重上讲坛,又发表不少作品。然而此时先生毕竟"已届暮年,加之责重事烦",那部未完成的文学史稿"不要说完成全书,即使充实修订已经完成的宋元部分,也感到力不从心了。"《后记》写道,正在此时"我找到了吴新雷教授。吴先生……对词曲、戏剧、小说具有很专门的知识,而这正是我所缺乏的。由于我的请托,吴先生慨然同意将我这部很粗糙的旧稿加以充实修订……经过他八年的辛勤耕耘,这部《两宋文学史》终于定稿,可以付印了。""我们的工作方式大体上是,他先改写我的第一稿,我再改他写的第二稿,如有异同之见,随时讨论解决……这部书的每一章节,应当说,都浸透了两个人的心思……我们觉得这也是一种合作方式,可供学术界有志从事集体研究及合作撰写的同志们参考。"

业界对吴老师以著名红学家相称,笔者置身天文界,原先对此寡闻,不免深觉惭愧。倒是2002年,吴老师耗费10年心血主编的《中国昆剧大辞典》由南京大学出版社出版,我亦购得一册。此书310万字,装帧典雅,孙家正先生封面题签。媒体对此多有报道,称吴老师为"昆曲修典第一人"。从吴老师为"大辞典"亲撰的长序中我才知道,1956年南京大学中文系陈中凡教授招收吴新雷为研究生,就是希望把他培养成服务于昆剧事业的苗子。陈中凡教授早年毕业于北京大学哲学系,是蔡元培和陈独秀的高足,本人就是一位昆曲迷。吴老师在"序言"中说:"奇妙的是陈先生指导我从事曲史研究的方针,却是要我首先从看戏唱戏入手。陈先生专门为我请来一位老曲师,花了两年时间教我演唱昆曲,举凡'生旦净末丑'的南曲和北曲都学了,还学了一些舞台身段,初步了解了戏曲程式和表演艺术的基本知识。然而,这种培养方式并不是一帆风顺的,曾经引起了争议……"

及至1992年,《中国昆剧大辞典》项目在各方赞同下发轫,吴老师规划全书的基本框架,与俞为民、顾聆森两位副主编共同商定编辑方针,"约请全国各地愿意执笔的同志共襄盛举。由

《中国昆剧大辞典》,吴新雷主编,俞为民、顾聆森副主编,南京大学出版社2002年5月出版

于物力维艰,拿不出报酬给写稿人,我四出奔走,也往往是自掏腰包。幸得各地同志……友情相向,无条件地提供有些古籍、书画、相片、剧照、戏单、报刊等可贵的参考资料,乐意捉笔助成,真是情义无价,诚挚感人",云云。由此足证培养一名人才,做成一件事情,乃至编好一部书,都是何等的不易!光阴荏苒,昔日的青年教师吴新雷,此时已成了德高望重的吴夫子。

"大辞典"问世至今已经14年,算不上什么新书了,却依然值得多多介绍。我辈致力于科普这一行的,谈及中高级科普作品,每有一种希冀,叫作"外行看得懂,内行受启发"。我以为《中国昆剧大辞典》正好应了此语,它合理梳理头绪极其纷繁的昆剧艺术,形成一部非常实用的工具书,既可作为爱好者和从业者求知的普及读物,亦可供戏校剧团作为教学参考,还可为研究者提供进一步探索的学术资讯。全书组织成《源流史论》《剧目戏码》《历代昆班》《剧团机构》《曲社堂名》《昆坛人物》《曲白声律》《舞台艺术》《歌谱选粹》《赏戏示例》《掌故逸闻》和《文献书目》12个部分,委实堪称匠心独运。再说得更细一点,例如《歌谱选粹》部又含《南曲唱段选粹》《北曲唱段选粹》《南北合套选》《时剧选》《吹腔选》5个门类,版面合计占140页之多。全部曲谱一律由传统的工尺谱转译为简谱,诸多唱段之后还各附简短说明,真是为读者想得好生周全。正文之后又有5个附录,依次为《昆剧穿戴检索》《昆剧常用曲谱曲目便检》《昆剧唱片目录》《昆史编年》和《昆曲剧谈篇目辑览》。全书最后是《辞条汉语拼音索引》和《辞条汉字笔画索引》。此种安排,为读者带来的方便已毋庸赘述。

十多年前,青春版《牡丹亭》上演激起了公众的巨大热情。广西师范大学出版社趁势于2004年推出白先勇策划的《姹紫嫣红〈牡丹亭〉:四百年青春之梦》一书。书中的万言长文《一九一一年以来〈牡丹亭〉演出回顾》即出自吴新雷老师之手,而《中国昆剧大辞典》则成了全书最重要的参考资料之一。

顺便一提,2010年上海教育出版社曾推出连波教授编著的《中国戏曲唱段赏析》,精选了14个有代表性的剧种,每种又各选若干经典唱段,很有意思。例如,昆剧选的是《牡丹亭·游园》《长生殿·絮阁》等的几个唱段。书中对14个剧种各有几百字的简介,可称言简意赅。简介谈到,"昆剧在长期实践中累积了大量的上演剧目,有汤显祖的《临川四梦》……孔尚任的《长生殿》"云云。遗憾的是,这"孔尚任的《长生殿》"一语却太出人意外,实则孔尚任(1648—1718)系因《桃花扇》

吴新雷老师在《中国昆剧大辞典》一书前环衬上为卞毓麟签题

而流芳于世,《长生殿》的作者则是年长孔翁三岁的洪昇(1645—1704)。

2012年2月,我赴宁参加"天体物理与相关物理前沿"研讨会。当月25日晚,我又同刘炎君如约登府拜谒吴先生。师母印世蓉言谈敏捷,见到我们便笑道:"我记性不好,你们下午来电话,我也想不起来是谁,还以为是骗子呢!"我们闻言不禁相视大笑。我拿出8年前买的大部头《中国昆剧大辞典》,请吴老师题几句话。先生几乎不假思索地一挥而就:

> 路是人走出来的,生命需要创造!
>
> 卞毓麟校友勉之

> 吴新雷签题
>
> 二〇一二、二、二十五

并解释道:"本来这应该是你20岁时题写的,现在过了50年,虽然老了,但生命仍然需要创造。"哈,美矣哉,"生命需要创造"! 美矣哉,宝刀不老的吴夫子!

我在吴老师那里素以"天文系的老学生"自称。丙申新春,拙著两种——专述书事的《恬淡悠阅》和专谈天文的《巨匠利器》应市未久,我即寄呈吴老师求教,落款仍为"天文系的老学生 卞毓麟"。不久,年已八十有四的老师回函道:"卞君大鉴:邮赠给我的《恬淡悠阅》和《巨匠利器》两本大著已收读,特此致谢! 你本专攻理科,而平时爱好文学,文笔极佳,可喜贺也!! 新雷"。

余素知作文之难,断难奢望文笔能有多佳,但师尊的鞭策却是要铭记的。而今老学生年方逾古稀而未及耄耋,自当勉力为之!

原载《文汇报》2016年5月22日第8版

028

"读书日"侃莎翁

　　虽然世人都说，莎士比亚生于1564年4月23日，卒于1616年4月23日，享年52岁，其实，人们只知他生于英格兰中部埃文河畔的斯特拉特福镇，并不知晓其确切诞辰。该镇的圣三一教堂记载，莎士比亚于1564年4月26日受洗。后人遂据其受洗日、1616年4月23日的忌辰，以及同为4月23日的英格兰守护神圣乔治纪念日，而将莎翁诞辰定为4月23日。

　　好，不管怎么说吧，试问：此处用的是何种历法？

　　或曰：必为公历无疑。但是，错了！应为儒略历。今之公历，又称格里历或新历，由教皇格里高利十三世下令颁行，自1582年10月15日始用。此前欧洲基督教世界长期使用的是儒略历，又称旧历，系古罗马统帅儒略·凯撒下令颁行。英国直至1752年始废儒略历而行用公历，而其时莎翁已仙逝百余年矣！在中国，辛亥革命后才开始用公历，但纪年则以1912年为民国元年。1949年10月1日中华人民共和国成立，始用公历纪年。

　　后人纪念莎翁的方式层出不穷，世界读书日定在4月23日便是突出的一例。西班牙大文豪、《堂吉诃德》的作者塞万提斯亦是1616年4月23日逝世，但他并非与莎翁同日驾鹤升天。那时公历刚刚颁行，意大利、西班牙、葡萄牙和波兰便立刻采用，塞万提斯的卒日按公历记录在案，实际比莎翁去世要早10天。

　　中国戏曲大家、"临川四梦"的作者汤显祖（1550—1616）

莎士比亚像（画家佚名）

年长莎翁14岁,而与莎翁同年去世。汤翁最享盛名的昆剧《牡丹亭》于1598年48岁时写成,时为明神宗万历二十六年,在英国则是都铎王朝伊丽莎白一世女王即位第40年,34岁的莎士比亚于当年写就《无事生非》和《亨利五世》。明神宗实在是个庸君,在位48年,成年亲政后竟然三十余年不视朝。25岁登基的伊丽莎白一世却励精图治,在位45年使英国从一个二等国家跃升为欧洲最强国之一。她将英国的文艺复兴运动推向高峰,在位期间出现了一批顶级的文人学者,除莎翁外,还有唯物主义哲学家、思想家弗兰西斯·培根(1561—1626)、"诗人中的诗人"埃德蒙·斯宾塞(1552—1599)等巨擘。大体上就从那时开始,中国逐渐落后于西方强国已有端倪可察。与莎翁同时代的世界文化名人还有许多:意大利科学家、天文望远镜的发明者伽利略(1564—1642);中国明末大学者、欧几里得《几何原本》最初的中译者徐光启(1562—1633)……从这些光辉的名字,尽可复原出一幅十六七世纪之交的世界文化态势图。

多年以前,笔者尝谑称某人生卒日期相同的情形为"莎士比亚巧合"。其实,此类事件并不像乍一想的那样罕见——其发生的概率约为1/365,除非生日是闰年的2月29日。谓予不信,试看与达·芬奇、米开朗基罗并称意大利文艺复兴三杰的大画家拉斐尔(1483—1520),生卒日期皆为4月6日;以巨著《月图》和两大卷彗星论著驰名于世的但泽天文大家赫维留斯(1611—1687),生卒日期同为1月28日;1937年的诺贝尔化学奖得主霍沃斯(1883—1950),生卒日期同为3月19日……

天文学家纪念莎翁,将他的大名送上重霄:第2985号小行星被命名为"莎士比亚",它是美国天文学家爱德华·鲍厄尔在1983年10月12日发现的。莎翁在太空中可不寂寞,那里还有古希腊剧作家阿里斯托芬(小行星2934号)、巨哲苏格拉底(小行星5450号)、柏拉图(5451号)、古罗马诗人贺拉斯(4294号)、佛罗伦萨大诗人但丁(2999号)、达·芬奇(3000号)和米开朗基罗(3001号),稍晚于莎翁的法国剧作家莫里哀(3046号)、德国的歌德(3047号)、英国的拜伦(3306号)和狄更斯(4370号)、法国文坛巨擘雨果(2106号)、音乐家莫扎特(1034号)、贝多芬(1815号)、肖邦(3784号)、科学家伽利略(697号)、牛顿(662号)、爱因斯坦(2001号)等等。

更有第2000号小行星赫歇尔,乃以18世纪杰出的英国天文学家威廉·赫歇尔命名。赫歇尔于1781年发现了一颗新的行星——天王星,继而又发现了天王星的两颗卫星。他的儿子、又一位卓越的天文学家约翰·赫歇尔则打破历来以希腊-罗马神话人物命名卫星的传统,而以莎翁名剧《仲夏夜之梦》中仙后泰坦尼亚与仙王奥白龙的

莎士比亚墓坐落在其家乡的圣三一教堂中,墓志铭曰:"看在耶稣的份上,好朋友,切莫挖掘这黄土下的灵柩;让我安息者将得到上帝祝福,迁我尸骨者将受亡灵诅咒。"有传说他未必真葬于此,乃藉墓志铭以阻止后人探秘

名字赋予这两颗新发现的卫星,后来它们又被重新"排行"为天卫三和天卫四。

莎翁享寿整整52年,给人留下很深的印象。1972年1月2日,是享誉全球的美国科幻和科普巨匠艾萨克·阿西莫夫的52岁生日,他却因癌症术后在病榻上默思:难道本人寿数已尽,亦将如莎翁一般就此归天?所幸他恢复得很好,直到20年后的1992年才因其他重病谢世。他的《阿西莫夫氏莎士比亚指南》(下简称《莎剧指南》)《阿西莫夫氏科学指南》和《阿西莫夫氏圣经指南》并称为阿氏三大"指南",皆系皇皇巨制。《莎剧指南》上下两大卷是阿西莫夫著的第104和第105本书,于1970年出版,对莎剧作了广泛的知识性、科学性注释,在莎学书林中堪称独树一帜。有位莎剧演员由此以为阿西莫夫是一位职业的莎学家,遂慕名往访。阿氏则连称误会,并相赠一部《莎剧指南》以报其诚。

莎士比亚究竟写有几多剧本?这一问题至今仍有争议。通常认为莎剧有37种,值得注意的是,莎翁在晚年曾与约翰·弗莱彻合写了3个剧本。其中《卡迪纽》(1612年)已失传,未计入37种之中;《亨利八世》(1612年)在许多版本的莎剧全集中均未提及合作者弗莱彻;而《两个高贵的亲戚》情况却正好相反,各种版本的莎剧全集多未收入,阿西莫夫在《莎剧指南》中对此亦有明白交代。

本文笔者出身天文科班,虽退休多年仍每每念及:莎翁出生时,波兰天文学家哥白尼的《天体运行论》问世已廿载有余;莎翁在世的半个世纪中,哥白尼日心宇宙体系在欧陆的传播艰辛异常;恰在莎翁去世的1616年,罗马教廷又将《天体运行论》列为禁书。时代背景如斯,莎剧照旧遵奉古希腊天文学家托勒玫的地心宇宙体系自不足怪。然而,倘若莎翁的寿数增添几十年,其宇宙观念会不会有大转变,这对他的剧作又会产生何种影响呢?

又逢世界读书日,重温莎翁,兴之所至信笔侃来,其乐焉能言状!

原载《文汇报》2016年4月22日第12版

029

闲话"谁更聪明"

　　丙申孟春,一场戏剧性的"人机大战"结局是:机器人"阿尔法狗"(AlphaGo)以大比分击败顶级围棋手李世石。多少人在热议,倘若"机"比人更聪明,世界将会如何。此刻,人们自然会想到"人工智能之父"马文·明斯基。惜乎这位美国科学家本人却无缘一睹"大战"的实况:此前五十余天,他因脑溢血在波士顿与世长辞,享年88岁。

李世石(右)对阵机器人"阿尔法狗"现场新闻照片

明斯基既逝,见诸各国媒体的讣闻悼文不绝如缕。关于这位智者的行状,毋庸本文赘述。但笔者念及的一桩轶事,却鲜见有人提及,颇值闲而话之。

故事出自享誉全球的科幻大师和科普巨匠艾萨克·阿西莫夫的第二部自传《欢乐依旧》(In Joy Still Felt)。1960年12月18日,阿西莫夫在一次朋友聚会时首次遇见马文·明斯基。书中写道:"他在麻省理工学院研究机器人和人工智能,并曾热情地读过我的科幻作品。他是个高个子,圆圆的秃脑袋,谈吐怡人,理解力极强。在嗣后的岁月中我常说,我只遇见过两个我甘愿承认比我更聪明的人。其中之一就是马文。"那时,阿西莫夫正届不惑之年,才气横溢,思如泉涌,已经出版了40本书。明斯基比阿西莫夫小7岁,少年时代就是阿西莫夫科幻小说的热心读者。

阿西莫夫自认比他更聪明的另一人,是比明斯基小7岁的卡尔·萨根。在《欢乐依旧》一书中,阿西莫夫谈到自己心爱的女儿罗宾8岁生日的那天,即1963年2月19日,"我遇到了当时在哈佛大学的天文学家卡尔·萨根,并同他共进午餐。我们已经有通信联系,我还收到过他的一些文章。他是一位科幻发烧友"。"我想象中的他是一位长者(天文学家在望远镜跟前的传统形象),然而却发现其实他是一位年方27岁(卞按:实为29岁)的英俊男子,个子高挑,肤色黝黑,简直聪明得令人难以置信。我必须将他归为马文·明斯基那类人,因此我要说,我欣然承认有两个人比我更聪明。此后我们成了非常好的朋友"。

极具幽默感的阿西莫夫还特地加了一个脚注:"有一次谈话中,卡尔开玩笑地提醒我,我已经承认他比我更聪明。'是的,'我说,'更聪明——但是我从未说过你更有天分。'我也许不得不予以修正。"这时,阿西莫夫已经出版了50部作品,故而他又写道:"同我相比,卡尔写的书还很少。不过,其中有两本,即《宇宙联络》和《伊甸园之龙》都颇为畅销;它们并不是最畅销的书,但它们有资格成为最畅销书。"

1992年4月6日,阿西莫夫病故,为世人留下了一个宝库——他的470部书。其中269种非虚构类作品包括科学总论24种、数学7种、天文学68种、地球科学11种、化学和生物化学16种、物理学22种、生物学17种等;201种虚构类作品则含科幻小说38部、主编科幻故事集118种等。尤其值得一提的是,在所有的外国作家中,有多达百余种著作被译成汉语在中国出版的,恐怕只有阿西莫夫独一家。请注意,这里说的是百余种书,而不只是百余篇文章,而且亦非一书多译,而是百余种不同的书!

那一年的5月14日,著名的英国《自然》杂志刊出卡尔·萨根撰写的讣文《艾萨克·阿西莫夫(1920—1992)》。2002年,为纪念阿西莫夫逝世十周年,笔者应《文汇报》之邀全译这篇讣文,并于4月8日见报。萨根在文中动情地说道:"我们永远也无法知晓,究竟有多少第一线的科学家由于读了阿西莫夫的某一本书,某一篇文章,或某一个小故事而触发了灵感——也无法知晓有多少普通的公民因为同样的原因而对科学事业寄于同情。人工智能的先驱者之一马文·明斯基最初就是为阿西莫夫的机器人故事所触动而深入其道的……正当科幻小说主要在谈论战争和冒险的时候,阿西莫夫则把主题引向了解决令人困惑的难题,他用故事向人们传授科学和思维。""阿西莫夫觉得自己度过了成功而幸福的一生。他写道:'这是美好的一生,我对它很满意。所以,请不要为我担心。'"萨根则怀着巨大的悲痛诉说:"我并不为他担心,而是为我们其余的人担心,我们身边再也没有艾萨克·阿西莫夫来激励年轻人奋发学习和投身科学了。"

1996年12月20日,62岁的卡尔·萨根病逝。他同阿西莫夫一样,极其擅长用生动、形象、简明的语言来向公众传播科学知识。萨根生前曾长期在康内尔大学任职,该校荣誉校长弗兰克·罗兹在庆祝萨根60岁生日的演讲中曾盛赞:"卡尔讲的题目是宇宙,而他的课堂是世界。"早在20世纪80年代初,萨根的13集大型科学电视系列片《宇宙》红遍五大洲,便是生动的一例。"我们的任务不仅是训练出更多的科学家,而且还要加深公众对科学的理解"。萨根在去世前不久的力作《魔鬼出没的世界——科学,照亮黑暗的蜡烛》中,愈发深沉地倾诉了自己的这种理念。"萨根是天文学家,他有三只眼睛,一只眼睛探索星空,一只眼睛探索历史,第三只眼睛,也就是他的思维,探索现实社会",美国《每日新闻》此言确实不虚!

回到明斯基的聪颖,不妨再援一例。英国科学家史蒂芬·沃尔弗勒姆是明斯基的老友,他在悼文中回顾了他俩初次邂逅的情景。时为1979年,在加州理工学院著名物理学家理查德·费恩曼那里。沃尔弗勒姆并不知道另一位来访者是何等人物,但见他除了谈物理学,还不断提出一个又一个出乎意料的话题。那天

人工智能的先驱者之一马文·明斯基于2016年1月24日逝世。一个多月以后机器人"阿尔法狗"以大比分击败韩国顶级围棋手李世石，令世人大为吃惊

下午，他们几人一同驱车穿过帕萨迪纳市。一路上，此人畅谈着如果人工智能能够驾驶汽车的话，那么它必须要会判断哪些事物。到达目的地时，他又马上谈起了大脑如何工作；接着又说写完下一部书后，他将乐于让人打开他的大脑并插入电极——只要他们确有好的计划能弄明白大脑是如何工作的……这位古怪的客人就是马文·明斯基。

自不待言，阿西莫夫、明斯基和萨根这三个人究竟谁更聪明，其实并不重要。事实上，他们都非常聪明，极富创新思维能力，而且始终奋发向上，自强不息，为人类文明进步奉献了自己的才智和生命。倘若三位老者获悉"人机大战"以如此独特的方式展示了人工智能领域取得的又一新进展，定然会在九泉之下相视莞尔："机"再聪明，归根结底，还是体现了人的聪明。

原载《文汇报》2016年4月7日第12版

030

许多往事令我感怀

　　《科技日报》是我的良师益友。为准确而及时地了解国内外的重大科技动向，我特别倚重《科技日报》。为传播和普及科学，《科技日报》先后刊发了我的五十余篇文章。当初《科技日报》之前身《中国科技报》问世甫两月有余，便刊出了我的科学文化类作品《从耶稣诞生到乔托号冒险》，说的是1986年哈雷彗星回归，"乔托号"宇宙飞船挺进彗核的壮举。

　　《科技日报》的许多往事令我感怀。例如1994年7月拙文《太阳系的边界在哪里？》见报后，时任国务委员兼国家科委主任宋健同志颇为欣赏，之后他还表示："请转告卞毓麟同志……我对他的科普散文很喜欢，独具风格，科文结合，新鲜活泼，独树一帜。"

　　又如1996年1月拙文《中外科学数千年 探幽发微四十载——读席泽宗先生著〈科学史八讲〉》见报，数学界泰斗吴文俊先生阅后即致函席先生并索书。席先生曾屡次言及此事。确实，《科技日报》注重介绍富于启发性的新思想、新见解，乃是非常可贵的。

　　再如拙文《数字杂说》见诸报端后曾被数种中小学《语文》教材选用，足见《科技日报》之影响不惟"庙堂"犹及"江湖"。凡此种种，不尽备述。来日方长，谨祝《科技日报》为中华民族伟大复兴作出更辉煌的贡献！

原载《科技日报》2014年7月29日第9版

（科技日报出版10000期纪念特辑·情缘）

《科技日报》出版10000期纪念特辑之"情缘"版（2014年7日29日第9版）

031

太空授课开启
中国科普梦

对于中国科普事业来说,2013年6月20日是一个值得载入史册的日子。当天上午10点到10点40分,在教室里、在公交车上、在普通老百姓家中,一台台电视机里放映的都是神舟十号女航天员王亚平太空授课的画面。这是中国人第一次有机会聆听来自太空的科学教育课。就在太空授课的同时,著名科普作家卞毓麟接受了本报记者专访。在他看来,太空授课将是中国科普教育工作更上一层楼的重大契机。(本报记者 耿挺)

实现中国科普梦

记者: 作为一名多年从事青少年科普事业的专家,您如何看待这次太空授课对青少年科普教育的意义?

卞毓麟: "神十"的女航天员从太空向地面的广大青少年讲授科普教育课,这是一个非常有创意的做法,或许也是一个瑰丽的中国科普梦的开端。

习主席提出了中国梦,对于我们这些科普教育工作者来说应该思考,科普事业应该有着什么样的梦。这次太空授课的意义,不仅在于对青少年的科普教育,更是为了一个科普事业最大的梦:提高全民科学文化素养,提升民族创新能力。

太空授课让我们对青少年科学课程的设置也有了一个全新的思考。我们的航天如此发达,我们在生物科学上屡获突破,如何能将这种种科学成就有效普及给青少年? 这是一个系统工程。如今,我们的中小学课程难以跟上当代科技的发展。

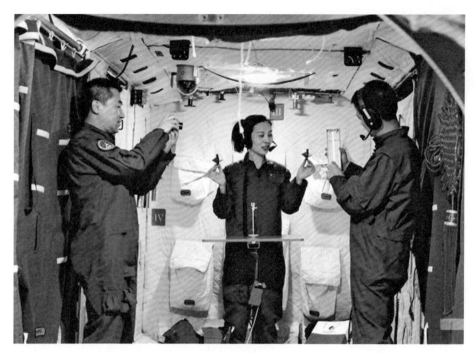

"神舟十号"女航天员王亚平(中)与战友聂海胜(右)和张晓光(左)一起在地面模拟训练"天宫一号"组合体内进行太空授课的场景(新闻图片)

举个例子来说,"神十"是中国人为实现探索宇宙梦想而迈出的坚实一步,但在中小学课堂里,有数学、物理、化学、地理、生物,却唯独没有天文学,这不得不说是科普教育上的一种缺失。

促进科学家从事科普

记者: 太空授课对于中国科学家进行科普会有什么样的影响?

卞毓麟: 航天员从太空舱里用最直接的试验方式,向全国乃至全世界的青少年普及科学知识,这对于中国其他科学领域的科学家来说,都是一个值得思考和借鉴的问题。

我遇到过不少科学家,一谈到科学普及,他们就会说,科普是一件困难的事情。其实,没有什么不可克服的困难,有什么科学知识是不能被普及的呢? 我认为,没有枯燥的科学,只有乏味的叙述。用恰当的方式、恰当的形式,再高深的科学知识也会具有无穷的魅力。

其实,太空授课的内容本身并不是非常高深的科学。这些物理知识是从牛顿开始的几百年里人类逐步积累起来的。在书本里,它们是一条条逻辑严密的充满理性的定律,很多时候在地面上难以用简单的实验感性地展现出来。在太空失重或微重环境下,物理原理被直观地表现出来了。这是一个很好的示范。

有不少科学家抱怨他们的研究价值得不到社会的重视,其中一个难点就是对公众的科学普及。与物理学相比,其他科学领域也有很多难以用文字说明的科学原理,科学家和科普工作者要找到办法,让公众对这些科学原理有一个感性的认识。这才能实现科普的目的。

体会科学求真和实践

记者:你认为,青少年能从这堂太空授课中学习到什么?

卞毓麟:"天宫一号"和"神十"应该是举全国之力打造的一个实验室。(笑)从这个实验室里给全国青少年授课非常难得,也体现了科学的求真与实践精神。

科学是人们对世界规律的认识,需要用求真的态度,在实践中寻找。1848年圣诞节,法拉第关于蜡烛的第一次演讲,听众就是青少年,最后一次则是在1860年的圣诞节。根据他的讲稿汇编出版了《蜡烛的故事》一书,被译为多种文字出版,是科普读物的典范。

我认为,当航天员一边做实验,一边讲述科学原理时,就如同法拉第在英国皇家学会圣诞讲座上所做的事情一样。这能让青少年在感性地获取知识的同时,领悟科学的求真与实践。

原载《上海科技报》2013年6月21日第5版

032
串联天文邮票
寻觅方寸之妙

【桥段】关于星座的历史，邮票上自然少不了人们熟知的古希腊时代的48个星座，同时介绍近代星座之命名亦颇细腻。现今国际通用的88星座中，有9个是波兰天文学家赫维留（1611—1687）在17世纪提出并沿用下来的，它们是鹿豹座、猎犬座、蝎虎座、小狮座、六分仪座、麒麟座、狐狸座、盾牌座和天猫座。其中"六分仪"同其他8个名字相比，明显地有一种"异类"感。其原因何在？原来赫维留有一架心爱的六分仪，使用了20多年，后来毁于一场火灾。据说他认为这架仪器已经升天，献给了天神，为纪念它多年来立下的汗马功劳，赫维留将长蛇座与狮子座之间的一片空白天区命名为六分仪座。2011年正逢赫维留诞生400周年，波兰又一次为他发行了纪念邮票。

邮票，是邮政部门发行的邮资凭证，用以表明"邮资已付"。

集邮又是什么？《辞海》的解释简明扼要："以收集、鉴赏并研究邮票为中心内容的文化活动。19世纪60年代开始流行于欧洲。中国集邮活动约始于19世纪末叶。通过集邮，可以丰富科学文化知识，积累历史资料，培养艺术鉴赏能力和陶冶性情。"起初，集邮者们希望把世上所有种类的邮票都装入自己的邮册。但是，新邮票发行的规模和速度很快就打碎了这个美梦。于是，人们开始朝"专题集邮"的方向发展。英国国王乔治五世（1910—1936年在位）就是一位集邮名家，他收藏的邮票主要是有关英国及其殖民地历史的，是欧洲著名的邮集。

《邮票上的天文学》一书，正是天文专题集邮的结晶。《邮票上的天文学》一书的主编，是年逾八旬而依然活跃在科学和文化两界的资深天文学家兼集邮行家李

2012年8月20日至31日,第28届国际天文学联合会大会在北京召开,来自世界各国的3000多名天文学家济济一堂。《邮票上的天文学》(李竞主编,徐刚、郭纲编著,人民邮电出版社2012年8月出版)散发着刚印就的油墨香运抵会场,广受中外与会者赞扬

竞教授。两位作者——北京的徐刚和上海的郭纲,都是很有建树的集邮专家和天文爱好者。正是这样的三人组合,以一丝不苟的精神奋力著述,酿就了《邮票上的天文学》的醇厚品味。

作者们希望《邮票上的天文学》能"让熟知天文但对天文邮票却知之甚少,以及对于天文很陌生但对集邮却很感兴趣的读者都能接受这本知识性与观赏性并重的读物"。在这一思想驱动下,他们真正做到了平淡之中见新奇。书中精心收录了世界上215个国家和地区的1371枚天文邮票,利用邮票、邮戳、小型张、小本票等24种邮品素材,分为"认识宇宙""天象大观""探索宇宙""天文离我们很近"和"天文邮票巡礼"5章共22节,丰满地展现了天文学古老而又年轻的风貌神韵。

《邮票上的天文学》主旨,可谓以邮品之美现星空风采,于方寸之间识宇宙无穷。读了两遍,觉得这本书很奇妙:随着自身对天文学熟悉程度的增长和集邮知识的丰富,读者将能从书中读出越来越多的精彩。读者除了能轻松收获书中直接提供的基本知识外,书中还有串珠连线式的联想,更可以进一步增添阅读的愉悦。从西方传说中的银河起源到中国民间传说中的牛郎织女鹊桥相会,再到日本人的七夕节,边欣赏精美的邮品,边观照不同的文化,这将是何等的惬

《邮票上的天文学》全书末节"趣味天文邮票"包含"独特创意"和"设计错误"两个小节,此图即设计错误之一例。它是1973年纪念哥白尼诞生500周年时巴基斯坦发行的一枚纪念邮票,画面原系波兰著名画家伊安·马蒂科(Jan Matejko, 1838—1893)描绘哥白尼在弗龙堡大教堂夜观天象的场景。邮票上的人物、仪器、建筑等悉皆依旧,却将无月的晴夜画成了白云蓝天!又,早先巴基斯坦包括中间被印度隔开的东、西两部分,其东部于1972年成立孟加拉国。在这枚邮票上可以看到印刷的PAKISTAN(巴基斯坦)和加盖的BANGLADESH(孟加拉国)字样

意!而所有这一切又都有着极其厚实的科学基石——传承和发展了数千年的天文学。

　　《邮票上的天文学》文字叙述言简意赅,它对每张邮票的介绍不过一二百字。它们不是所选邮票的"说明书",而是一篇篇耐人寻味的微型科学小品。全书文字与邮票的关系不是主仆,而是红花绿叶,相映成趣。每段短文都显得自然流畅,而各专题之间又毫无割裂感,这也足以看出作者之功力与用心。

　　大约10年前,英国数学家罗宾·J·威尔逊所著《邮票上的数学》一书的中文版面世。笔者曾在法兰克福书展上,面询推出该书英文版的斯普林格出版社:"是否还有诸如《邮票上的天文学》《邮票上的物理学》之类的配套产品?"答复是:"暂时还没有。我们希望《邮票上的数学》取得成功,这将会鼓舞我们进一步组织出版您说的那些选题。"当今的世界,当今的中国,当今的科学,当今的邮品,进步都很快,一部高品位的《邮票上的天文学》已然在中国诞生,既使人感到欣慰,更令我深感自豪!

原载《北京科技报·科技生活》2012年8月20日(总第3394期)第52页

033

人类向往"登火"

"登火"，今天熟悉这一说法的人还不多。但是，犹如四十多年前的"登月"，今后二三十年间，"登火"也会受到世人越来越多的"追捧"。

就像"探月"通常是指无人探测月球、"登月"则指人类亲自登上月球那样，"登火"也是指人类亲临火星，而不仅仅是发射无人探测器前往考察。

人类为什么要探测火星？这个问题令人想起500多年前的哥伦布，他曾以为横越一望无际的大西洋就能到达印度。虽然结果并非如此，他却发现了"新大陆"。如今，美洲大陆早已住满了人，就连南极大陆的冰原也在一天天热闹起来。地球上再也没有任何空闲的大陆了。

天文学家首先把目光移向地球之外。月球距离地球不过384 400千米，既然早在20世纪60年代"阿波罗号"的宇航员就已登上月球，那么，人们为什么不去更有效地开发、利用这又一块"新大陆"呢？在人类21世纪的议程中，开发月球确实占据着显赫的一席。

那么，再往后呢？在太阳系中，金星和火星是地球的近邻。但是，金星上的环境条件过于严酷，表面温度超过450℃，异常浓密的大气中充盈着硫酸液滴……火星则有望成为继月球之后人类的又一块新大陆。

人类探索太阳系中的其他行星，可以为更深入地了解我们的地球家园提供不少借鉴。例如，自古以来，人类不知为恶劣的天气付出了多少沉重的代价，而对好天气提供的机遇却把握得并不充分。事实上，在太阳系中恐怕没有一颗行星的气候比地球更复杂了。人们很不容易查明，海洋、陆地、大气等因素对气候的影响如何相互交织和彼此消长。假如能找到一些比较简单的全球性气候系统，例如只有陆地没有海洋，或者只有海洋没有陆地，或者整个大气的温度恒定不变，那就比较容易弄清海洋、陆地、大气各自对全球气候的影响，研究复杂的地球气候就会更加方便。

大自然果真提供了这样的方便。整个木星的表面完全是液态的氢，金星几乎被恒温的灼热大气所包围，火星则有一层稀薄的大气而又完全没有海洋。或许，正是海洋之有无导致了地球上和火星上风的模式互不相同。研究这种差异将有助于我们更好地掌握地球上的气候和天气。我们为什么不好好研究一下其他行星的气候呢？

再如人们更感兴趣的火星生命问题。人类一直在追索生命的本质和机理。我们对于大脑如何工作，人为什么会衰老，怎样防治各种疾病之类的问题了解得越透彻，人类的境况就有可能变得越好。

地球上所有的生命都有共同的祖先，它们全都是远房的"堂兄弟、表姐妹"。地球上所有形式的生命，全都由同一些类型的复杂分子、经历同一些类型的化学反应而形成。当你研究一个细菌、一棵柳树或一个人体的生物分子时，就会发现它们彼此间的差异其实相当微小。它们可以统称为"地球型生命"。那么，要是在火星上发现了生命呢？

这有两种可能性：一种可能是火星生命与地球型生命截然不同，那就使人类所知的生命基本模式从一种变成了两种，这势必会使人类对生命的普遍了解陡然增加。另一种可能是组成火星生命的化合物与构成地球生命的化合物大同小异，那很可能就意味着生命的基本模式"仅此一家"，弄清楚这一点同样是很大的收获。

可是，倘若在火星上找不到任何形式的生命呢？也许由于我们假定了火星生命的行为方式和地球型生命相同，才导致

火星的直径约为地球的一半

火星仿佛是一个袖珍的地球，其直径约为地球的一半，拥有一层稀薄的大气

搜索劳而无功。那么,生命活动还能按何种方式进行? 地球型生命的行为又为何如此这般? 这些都是与寻找火星生命相关的重要研究课题。退一步讲,即使火星上当真不存在生命,人类为此耗费的心血和钱财也并不会就此白费。也许,火星上的生命演化过程已经起步,但又半途夭折了。也许,火星上的某些地方有着通往生命之途上半路夭折的分子,它们或许会道出生命形成以前的"化学演化"阶段应该是什么模样。况且,查明这类夭折的原因,肯定也会对更深刻地了解生命的本质有所裨益。

再退一步讲,如果火星上根本不存在任何与生命有关的东西,那么人类所作的研究是不是就成了无的放矢? 不。火星和地球有那么多的相似之处,但它们发展的结果却完全相反:地球上充满着生命,火星则与生命无缘。这究竟是为什么? 明辨此种差异,也将有助于更深刻地认识地球本身的生命。

归根到底,对地球外生命的探索将有助于解开生命起源之谜,有助于加深对生命现象的理解,其最终结果则是使人类生活得更加美满。

火星还有许多值得研究的东西。例如,人们可以派遣火星车到火星干涸的"河床"中采集岩层的样品,或者深入巨大的峡谷,从厚达多少千米的火星地壳中采集样品。那里的岩层保存着火星地质演变史的丰富信息,据此可以推断火星上的冰期。如果火星和地球的寒暖期互相吻合,那么这种气候变迁的根源很可能就是太阳输出能量的变化。这将对揭开地球科学中的一大疑谜——冰川作用是怎样开始、又怎样终止的,提供很大的帮助。反之,如果火星冰期和地球冰期大不相同,那么它们的历史就应该由某些未知的原因造成。未来的火星探测,包括载人火星飞行,将有助于找到这些问题的答案。

按照各国航天机构的初步打算,"登火"大约将从21世纪30年代开始实施。飞往火星要比飞往月球远百倍以上,在长达好几个月的飞行过程中推进系统、能源保障、通信系统、生命维持系统都绝对不能有误。由于整个旅途中都无法实现补给,就必须在尽量控制飞船自重的前提下,精确规划系统和部件的备份。"登火"小分队的人数不能太少,因为他们需要掌握的知识门类和技能门类确实是太多了。更何况一次完整的"登火"行动从出发到返回历时至少需一年半,参与者很有可能在此期间罹患疾病,因此小分队中必须有人受过临床医学训练。

早期"登火"小分队的主要科学任务有三方面:一是研究人对火星环境的适

火星基地景象艺术构想图（来源：NASA）

应性，二是对火星资源的应用和开发，三是基础科学研究，包括火星的物理学、化学、地质学和生物学等，以寻找太阳系形成和演化的线索。对火星的透彻了解，乃是日后改造火星的必要前提。

目前的火星是一个寒冷、干燥、荒芜的世界。对早期的"登火"者而言，可以将飞船作为现成的生活基地。但是，从更长远的眼光看，则应牢牢抓住使火星"地球化"的可能性。首先是设法利用温室效应提高整个火星表面的温度，其次是当火星冰冻的地下水部分融化时开始在那里栽种植物，然后是加速改变火星的大气成分使之含有更多的氧气，再往后则是在火星上兴建可供越来越多的人居住的城市群……

人类"登火"需要花费许多金钱，但是它会带来极其可贵的知识。知识乃是无价之宝，关键则在于人类如何聪明而理智地使用它。历史已经再三证明，而且还将无数次地继续证明这一点。

原载《文汇报》2010年9月14日第8版

034

人类当如何拯救文明
——从《生态经济》到《B模式4.0》

整整六年前，《中国经贸》杂志刊出拙作"生态经济和B模式"。

我写这篇文章，是因为被莱斯特·布朗其人其书深深感动了。2001年5月，67岁的布朗创办地球政策研究所并亲任所长。同年11月，他出版了《生态经济：有利于地球的经济构想》（以下简称《生态经济》）。哈佛大学教授、生物多样性研究的开创者E·O·威尔逊盛赞此书"一出版就成为经典"。在中国，时任国务院发展研究中心国际技术经济研究所顾问的林自新先生对它有一段言简意赅的评介：

> 《生态经济》是一部专著，又是一本自然科学和社会科学相结合的大众读物。书中提出的经济必须隶属于生态，全球性生态指标日趋恶化，环境革命迫在眉睫，西方经济模式行不通，以及对新经济的构想和必须采取的经济手段等

《生态经济》《B模式》两书的作者莱斯特·R·布朗(左)和译者林自新(右)

等，都是重大的问题，只有通过集思广益，才能形成更加切合实际的共识，产生有足够力度的行动。

在林先生亲自主持下，中文版遂得以迅速面世。

"生态经济"，就是环境上可持续发展的经济。布朗在《生态经济》一书中论证了环境并不像许多人认为的那样，是经济的一个部分；实际上正好相反，经济是环境的一个部分。因此，经济必须设计得与它所隶属的生态系统相适应。我国老一辈著名经济学家、原中共中央农村政策研究室主任杜润生曾说："此书最引起我共鸣的是，要从改革市场价格入手，使价格能包括生态成本；要发挥经济政策的重要作用，一是转移税负，降低所得税，增加一切有损环境活动的税收，二是调整财政补贴，把对有害环境的补贴，转移到有利于环境的补贴。"

布朗在2003年出版的《B模式：拯救地球 延续文明》（以下简称《B模式》）中，对生态经济的基本思想作了更充分的论证和阐发。2003年当年，《B模式》的中文版即呈献在读者面前。该书以大量事实说明，以高碳化石能源和线性经济为主要特征的传统社会经济模式——即A模式，已经此路不通。现代人类文明正面临着严重危机，《B模式》探讨了解决这些问题的各种办法。"人类需要一种全新的社会经济模式——不妨就称之为B模式，以迅速重新安排轻重缓急，重组世界经济，避免经济的崩溃"。其主要内容包括：提高水的生产率，提高土地生产力，将碳排放减半，应对社会挑战；必须奋起采取的相应行动则是：压缩泡沫经济，进入战时动员，建立实事求是的市场，税制转移，补贴转移等。

光阴荏苒，在这六年间《B模式》已经二版、三版而四版了，每一版的内容都堪称与时俱进。4.0版的完整书名为《B模式4.0：起来，拯救文明》，2010年由上海科技教育出版社推出，被世界自然基金会（WWF）上海办公室主任任文伟博士誉为《B模式》的"黄金版本"。4.0版最鲜明

《B模式：拯救地球 延续文明》，[美]莱斯特·R·布朗著，林自新、暴永宁等译，东方出版社2003年12月出版

的特色,就是行动目标更为具体,从而具有更大的可操作性。通常,"B模式"的四项主要内容可以概括为:"稳定气候、稳定人口、消除贫困、恢复生态,"而4.0版中则列举出具体目标"到2020年减少二氧化碳净排放80%;世界人口稳定于80亿或者更少;消除贫困,以及恢复地球的自然系统,包括土壤、地下含水层、森林、草地和渔场"。

值得一提的是,出版社在推出这个4.0版的过程中,与全球著名的环保组织WWF进行了深入合作。WWF中国副总监王利民博士热情洋溢地为4.0版作序,还组织了相关同事认真阅读书稿,结合中国的情况为每一章撰写导读性质的读书笔记,并号召读者:保护地球,有我一个,从"天天一小时,阅读B模式"开始。

人类文明的延续面临着严重困难,这是不争的事实。至于如何认清和解决这些困难,则犹如一道超级的难题。布朗及其团队的开创性研究硕果累累,引领着世界上越来越多的有识之士,为解开这道难题而殚精竭虑、奔走呼号。倘若我们把"B模式"比作布朗这位"名医"针对沉疴"A模式"而开的一剂良方,那么肯定也会有其他"医生"开出不尽相同的方剂。

例如,我国可持续发展问题著名专家诸大建教授认为,B模式的一些思想和政策建议,对于中国的绿色发展尚需作进一步的转化和加工。"中国的绿色发展,一方面需要避免走上布朗指出的传统A模式的道路,另一方面也需要防止走上有资源环境保护而没有经济社会发展的道路。因此,我们从布朗书中得到的最大意义的借鉴,就是需要研究基于可持续发展原理的另一种模式——如何使中国这样的众多人口尚没有脱贫的发展中大国走上资源环境消耗与社会经济增长相对脱钩的发展道路,我称之为中国发展'C模式'(在不超过世界人均生态足迹的条件下,提高中国人的经济社会发展水平)"。自不待言,对于"拯救文明"这样的大问题,多多展开深层次的讨论,乃是非常值得提倡的。

布朗及其团队的研究工作,素以思想敏锐、步履坚实而著称。今年5月31日,布朗教授应上海科技教育出版社之邀来沪,出席《B模式4.0:起来,拯救文明》中文版首发式。当天下午,他在该社副总编王世平等人陪同下,参观了世博会世界自然基金会(WWF)馆。76岁的布朗为了赶时间,在世博园中大步流星,令陪同者们着实惊讶。其实，更为令人惊讶的是，他为"拯救文明"而表现出来的那种使命感和工作热情，以及随之而来的那种行动节奏："我们不知道还剩下多少时间。大自然在给地球掐表，但我们看不见这个跑表的表面。"

美国前总统比尔·克林顿曾说，布朗之所言"是我们大家都应该倾听的"。得到如此重量级人物的赞扬，自然是大好事。与此同时，尤其重要的是，要让人类这个种族的每个成员都充分意识到"拯救文明"问题的严重性和紧迫性，并且自觉地"起来，从我做起"！

顺便一提，本书的出版最应该感谢的是三位译者——年近八旬的林自新以及胡晓梅、李康民两位行家，统校全书的资深科技翻译家暴永宁，本书的责任编辑叶剑和出版社的其他有关人士。正是他们的共同努力，使广大公众迅速获得了阅读中文版《B模式4.0：起来，拯救文明》的良机。

原载《科学时报·读书周刊》2010年7月15日B2版

035

当科学成为时尚，
天空会不会更蓝

避免邪说泛滥的最好办法，就是向人民大众普及科学文化知识。如果科学是一种封闭的教士职业，对普通人来说既难以理解，又显得很神秘，那么，邪说泛滥的危险就会增大；如果科学成了大众都感兴趣和普遍关心的课题，那么我们就能增加对世界真实面貌的认识，增加改造世界和改进我们自己前景的信心，也就能够在谋取人类自身的幸福中占据有力的地位。

——卡尔·萨根

■ 受访者：卞毓麟 天文学家、科普作家

□ 采访者：吴燕 本报记者

科学是否真的会流行起来？在"科学嘉年华"开幕式上，当主持人将这个问题抛给台下的观众时，我暗自作了一个印象式的统计：主张科学会流行的人稍多于持否定意见的人。当然，对于任何一个问题，特别是这种包含了对未来预期的问题的讨论，人数的多寡并不具有一票否决的效力，因为时间——也只有时间——将会给出最终的答案。

不过，除了坐等时间为我们揭晓答案，基于历史过往与现

2009年2月21日，本书作者首次应邀参加科学松鼠会的会员活动，这些年轻的科普有志者钟情的口号是"让科学流行起来"

状的思考与分析无疑也是必要的。为此，记者就科学与流行的话题采访了天文学家、科普作家卞毓麟先生，他在科普领域的实践与思考或许能为我们的思考提供一种参照。

一

《出版商务周报》："科学"与"流行"，乍听起来好像完全是两个世界，如果一定要在这二者之间寻找一种关联的话，您首先会想到什么？

卞毓麟：会想到人类对"真、善、美"的普遍追求与欣赏。您说"科学"与"流行"乍听起来好像完全是两个世界，我很赞赏您用了"乍听起来"和"好像"这种表述。其实，假如我们换一个角度来看问题，那么很明显，"科学"与"流行"都是整个人类文明这同一个大世界的构件或要素。

《出版商务周报》：一件事物或者一种现象要流行，它应该具有哪些特征？如果用三个词来概括，您会用哪三个词呢？请具体说明。

卞毓麟：是不是可以用"新颖、激情、亲和力"？流行，"流"和"行"都是非常动态的概念。在此时此地流行的东西，在彼时彼地未必也能流行。比如，在康熙、乾隆年间，昆曲十分流行。所谓家家"收拾起"、户户"不提防"，就是形容人人都在唱。这里的"收拾起"和"不提防"，分别来自两段曲词的第一句。那时，人们肯定觉得昆曲很新颖，富有激情，寻常百姓都感到它有亲和力，要不怎么家家户户都会唱呢？昆曲，作为中国乃至世界现存最古老的、最具有悠久艺术传统的戏曲形态，已成为全人类共同的精神文化财富。中国昆曲艺术被联合国教科文组织宣布为世界首批"人类口头遗产和非物质遗产代表作"，这非常值得庆贺。但是，"遗产"二字毕竟表明，随着时代的变迁，它终究还是同"流行"无缘了。

《出版商务周报》：科学具有流行的潜质吗？

卞毓麟：上面所说的"新颖、激情、亲和力"三个词儿，对科学完全适用，所以依我之见，科学应该具有流行的潜质。科学的"新颖、激情、亲和力"表现在哪里？这是一个见仁见智的问题，未必要有一个标准答案。套用一句老话，就叫作："我们这个世界并不缺少美，缺少的是发现。"

《出版商务周报》：科学是否需要成为流行？

卞毓麟：我很欣赏卡尔·萨根的见解：科学是伪科学最好的解毒剂。避免邪说泛滥的最好办法，就是向人民大众普及科学文化知识。如果科学是一种封闭的教士职业，对普通人来说既难以理解，又显得很神秘，那么，邪说泛滥的危险就会增大；如果科学成了大众都感兴趣和普遍关心的课题，那么我们就能增加对世界真实面貌的认识，增加改造世界和改进我们自己前景的信心，也就能够在谋取人类自身的幸福中占据有力的地位。假如您说的"科学是否需要成为流行"也具有同样的内涵，那么我的回答是：需要。因为这种流行有利于更扎实地提高国民的科学文化素养。

《出版商务周报》：怎样作能让科学流行起来？

卞毓麟："一贴灵"的妙方恐怕很难找到。其实，让科学流行起来是一种过程，一种历史性的过程。这使我联想起，近一个世纪以前，中国科学社的前辈们，于内战连年、外辱交加之秋，毅然节省留学生活费而创办《科学》，树起了"传播科学，提倡实业"的旗帜。《科学》发刊词曰："世界强国，其民权国力之发展，必与其学术思想之进步为平行线，而学术荒芜之国无幸焉"，是以率先将科学与民主并提，以为救国之策。九十多年来，提倡实业，虽因时势变迁而有所变异，"传播科学"却为任何时代之所必需。中国科学社的前辈学人未竟的事业，我们今天仍在发扬光大。让科学流行起来，是全社会的事，要调动一切力量和手段，引起全社会尽可能多成员的关注：其实，早在1993年3月，上海的《科学》杂志就刊登了我的一篇特稿，题目是"科学普及太重要了，不能单由科普作家来担当"，其中心思想也正在于此。

《出版商务周报》：假如有一天科学真的流行起来，那会是怎样的一种图景？

卞毓麟：这个问题，使我回想起20世纪90年代中期，由朱光亚先生担任编译委员会主任的"科学大师佳作系列"开始陆续面世，当时曾有一家"上海蓝天投资公司"解囊资助出版，并表达了一种美好的愿景："当科学成为一种时尚，天空会变得更蓝。"只可惜这项资助历时未久便寿终正寝了。再回到您的这个问题，说得浪漫一点吧，当科学真的流行起来，天空会不会真的变得更蓝？您说呢？

<h1 style="text-align:center">二</h1>

《出版商务周报》： 您多年来在天文科普领域做了许多工作，正像很多人看到的，天文一直是科普领域最强的一支。另一方面，近期由于甲型H1N1流感、三聚氰胺事件等，人们对与食品、健康有关的话题十分关注，也因此形成了科普的另一个热点。一个是遥远的以光年计的天空，一个是近在身边的健康与吃，这是否代表了科学可能流行的两个方向，或者说两种可能的路径？

卞毓麟： 谢谢您对于我做的科普工作给予的肯定。顺便提一句，有些朋友不太认可"科普"这个词，对此我不敢苟同。2002年6月29日，《中华人民共和国科学技术普及法》正式公布施行。不久我即应《科学中国人》杂志之约，撰写了《当为〈科普法〉鼓与呼》一文。文中写道："对我来说，'科普'是一个非常亲切的名称，它是一个适合中国国情的、内涵不断丰富的、能够与时俱进的美妙用语。"《科普法》的第二条写道："本法适用于国家和社会普及科学技术知识、倡导科学方法、传播科学思想、弘扬科学精神的活动。开展科学技术普及（以下称科普），应当采取公众易于理解、接受、参与的方式。"这里既进一步明确了"科普"包含科技知识、科学方法、科学思想和科学精神四大要素，又特别提到了公众的参与。"参与"是一种主动的行为，社会公众对科普活动参与得越广越多，其科学文化素养必然就越高。至于问道："一个是遥远的以光年计的天空，一个是近在身边的健康与吃，这是否代表了科学可能流行的两个方向，或者说两种可能的路径？"我觉得，这样提问是不是有点过于"操作化"了？在这样的层面上，肯定还可以发现其他的"方向"和"途径"，例如"克隆"问题，例如"全球变暖"问题，都是极有潜力的热点，对公众的吸引力未必逊于天文话题。

《出版商务周报》： 有一个广告不知道您看过没有，一位美女明星信心满满地说："把秀发失去的用科技找回来。"若论"科学"与"流行"的亲密接触，这可能算是一个实例。感觉现在的环境，一方面是公众对"科技"的推崇——如果"科技"没什么号召力，估计广告商也不会一拥而上在这两个字上做文章；但是另一方面则是科学图书的冷清。这种现象的原因何在？

卞毓麟：因为没有充分的调查研究，所以没有足够的发言权。开展这方面的调研，业内人士已有不少经验。我认为，除了市场营销数据外，对当下国人的好奇心、求知欲、价值观作出中肯的分析，对于找到这个问题的答案，或者退一步讲，找出这个问题的可能答案，必将有所裨益。

《出版商务周报》：据您的个人观察，您认为当下的科学图书写作（包括翻译）和阅读环境是怎样的？存在哪些问题？

卞毓麟：从市场经济的角度看，当下的图书稿酬——特别是科技类图书的稿酬，离"按质论价"实在太远，其弊端不言而喻。与此不无关联，耐得住寂寞、肯下苦功夫的著译者便大有减员之虞。虽然"孟修斯"和"常凯申"向人们敲起了警钟，但宏观环境倘若得不到有效整治，同样的甚至更恶性的疾患就不可能根除。

《出版商务周报》：您对科学松鼠会是否有所关注？根据您的观察以及多年从事科普的心得，这样一种自发的、非官方的团体是否会成为科普的主要力量？是否会成为科普的未来发展趋势？

卞毓麟：当然有所关注。年轻的"科学松鼠"们精神可嘉，为了使科学流行起来，他们付出了宝贵的时间、精力乃至金钱。但是，这样一种自发的、非官方的团体很难成为科普的主力军，而且人们也没有必要把科普主力军的重担压到"松鼠"们的肩上。

十多年前我曾说过，当代科学技术的前沿知识和最新进展，源自那些在第一线拼搏的科学家。就此而言，在整个科学传播链中，科学家乃是无可替代的"发球员"。当然，有了"发球员"还要有"二传手"——包括专职科普工作者、媒体从业人员等，这样才能调动社会各方面的积极性，把科学之球传到千千万万的社会公众中去。而像科学松鼠会这样的团体，则有可能成为科普的一个重要的"方面军"。我衷心希望社会各界能对他们给予更多的关爱和帮助，也祝愿"松鼠"们取得更大的成绩。

原载《出版商务周报》2009年11月15日第27版

036

别忽视那些星空下的仰望

今年7月22日日全食的来临,使得天文学成为公众关注的热点。我经常说,人类天生就是"追星族",在追逐日月群星的过程中,渐渐找到了自己在宇宙中的地位。因此,我始终希望天文学能进入中小学的课堂,让青少年对人类探索宇宙的历程有一个基本了解,同时也为他们"仰望星空"创造基本的条件。我深信,我国的天文学家有足够的智慧和实力,能以最恰当的方式把最精彩的内容奉献给孩子。

宇宙奥秘对于孩子来说有着无穷的魅力。依稀记得,我在上小学以前,父母就给我买了许多好看的书,它们都是《幼童文库》的成员。《幼童文库》中的每本书都很薄,但每张纸都厚厚的,书中文字不多,彩色的图画很美丽。其中有一本书是我最喜欢的,它是一本介绍太阳系的书,说到地球绕着太阳转,月亮绕着地球转,还说到水星、金星、火星、木星等,它们都是绕着太阳打转的行星。

我的小学阶段在20世纪50年代初度过,在我们幼小的心灵中,"科学"这个词语有着无与伦比的吸引力。1956年,我上初二的时候,祖国大地上响彻了"向科学进军"的嘹亮号声,科普书刊变得多了起来。我看了不少天文通俗读物,开始学习认星星。我发现,认识星空其实并不难,但要持之以恒。当时,我们已经有了自己的憧憬:"我想

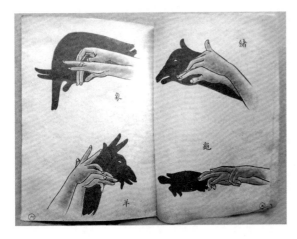

商务印书馆1948年出版的《幼童文库·做手影》一书样例

当飞行员""我想当老师"……当我说自己想当一名天文学家时,老师非常认真地注视着我,他的目光中包含着深深的期待。

时间过得很快,我成了一名高中生。那时没有题海战术,参加课外兴趣小组也不是为了加分。我对古典文学、历史等都很感兴趣,但最令我着迷的还是数学。高考来临,我填报的第一志愿是南京大学数学天文学系,很荣幸,我被录取了。

后来,南京大学数学天文学系分成了数学、天文学两个系,我在天文系学习。南京大学不仅有许多著名的教师,而且有读不尽的藏书。天天有好书可读,常常有精彩的演讲可听,其乐趣确实难以言状。当时我们的系主任是戴文赛教授,那时他有50来岁,深受全系师生尊敬。他数十年如一日热心于科普事业,直到1979年病危之际,还写下了这样的话语:"科学工作者既要做好科研工作,又要做好科学普及工作,这两者都是人民的需要,都是很重要的工作。"

1965年,我大学毕业后来到中国科学院北京天文台(今国家天文台)从事科研工作。我为少年朋友撰写科普作品,则始于30年前科学的春天来临之际。当时,国际上利用空间探测器考察太阳系各大行星的成果迭出,《我们爱科学》杂志这时也邀我撰稿,向少年朋友介绍相关的新知识。"太阳系中的蒙面巨人""地球的姐妹""红色的行星"……就这样,我的科普作品一篇接一篇刊出,读者反响也不错。郑延慧老师当初说:"卞毓麟的文章科学性肯定没问题,文字也顺畅,但是还缺乏鲜明的儿童特色。"克服这一缺点,成了我日后不断努力的目标。

后来,我发表的作品越来越多,不时会收到读者来信。有一位少年朋友在信中说:"您懂得那么多,一定要看许多书,还要写那么多文章,那您就没有多少时间可以用望远镜看星星了,这不是很可惜吗?"还有一位少年朋友告诉我,他很喜欢父母为他订阅的《天文爱好者》,看了不少天文书,所以很熟悉我的名字。他很直率地问:"我将来能成为天文学家吗?"前一位少年朋友已经懂得时间的宝贵,后一位更是有自己的理想,这是多么可贵的精神财富啊!

十多年前,《不知道的世界》初版时,我国老一辈出版家、科学和文学作家叶至善先生特地为之撰文,题为"在知识的长河中注入一点水"。叶老在文章中说:"看内容和行文,这部丛书是为初中生和小学生编写的,每一本讲一个方面。以读者已有的知识为基础,讲这一方面最近有了什么新成就,正在研究哪些新课题,将来可能朝哪个方向发展。就这样,把读者领进一个不知道的世界……我看照着这个格

《不知道的世界》(10种),中国少年儿童
出版社1998年出版

局编下去,这部丛书会得到成功的。"

是的,《不知道的世界》成功了。我是
该丛书中《天文篇》的作者,接受这项写作
任务时,我已在中国科学院北京天文台从
事天文学科研30年。然而,整个写作过程
仍像经受了一次考试:在整个天文学中究
竟如何选定二三十个题目纳入这本书?
如何用已经知道的科学知识为不知道的
世界作铺垫? 像"黑洞""大爆炸""外星
人"这样的题材,怎样才能言简意赅地介绍给青少年? 所有这些,都不是三言两语
就能说明白的。但是,只要肯下苦功夫,问题总是可以解决的。"没有枯燥的科学,
只有乏味的叙述"这句话说得真好! 一路走来如履薄冰,《天文篇》总算没有辜负
众多读者深情的期待。

做少儿科普工作不容易,甚至很辛苦。正是在这种繁忙而又充满朝气的工作
中,我自己也从青年跨入了中年,又进入了老年。天长日久,曾经有许多人问我,
"你是怎样治学和写作的"? 我用16个字作了回答:"分秒必争,丝毫不苟,博览精
思,厚积薄发。"

原载《中国教育报》2009年10月29日第6版

037

日食与书缘

是"缘分"，今年的日全食，带来了两本精彩的书。

一本是卞祖善先生的《乐海回响》，一本是卞毓方先生的《天意从来高难问：晚年季羡林》。

先说说卞毓方。近年来，不知有多少回，新朋故交都会问："您认识卞毓方吗？"或问："您和卞毓方是一家吗？"简直差一点就要说："你们是不是哥儿俩？"了。

读过卞毓方的好些作品，却素未谋面，"五百年前是一家"而已。此番相见，追根溯源，可说是日全食为媒。以下就是事情的经过。

7月18日下午，卞祖善先生应"东方讲坛·经典艺术系列讲座"之邀，在上海音乐学院校内贺绿汀音乐厅讲"华韵撷菁——新中国经典交响乐作品回顾与赏析"。结束后，一位听众边请祖善先生签名，边说："今天一天听了两位姓卞的讲座。您看，这是上午卞毓麟先生的签名。"是的，当天上午，我应上海图书馆讲座中心之约，在那里讲了一场"喜迎7月22日日全食"，同样为听众签名良久。

四天以后，7月22日的上海，日全食在阴雨天和遗憾声中过去了。此后多日，陌生电话依然频仍，多为各路媒体访谈如何保持"天文科普热"，或者"天文学是否会遭遇'冰火两重天'的尴尬"，等等。8月5日上午，忽又有来电。但这次不同，只听对方自报家门："我是卞祖善。您是卞毓麟先生吗？"

祖善先生，也是素未谋面。但十多年来，在中央电视台每届维也纳新年音乐会的转播现场，都有他的身影。作为嘉宾或顾问，他为观众介绍和评点舞台上的一切——曲目、乐队、指挥、演奏，令人在欣赏美妙音乐的同时，享受一场艺术的盛宴。笔者兼事天文科研和科普数十载，对于祖善先生这样热心于普及高雅艺术的专家，

139

书缘的见证：卞祖善著《乐海回响》，中国文联出版社2007年11月出版（左）；卞毓方著《天意从来高难问——晚年季羡林》，中国文联出版社2009年8月出版（中）；卞毓麟著《追星——关于天文、历史、艺术与宗教的传奇》，上海文化出版社2007年1月出版（右）

自然深怀敬意。

祖善先生通过上海图书馆讲座中心，打听到我的电话。他说："我们两人在同一天，分别作了两个行当大不相同的讲座，这很有意思。所以打个电话，以便今后联络、交流。"正好，我即将出差北京，遂与祖善先生相约，8月16日在京一聚。

8月16日中午，几位本家如约晤面。遵祖善先生"勿忘带上大作"之命，我带了几本《追星——关于天文、历史、艺术与宗教的传奇》。此书于2008年甫获"国家图书馆文津图书奖"，在12月25日的颁奖会上，我最后一次见到了任继愈老先生。

事后浏览祖善先生当天所赐《乐海回响》，忽然看到对于我疑惑已久的一个问题的某种回答。第二次世界大战之后，在西方音乐界出现了诸多新的流派。有一种"偶然音乐"，主张放弃对作品的控制，让演奏者参与创作，形成一种"可动曲式"。其最极端者，如美国人凯奇的"名作"《4'33"》，让演奏者在钢琴旁静坐4分33秒钟，以"无声"诱导听众倾听周围环境中"可动"、"可变"的"生活"。

这种作品，我全然无法接受。但于音乐，我是门外汉，很希望见到行家里手置评。正好，《乐海回响》中有一篇"艺术的堕落和堕落的艺术"。其中谈道："对于凯奇的《4'33"》，鼓吹者们闭口不谈其取消音乐创作与表演作用的事实，而津津乐道地夸大其美学观念的价值，诸如什么'是我们这个时代的文化里程碑之一'，什么'大音希声——最美的音乐就是无声的音乐'等等……果真如此,那岂不是人人都是作曲家了吗?"

那天小聚,毓方先生也来了。握手之际,他说:"近年来有多少人问道:'您认识卞毓麟吗?'或问:'您和卞毓麟是一家吗?'今天我们总算见面了"。他送我的《长歌当啸》,2000年由东方出版中心初版。季羡林先生为之作"序",长达4500字。序文结尾极其发人深省:"总之,一句话,我过去是俗话所说的,从窗户棂里看人,把卞毓方看扁了。现在我才知道,毓方之所以肯下苦功夫,惨淡经营而又能获得成功的原因是,他腹笥充盈,对中国的诗文阅读极广,又兼浩气盈胸,见识卓荦;此外,他还有一个作家所必须具有的灵感。"

《长歌当啸》确是一部出色的散文集。但鉴于当时季老先生去世未久,所以我更瞩目于还散发着油墨香的《天意从来高难问》。回上海后,收到毓方亲笔题赠的新书。随便一翻,看到这样几句话:"通过多年来的观察,我得出:老人家能量很大,是文化领域超级致密的中子星……"嗨嗨,竟然用我天文这一行的专业术语来比喻季老,真可谓别出心裁。目下此书虽未卒读,已觉既有分量,亦有趣味。

如此识书,堪称有缘。或云:"缘"者,何所谓?

曰:偶然中之必然,必然中之偶然也。

原载《文汇报》2009年10月26日第11版

038

阿西莫夫又来了

阿西莫夫于1977年领取
雨果奖的照片

　　有多少外国作家,其作品之中译本竟达近百种之多? 须知:
这并非百篇文章,而是近百种书; 亦非一书多译,而是上百本不
同的书! 笔者寡闻,如斯者仅知一人:艾萨克·阿西莫夫。

　　或云:能如此大量产出的,多半是一位低俗的探案作家或言
情写手。但是,错了! 阿西莫夫的作品可分为非虚构类和虚构
类两大部分,其非虚构类作品包含科学总论24种、数学7种、天
文学68种、地球科学11种、化学和生物化学16种、物理学22种、
生物学17种、科学随笔集40种、科幻随笔集2种、历史19种、有关《圣经》的7种、
文学10种、幽默与讽刺9种、自传3卷、其他14种,虚构类作品包含科学幻想小说
38部、探案小说2部、短篇科幻和短篇故事集33种、短篇奇幻故事集1种、短篇探案
故事集9种、主编科幻故事集118种。统计数据源自其最后一卷自传所附书目,其
大宗作品水准之高实在令人惊愕。

　　30年前我国改革开放之初,阿西莫夫的名字迅速地为越来越多的国人所知。
而时下在我国,这位科普巨匠似已为人淡忘。这,真是一种悲哀。

一篇著名讣文

　　1992年4月7日,美国化学会在旧金山举行会议。当有人出示一份报道阿西

莫夫逝世的报纸时,会场气氛骤变,人们怅然若失⋯⋯

阿西莫夫去世后,当年5月14日,英国权威性的科学刊物《自然》刊出美国著名天文学家、世界一流科普大师卡尔·萨根(Carl Sagan)的著名讣文。兹录拙译如下:

艾萨克·阿西莫夫,这个时代的伟大阐释者,于4月6日去世,享年72岁。

阿西莫夫在十月革命后不久生于俄罗斯,双亲是犹太人(虽然他本人猜想阿西莫夫这个姓有可能是伊斯兰教的,源自乌兹别克,意为哈西姆之子),3岁时随全家移居布鲁克林。他童年时代的生活围着他父亲的糖果店转,在那里他学会了阅读货架上的杂志,开始接触科学幻想故事。他在哥伦比亚大学攻读化学获得博士学位,成为波士顿大学医学院的生物化学教授,是《生物化学和人体新陈代谢》这部教材的作者之一。但是,他却因为在科幻和科普方面的工作而变得举世闻名。

亦如T·H·赫胥黎那样,深厚的民主精神驱使阿西莫夫热衷于与公众交谈科学。他仿照克列孟梭的那句名言说道:"科学太重要了,不能单由科学家来操劳。"我们永远也无法知晓,究竟有多少第一线的科学家由于读了阿西莫夫的某一本书,某一篇文章,或某一个小故事而触发了灵感——也无法知晓有多少普通公民因为同样的原因而对科学事业寄于同情。人工智能的先驱者之一M·明斯基最初就是为阿西莫夫的机器人故事所触动而深入其道的——阿西莫夫的这些故事一反先前流行的机器人必邪恶的观念(此类观念可追溯到《弗兰肯斯坦》),而构想了人与机器人的伙伴关系。正当科幻小说主要在谈论战争和冒险的时候,阿西莫夫则把主题引向了解决令人困惑的难题,他用故事向人们传授科学和思维。

他的大量言辞和思想已经深深潜入科学文化——例如,他把太阳系描述为"4颗行星加上许多碎片",还有把土星光环中的巨大冰块运往火星上贫瘠干旱的荒原的想法。

他的著作多得惊人——接近500本书,遣词造句极有特色,总是那么平易浅显,直截了当。美国科幻作家协会把他的《黄昏》选为"有史以来"最佳的短篇科幻故事。他荣获了美国化学会和美国科学促进会的褒奖,并接受了十多个荣誉学位。他的兴趣不仅仅限于科学:他的传世之作包括《莎士比亚指南》《圣经指南》以及对于拜伦《唐璜》的大部头评注。他精读吉朋的《罗马帝国的衰亡》而受到启发,创作了叙述一个银河帝国之衰亡的《基地》系列小说,其主要论题是随着黑暗时代压顶而至,如何尽力使科学保存下来。

阿西莫夫大胆地为科学和理性说话,反对伪科学和迷信。他是"声称超自然现象科学考察委员会"的创始人之一,也是美国人文主义者协会主席。他不怕抨击美国政府,并大力主张稳定世界人口的增长。

作为一个出身贫寒,而又终身爱好写作和阐释的人,阿西莫夫觉得自己度过了成功而幸福的一生。他在自己最后的某一本书中写道:"我的一生即将走完,我并不真的指望再活多久了。"然而,他又接着说,他对自己的妻子、精神病学家珍妮特·杰普森的爱,以及妻子对他的爱在支撑着他。"这是美好的一生,我对它很满意。所以,请不要为我担心"。

我并不为他担心,而是为我们其余的人担心,我们身边再也没有艾萨克·阿西莫夫来激励年轻人奋发学习和投身科学了。

卡尔·萨根

人 生 舞 台

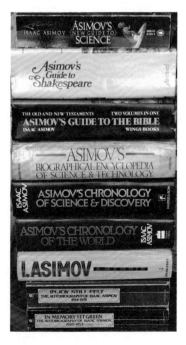

阿西莫夫的三卷自传很值得一读,而且也不难读懂。

头两卷自传共约合中文140万字。它们严格按时间先后叙述,尽量描摹确凿的真实生活,着重探讨事件本身,对未来不作预测。阿西莫夫认为,这样就有一种真实感,可以避免过多的主观性,而且似乎并无前人如此明确地试用此种方式来写自传。

第一卷自传于1979年出版,取名为《记忆犹新》(*In Memory Yet Green*);第二卷1980年出版,称为《欢乐依

阿西莫夫的若干英文版"大部头"著作,自上而下依次为《阿西莫夫最新科学指南》《阿西莫夫莎士比亚指南》《阿西莫夫圣经指南》《阿西莫夫科技传记百科全书》《阿西莫夫科学与发现编年史》《阿西莫夫世界编年史》《人生舞台》《欢乐依旧:阿西莫夫自传1954—1978》和《记忆犹新:阿西莫夫自传1920—1954》

旧》(*In Joy Still Felt*)。它们受欢迎的程度，大大超乎作者本人的想象。

1990年初，阿西莫夫病重。在住院期间，他用125天的时间完成了第三卷自传。再过不到两年，作者便与世长辞了。差不多又过了两年，此书方始付梓，名为 *I. Asimov*。2002年阿西莫夫逝世十周年之际，上海科技教育出版社出版了该书中译本，取名为《人生舞台——阿西莫夫自传》。

《人生舞台》并非前两卷的续集，写法也与前两卷迥异。它不拘泥于时间顺序，而是一个话题接着一个话题，将作者本人的家庭、童年、学校、成长、恋爱、婚姻、成就、挫折、亲朋、对手，乃至他对写作、道德、友谊、生死等重大问题的见解娓娓道来。全书写得坦诚率真，读后既能使人了解这位奇才辉煌的一生，又有利于更深刻地领悟人生的真谛。

"平板玻璃"

《宇宙秘密——阿西莫夫谈科学》是阿西莫夫40本科学随笔集之一。这些随笔，充分体现了他执着终身的写作理念。阿西莫夫推崇非常平实、甚至是口语式的文风。有些批评家将此说成"没有风格"，他的回应则是："如果谁认为简明扼要、不装腔作势是一件很容易的事，我建议他来试试看。"在《人生舞台》中，阿西莫夫对写作风格作了更清晰的诠释。他说：

> 有的作品就像你在有色玻璃橱窗里见到的镶嵌玻璃。这种玻璃橱窗很美丽，在光照下色彩斑斓，却无法看透它们。同样，有的诗作很美丽，很容易打动人，但是如果你真想要弄明白的话，这类作品可能很晦涩，很难懂。
>
> 至于平板玻璃，它本身并不美丽。理想的平板玻璃，根本看不见它，却可以透过它看见外面发生的事。这相当于直白朴素、不加修饰的作品。理想的状况是，阅读这种作品甚至不觉得是在阅读，理念和事件似乎只是从作者的心头流淌到读者的心田，中间全无遮拦。写诗一般的作品非常难，要写得很清楚也一样艰难。事实上，也许写得明晰比写得华美更加困难。
>
> 但是，怎样才能写得明晰呢？我想，首先必须头脑清晰，思路有条不紊，必须运用熟练的技巧梳理思绪，明确地知道你想说些什么。除此以外，我就无可奉告了。

阿西莫夫的作品之所以在这个世界上拥有如此广泛的读者,最根本的一点,大概正在于他所谈论的一切,全能毫无遮拦地从自己的心头流淌到读者的心田。

欣 赏 科 学

阿西莫夫对普及科学有着极其深厚的感情和十分强烈的责任感。他在力作《阿西莫夫最新科学指南》中有一番很精彩的议论:

> 如今科学家已经越来越远离非科学家……只有少数与众不同的人才能成为科学家,这种错觉使许多年轻人对科学敬而远之。

> 但是现代科学不需要对非科学家如此神秘,只要科学家担负起交流的责任,把自己那一行的东西尽可能简明并尽可能多地加以解释,而非科学家也乐于洗耳恭听,那么两者之间的鸿沟或许可以就此消除。要能满意地欣赏一门科学的进展,并不非得对科学有完全的了解。没有人认为,要欣赏莎士比亚,自己必须能够写一部伟大的作品;要欣赏贝多芬的交响乐,自己必须能够作一部同等的交响曲。同样地,要欣赏或享受科学的成果,也不一定要具备科学创造的能力。

> 处于现代社会的人,如果一点也不知道科学发展的情形,一定会感觉不安,感到没有能力判断问题的性质和解决问题的途径。而且对于宏伟的科学有初步的了解,可以使人们获得巨大的美的满足,使年轻人受到鼓舞,实现求知的欲望,并对人类智慧的潜力以及所取得的成就有更深一层的理解。

> 我之所以写这本书,就是想借此提供一个良好的开端。

对于科学,阿西莫夫还有一些新颖独到的想法,这在《宇宙秘密》一书中不乏其例。一个有趣的例子与"分形理论"有关。分形理论最初是由法裔美国数学家芒德布罗(Benoit Mandelbrot)详细提出的。它们是一组迷人的曲线,可以既不是一维的,也不是二维的,而(比如说)是一维半的。具有分数维,就是它们被称作"分形"的原因。这种曲线的每一个小部分——不论多么小,都像整体一样复杂。

有一次,阿西莫夫的一位朋友提出:"科学是不是能解释一切事物? 我们是否能决定它能够还是不能够？"

"我肯定科学不能解释一切，我可以告诉你理由。"阿西莫夫回答。

他的理由是："我相信科学知识具有分形的性质，不论我们了解多少，不论还剩下多少，不论它看上去有多少，它始终像刚开始时的整体那样，无限复杂。我认为，那就是宇宙的秘密。"

许多人都见过演示分形的程序。它开始是一个心形的图像，周围有一些小小的附属图形，它在屏幕上一点点变大，一个小小的附属图形在中间渐渐变大，直到它充斥整个屏幕，可以看见它周围也有许多小的附属图形，它们慢慢变大时周围又有其他小的附属图形。

阿西莫夫说："这个效果是慢慢地沉入一个复杂的图形，它始终是复杂的……我想那就像科学探索一样，不断地解开复杂事物的一层又一层——永远无止境。"

这想法既有意境，又有情趣。至于它究竟是否正确？我不想作武断的评论。

从阅读到晤面

30多年前，阿西莫夫的作品有了第一个中译本——《碳的世界》。它由科学出版社出版，两位前辈译者甘子玉和林自新用了一个笔名：郁新。这本不足10万字的小册子，令我由衷地钦佩作者，同时也深深地佩服译者。

20世纪80年代伊始，我与黄群合作，首次译完一部阿西莫夫著作——《洞察宇宙的眼睛——望远镜的历史》。在"译者前言"中，我曾写道："阅读和翻译阿西莫夫的作品，可以说都是一种享受。然而，译事无止境，我们常因译作难与作者固有的风格形神兼似而为苦。"在日后更多的翻译实践中，此种感受有增无已。诚然，译作之优劣取决于译者的外语、汉语和专业知识功底，但尤其重要的是译者所花的力气。工夫下够了，就不太容易出现"门修斯""常凯申"或者"赫尔珍"了。杨绛在《傅译传记五种》代序中说：

> "傅雷对于翻译工作无限认真"，"他曾自苦译笔呆滞，问我们怎样使译文生动活泼。他说熟读了老舍的小说，还是未能解决问题。我们以为熟读一家还不够，建议再多读几家。傅雷怅然，叹恨没有许多时间看书"云云。

这实在是今人应该好好学习的。

20多年前,笔者在勉力研读阿西莫夫之际,渐感应当与其本人取得联系,乃于1983年5月7日发出了致这位作家的第一封信:

> ……我读了您的许多书,并且非常非常喜欢它们,我(和我的朋友们)已将您的某些书译为中文。三天前,我将其中的三本(以及我自己写的一本小册子)航寄给您。它们是《走向宇宙的尽头》《洞察宇宙的眼睛》和《太空中有智慧生物吗?》;我自己的小册子则是《星星离我们多远》……

5月12日,他复了一封非常清晰明了的短信:

> 非常感谢惠赠拙著中译本的美意,也非常感谢见赐您本人的书。我真希望我能阅读中文,那样我就能获得用你们古老的语言讲我的话的感受了。
>
> 我伤感的另一件事是,由于我不外出旅行,所以我永远不会看见您的国家;但是,获悉我的书到了中国,那至少是很愉快的。

1988年8月13日,我与阿西莫夫本人晤面的愿望成为现实。(详情参见拙文《在阿西莫夫家做客》,已作为附录收入《人生舞台》一书。)

写作如同呼吸

早先,阿西莫夫在完成头99本书之后,曾从其中的许多作品各选一个片断,分类编排,并辅以繁简不等的说明,由此辑成一部新书,这便是他的《作品第100号》,书末附有这100本书的序号、书名、出版者和出版年份。后来出版的《作品第200号》和《作品第300号》格局与此相仿,书末分别附有第二个和第三个100本书的目录。我与阿西莫夫晤面时,他已收到刚出版的第394本书。按惯例,不久就应该出现一本《作品第400号》了。我也确曾函询阿西莫夫关于《作品第400号》的情况。出乎始料的是,他在1989年10月30日的回信中写了这么一段话:"事情恐怕业已明朗,永远也不会有《作品第400号》这么一本书了。对于我来说,第400本书实在来得太快,以致还来不及干点什么就已经过去了","也许,时

本书作者2015年8月20
日在上海书市期间讲演
《阿西莫夫的魅力》的ppt
首页

机到来时,我将尝试完成《作品第500号》(或许将是在1992年初,如果我还活着的话)。"

我期待着《作品第500号》问世。1991年岁末,我给他寄圣诞贺卡时还提及此事,然而未获回音。看来,事情有点不妙了?哎,他为什么要说"如果我还活着的话"呢?

早在1985年,法国《解放》杂志出版了一部题为《您为什么写作》的专集,收有各国顶级作家400人的笔答。阿西莫夫的回答是:

> 我写作的原因,如同呼吸一样;因为如果不这样做,我就会死去。

是的,活着时他从未中辍笔耕,而当丧失写作能力的时候,他死了。他未能留下《作品第500号》,但是他留下了关注社会公众的精神、传播科学知识的热情、脚踏实地的处世作风、严肃认真的写作态度……

阿西莫夫的作品,令人常读而常新。如今,各国的有识之士依然在追忆他为普及科学和传播文化所做的一切。再过几个月,2010年1月2日,就是阿西莫夫的90诞辰。今天,中文版的《宇宙秘密》呈现在世人面前,不正是对逝者极好的纪念吗?

原载《文汇读书周报》2009年8月28日第5版

149

039

守望5分钟的壮观

是月亮遮住了太阳的万丈光芒,还是太阳将自己日冕的光环加在了月亮的身上?看了再多的书,听了再多的讲解,依然比不上目睹那一刻的震撼。最壮观的就是从食既到生光这几分钟的食延过程,日月在交融时所形成的"钻石环"、"贝利珠"、日冕等奇特景象,让所有见证这一大自然神奇的人由衷地激动欢呼。

今年的日全食,是21世纪范围最大、食延时间最长的一次,对我国来说,观测条件也最为优越。当华美的日冕笼罩在日月相叠的天际圆盘上时,夏夜的天幕上还能清晰地出现水星、金星和冬季的夜空才能看见的星座——猎户、大犬、金牛……

7月22日,上海,9点36分至9点41分,值得你守望天空。

两个400倍巧合　造就日全食奇观

从地球上看,太阳和月亮的大小相差无几——这样的情况,哪怕在整个太阳系里,也是独一无二的。正因为这样,当这三颗星球运行到同一直线上时,就形成了天象奇观——日全食。

大自然赐予我们一种奇妙的巧合:太阳同地球的距离约为1.5亿千米,月球同地球的距离约38.4万千米,前者约为后者的400倍;与此同时,太阳的直径约为139万千米,月球的直径为3476千米,两者也相差约400倍。

正是由于这两个400倍的巧合,从地球上看起来,太阳和月球这两个圆球向我们张开的角度就几乎相等。事实上，从地球上看去，它们的张角都约为0.5°，相当于在2.7米以外观看一枚1元钱的硬币。也正是这种奇妙的巧合，造就了日全食这一美不胜收的天象。

📖 **小知识**　日食的种类

　　月球背着太阳的一面拖着一条长长的影子，称为月影。月影有本影、伪本影(本影的延长部分)和半影三种。本影和伪本影都呈锥状。不同种类的月影扫过地球的表面，便产生不同种类的日食。

　　阳光完全照不到的部分称为"本影"，尚能接受到部分阳光的区域称为"半影"。月球在运动，它同太阳的距离不断地变化，本影的长度也随之而变。如果发生日食时，月球本影长得足以触及地球表面，那么位于本影中的人必定就会看见日全食。

　　如果发生日食时，月球本影的长度太短，不能到达地面，那么扫过地面的将是本影的延长部分，称为"伪本影"。处在伪本影内的观测者见到的将是日环食。如果月球的本影和伪本影都落在地球之外，但是半影的一部分扫过地球，那就只能看到日偏食了。

　　发生日全食时，全食带的宽度一般不超过300千米。在全食带以外两侧附近的观测者都可以看到日偏食，只是离全食带越远食分就越小。在离全食带太远的地方，观测者越出了月球半影，那就完全看不到日食了。

　　根据日、月、地三者之间的相互关系可以推断，全食阶段的持续时间至多也不过7分40秒钟而已。今年上海地区的食延达5分钟以上，那真是相当难得了。

　　其中从初亏到食既是偏食阶段，从食既到生光是真正的全食阶段，从生光到复圆又是偏食。

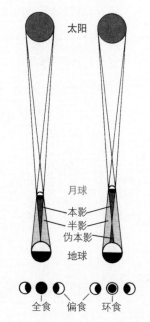

日食的种类

日全食的发生和月亮息息相关

要研究日全食,首先必须从月亮着手。月球不停地绕着地球公转,周而复始地变换着月相。而日全食一定是发生在新月的时候,即农历的初一。

月球本身不发光,惟因反射太阳光才为我们所见。阳光照到的只是半个月球,未被照亮的那半个月球我们平时就不可见。由于月球不停地绕着地球公转,太阳、地球和月球三者的相对位置在不断改变,我们看到的月球被照亮部分的形状——这称为月相,就会周而复始地变化。

当月球运动到地球和太阳之间时,被阳光照亮的半个月球背向地球,我们看不到它。这时的月相称为朔,也称新月。我国的农历规定,月相为朔的那一天作为每月的初一。朔日之后,被阳光照亮的半个月球渐渐转向地球,我们看到的月球明亮部分不断增大,依次呈现为蛾眉月、上弦月、凸月等不同的月相。当月球移动到远离太阳的那一侧时,地球位于月球和太阳之间,阳光照亮的半个月球便正对着地球,于是我们看到正圆形的满月,通常这是在农历每月的十五日或十六日。此后,我们见到的月球明亮部分逐渐缩小,经过凸月、下弦月、蛾眉月而再次回到朔,月球重又隐匿不见。

当月球运动到地球和太阳之间,而且三者正好处于同一直线上时,月球就会把太阳圆面的一部分、甚至全部遮住,于是发生日食。由此可见日食必定发生在朔日,即农历的初一。但是,反过来,却非农历每个月的初一都会发生日食,这又是为什么呢?

原来,地球绕太阳公转的轨道平面同月球绕地球公转的轨道平面两者并不重合,而是相交成一个不大的角度。所以,有时虽月相为朔,但太阳、月球和地球却并不严格处于一直线上。此时从地球上看去,月球在天空中的位置不是比太阳稍高一些,就是比太阳稍低一些,它不会挡住太阳,因此不发生日食。

美不胜收的全食美景

平时,从地球上直接观测到的是太阳大气最明亮的光球层。日全食时,太阳光球被月球遮掩,肉眼就能观测到色球、日珥和日冕了。每次日全食时所见的日冕形在任何地方看到的日全食过程,都有5个特征时刻:初亏、食既、食甚、生光和复圆。

初亏　月球绕地球转动的方向是自西向东,所以发生日食时,首先是月轮的东边缘遮挡日轮的西边缘,两轮外切的这一瞬间,便是日食开始之时,称为"初亏"。

食既　当月轮的东边缘与日轮的东边缘相内切时,整个日轮开始被月轮完全遮蔽,这一瞬间称为"食既",亦称"全食始"。

食甚　日食过程中,月轮中心最接近日轮中心的瞬间称为"食甚",这是整个日食全过程的中途。

生光　食甚之后,当月轮的西边缘与日轮的西边缘相内切时,月轮完全遮蔽日轮的阶段告终,即全食阶段结束,太阳重新开始露面,称为"生光",亦称"全食终"。

复圆　月轮完全脱离日轮,即月轮西边缘与日轮东边缘相外切的瞬间称为"复圆",此刻太阳完全恢复圆形,日食全过程告终。

食分　反映日轮被食的程度,指食甚时日轮被遮部分与日轮直径之比。日偏食的食分永远小于1,日环食的食分略小于1,日全食的食分等于或略大于1。

食延　通常指从食既到生光的持续时间,即全食阶段持续的时间。

日食带　日光照射下月影投射到地球上,由于月球和地球都在运动,月影便在地球表面扫出一个带状区域,这条带就称为"日食带"。带内可见日全食的是"全食带",带内可见日环食的是"环食带"。

全环食　有时一次日食在食带两端见到的是日环食,中间地带却可以见到日全食,此种日食称为"全环食"。

光球　我们平时所见的光耀夺目的日轮。它是太阳大气的底层,厚度约500千米。从光球层再往里,就是太阳内部了,我们无法直接看到那里的情况。

色球　太阳大气的中间层,位于光球之上,厚度约2000千米。亮度仅为光球的几千分之一,平时完全被光球的强烈光辉所淹没,日全食时在被掩日轮四周显现为一道玫瑰红色的细弧或细圈。

日冕　太阳大气的最外层,可延伸到好几个太阳半径之外。其物质极其稀薄,总亮度仅约为光球的百万分之一。在日全食阶段,呈现为被掩日轮四周的大片银白色辉光。

日珥　在日全食时,太阳的周围镶着一个红色的环圈,上面跳动着鲜红的火舌,这种火舌状物体就叫作日珥。日珥是在太阳的色球层上产生的一种非常强烈的太阳活动,是太阳活动的标志之一。

钻石环　在食既到来前的几秒钟,行将消失的最后一抹阳光,正好穿过月轮边缘一个较大的山谷射向地球,就会呈现为形如钻石戒指般的一段十分耀眼的亮弧,这就是"钻石环"效应。

贝利珠　倘若阳光穿过月球边缘为数众多的较浅山谷射来,则会形成一连串很亮的小光点,即"贝利珠"。贝利珠因英国天文学家贝利首先于1836年详细描述而得名,它存在的时间只有短短几秒钟。

状、大小及结构都各不相同。在太阳黑子特别多的年份,日冕呈圆盘形;黑子少的年份,日冕的形状不规则。

日全食中最令人叹为观止的现象,当推"钻石环"和"贝利珠"。月球边缘有山有谷,高低不平。倘若在食既到来前的几秒钟,行将消失的最后一抹阳光,正好穿过月轮边缘一个较大的山谷射向地球,就会呈现为形如钻石戒指般的一段十分

1973年6月30日日全食的钻石环效应

耀眼的亮弧,这就是"钻石环"效应。倘若阳光穿过月球边缘为数众多的较浅山谷射来,则会形成一连串很亮的小光点,即"贝利珠"。贝利珠因英国天文学家贝利首先于1836年详细描述而得名,它存在的时间只有短短几秒钟,切不可错过观赏,能拍下照片当然更好。在全食阶段结束、生光时刻来临之际,钻石环和贝利珠还可能再度呈现。

日全食发生的时候,天空突然暗下来,亮星在天幕上出现了。今年7月22日的全食阶段,预期在太阳周围将会出现相当迷人的星空景象:美丽的猎户座、大犬座、金牛座就在南方的天空中,天狼星、参宿七、南河二、毕宿五等亮星竞相争辉,水星、金星、火星也同时出现。如果你事先找一张星图,熟悉一下这部分星空,观看将更为便利。

日食发生时,动物也许会有一些异常行为。据先前的实验报道,全食时禽类会表现出焦虑,昆虫的反应更明显,蜜蜂回巢、蝴蝶停在草地上……但猫犬反应冷淡。如能留意一下,也相当有趣。

鉴于小孔成像原理,日食开始时,在枝叶茂密的树下,会形成许多杂乱分布的月牙状太阳像,我们不妨称它为"日牙"。随着日食过程的推进,日牙变得越来越细,而且所有日牙的变化在时间上完全同步。进入全食阶段,它们便同步隐匿不见。生光之后,大批细细的日牙一同重新显现,并变得越来越"胖",太阳复圆时它们也就同步复圆了。你还可以有自己的小孔成像创意。在白纸上有规律地戳一群小孔,日食时的阳光通过这些小孔就会形成你所设计的"日牙"图案,例如奥运五环、世博标志……

关于"影带"的描述,最早始于1706年和1820年的日全食。那是全食即将开始时,出现在地上或房屋外墙上的一种奇特的飘动波纹。气象学家希望通过观测影带深入了解低层大气的变化情况,或许您也能亲眼一见。

日全食发生时,扫视一下四周的环境变化也很有趣:整个天空暗了下来,但是暗的程度究竟怎样?向远方的地平线看去,是否存在明与暗的分界线?如此等等,皆值得亲身体验。

回顾与展望中国境内日全食

整个20世纪,在我国一共发生过7次日全食。

1907年1月14日的日全食时值清末,虽然河西走廊、内蒙古、黑龙江均可见食,最长食延时间2分多钟,但官方未见记载。在上海只能见到日偏食,法国传教士在佘山天文台拍摄了中国的第一套日食照片。

1936年6月19日,在中苏边境以及日本北部发生日全食,最长食延也是2分多钟。中国天文学会派两支队伍出国观测。一支赴日本北海道,由中央研究院天文研究所所长余青松领队,成功拍摄到了日冕照片和关键时段的日食影片。另一支赴苏联伯力,张钰哲和李珩两人前往,虽说阴天致使计划失败,但也积累了一些经验。

1941年9月21日的全食带从新疆入境,途经青、甘、陕、鄂、赣、闽、浙等省,最长食延3分多钟,观测条件较好。然此时正值抗战艰难时期,大片国土沦陷,国外定制的仪器无法运到,天文研究所也从南京迁往昆明。即便如此,中国日食观测委员会还是组织了两个观测队。西北队前往甘肃临洮,由张钰哲、高鲁带领,沿途举办日食图片展览、科普演讲并放映科学影片,最终取得多项科学成果,并摄制了日食进程的电影;东南队前往福建崇安,测到了全食时的地磁变化数据。

1943年2月5日,在黑龙江东部有一次最长食延1分40秒的全食,但当时不可能前往观测。

1968年9月22日傍晚,新疆西部发生日全食,最长食延仅20多秒钟。这是新中国成立后国内首次发生日全食,我国组织了大规模、多学科的综合观测:驻在伊犁市昭苏镇的昭苏观测队进行光学观测,南疆的喀什观测队进行射电观测,另外还有地球物理和气象等部分,中国天文学家还首次尝试在飞行高

1941年9月21日，日食观测西北队在甘肃临洮。后排左起：龚树模、李国鼎、陈遵妫、张钰哲、李珩等

度超过11 000米的飞机上进行日食观测。总的说来，这次观测取得了相当可喜的成果。

1980年2月16日傍晚6点左右，云、贵地区发生日全食，最长食延接近2分钟，太阳地平高度等观测条件也比1968年好得多。其时改革开放伊始，科学界春意盎然，中国科学院组织各路队伍，进行太阳的光学和射电观测，地球电离层、地磁和引力场测量，以及研究日全食期间的天气变化。光学观测地点选择在瑞丽市境内的营盘山，射电观测点在云南天文台凤凰山观测站，上海科教电影制片厂在现场拍摄了日食观测活动全过程的纪录片。中国科协还组织了京沪等地的中学生到云南观测，而当地村村寨寨的人们都戴着墨镜观测日食，场面委实感人。

1997年3月9日日食的全食带，从新疆北端扫过蒙古，经过黑龙江的极北部，终结于北冰洋。漠河县是全食带上中国境内唯一的城市，当时太阳高度也适中，故成为最佳观测地点，最长食延约2分半钟。日食时适逢世人关注的海尔—波普彗星也高悬天际。包括来自台湾和港澳地区的3000多名中外专家和爱好者聚集在我国北部边陲的这个小城，观测场面相当壮观。中央电视台和黑龙江电

1997年3月9日,设在漠河三中的日全食观测现场(卞毓麟摄)

视台还进行了现场直播。这次日全食研究的科学成果,后来汇编成了《日全食与近地环境》一书。

2008年8月1日,在新疆、甘肃地区迎来了21世纪我国可见的首次日全食。人们对此记忆犹新,此处不再赘述。而在今年过后,中国境内下一次经过多个大中城市的日全食就要等到2035年9月2日了,届时全食带沿嘉峪关、包头、大同、北京、秦皇岛一线往东入海,但食延大多不足2分钟。然后就是2060年4月30日,日全食经过新疆的阿克苏、青海的西宁,到兰州结束。

由此可见,今年7月22日日全食的观测条件真是何其优越!

原载《文汇报》2009年7月20日第5版

040

探寻天文望远镜的
成长足迹

为纪念400年前伽利略首次用望远镜观测星空这一壮举,国际天文学联合会(IAU)和联合国教科文组织已确定2009年为国际天文年。

1609年,伽利略将望远镜第一次指向天空,这个开创性的伟大发现所触发的科技变革深深地影响并改变了我们的世界观。到现在,在地面和空间中的望远镜能够对宇宙进行一天24小时不间断的全波段观测。国际天文学联合会主席Catherine Cesarsky说:"2009国际天文年给世界所有的国家提供了这样一个机会,让大家都参与到这个令人振奋的科技变革中来。"

在2009国际天文年即将来临之际,本报邀请天文学家、著名科普作家卞毓麟教授撰文,细数天文望远镜的来龙去脉。

天文望远镜是一个庞大的家族,按观测波段的不同,有光学望远镜、射电望远镜、红外望远镜、紫外望远镜、X射线望远镜、γ射线望远镜之分。光学望远镜是在可见光区(包括近紫外和近红外波段)进行天文观测的望远镜,其历史远较其他波段的望远镜更为悠久,迄今获得的信息总量也远较其

"2009国际天文年"的图案标识是一对父子携手遥望星空,口号是"The Universe—Yours To Discover",中文定为"探索我们的宇宙"

他波段的望远镜更为丰富。在不致引起混淆的情况下，"天文望远镜"一语通常也就是指"光学天文望远镜"。

望远镜的诞生

人类很早就注意到了光的折射现象。一根笔直的棍子斜着插进水里，它仿佛就在空气和水的分界面上弯折了。事实上，弯折的并不是棍子，而是光。

把玻璃抛光成两面凸起的形状，它就成了一块凸透镜。光线通过凸透镜就会朝中心方向弯折，向焦点或焦点附近会聚。相反，凹透镜则会使通过它的光线往外发散。

在欧洲，首先系统地研究透镜的是13世纪的英国学者格罗西特斯特及其学生罗杰·培根。罗杰·培根不仅利用凸透镜的放大作用帮助自己阅读，而且还发现戴上眼镜可改善视力。公元1300年前后，意大利人开始用凸透镜制作眼镜。它对老年人很有用，故俗称"老花镜"。与此相反，凹透镜有助于纠正近视。公元1450年前后，近视眼镜也开始使用了。

在16世纪，荷兰人很善于制造透镜。相传1608年的某一天，荷兰眼镜制造商汉斯·利帕希的店铺里，有个学徒趁他不在，拿了一些透镜窥视四周自娱自乐。当这个学徒将两块透镜一近一远放在眼前时，惊讶地发现远处教堂上的风标仿佛变得又近又大了。利帕希立刻明白了这项发现的重要性，并且认识到应该把两块透镜装入

一根金属管子，以便固定。他将这件东西称为"窥器"。后来，人们又曾称它为"光管"或"光镜"。直到1667年，英国大诗人弥尔顿在其不朽名著《失乐园》中，依旧称这种装置为"光镜"。另外，还有人建议称其为"透视镜"。

不过，早在1612年，希腊数学家狄米西亚尼已经建议使用"望远镜"（telescope）这个名称了。经历了大约40年，这个词儿渐渐站住了脚。最终，它战胜所有的竞争对手一直沿用到今天。英语词 telescope 由 tele 和 scope 两个部分构成，它们分别源自希腊语中的 tele（意为"遥

伽利略的头两架望远镜复原图·

远")和skopein(意为"注视"、"视野"等)。

1609年5月,45岁的意大利科学家伽利略在威尼斯听说有个荷兰人把两块透镜放进一根管子从而发明了望远镜。按照伽利略本人的说法,他在一天之内就独立地造出了自己的望远镜。伽利略是用望远镜观察天体的第一人,他的那些望远镜便是人类历史上的首批天文望远镜。

用望远镜"巡天"

天文望远镜的口径越大,收集到的光就越多,就能探测到越远、越暗的天体。同时,一架望远镜的口径越大,分辨细节的本领也就越高。这对天文观测来说,同样至关重要。因此,制造更大的望远镜就成了一代又一代天文学家的永恒追求。

不过,大也有大的难处。大型反射望远镜仅仅对它直接指向的那很小一块天空能够获得极其清晰的星像。通常,望远镜的口径越大,每次能够高精度地进行观测的天空范围也就越小。例如,胡克望远镜每次只能观测像满月那么大小的一块天空,海尔望远镜的视场甚至更小。如果用大型反射望远镜拍摄星空,每次一小块一小块地拼起来,直到覆盖整个天空,那就需要拍摄几十万甚至几百万次。大望远镜的这一弱点,使它们难以胜任"巡天"观测。

那么,"巡天"究竟是什么意思呢?

天文学上最普遍的"巡天",相当于对天体进行"户口普查",它为大量天文研究工作提供最基本的素材。正如普查人口之后,就可以根据不同的特征——不同性别、不同民族、不同年龄等,对"人"进行分门别类的统计研究那样,对天体进行"户口普查"后也可以根据不同的特征——不同亮度、不同距离、不同光谱类型等,对它们进行分门别类的统计研究。

要想在不太长的时间内完成一轮天体的"户口普查",望远镜的视场就不能太小,因而其口径就不宜太大。另一方面,为了看清很暗的天体,望远镜的口径又必须足够大。这两者是有矛盾的。那么,有没有可能造出一种口径既大、视场也大的新型天文望远镜呢?

早在20世纪20年代,德籍俄国光学家施密特就开始朝这个方向迈出了第一步。施密特想出一种同时使用透镜和反射镜——即同时利用折射和反射的方案。

1930年，他研制成功第一架这样的"折反射望远镜"：用球面反射镜作为主镜，并在其球心处安放一块"改正透镜"。改正透镜的形状特殊：中间最厚，边缘较薄，最薄的地方则介于中间与边缘之间。改正透镜这样设计，可以使光线经过它的折射以后恰好能弥补反射镜引起的球差，同时又不会产生明显的色差和其他像差。这就是所谓的"施密特望远镜"，它使望远镜的有效视场增大了许多，从而在"巡天"工作中起到了无可替代的巨大作用。

从"上天"到"登月"

地球大气始终是天文观测的大敌。大气对光造成的吸收、折射、散射和抖动，严重地影响了天文观测的效果。倘若将天文望远镜置于地球大气层外，情况就会大为改观。

1990年4月，美国用航天飞机把总重将近12吨的哈勃空间望远镜送入离地面约600千米的太空轨道。研制这架口径2.4米的反射望远镜，耗资约达20亿美元。18年来，哈勃空间望远镜的工作非常出色，极为丰富的观测资料对天文学有着巨大的影响。例如，它观测到了离我们100多亿光年远的星系，证明有些星系的中央存在着超大质量的黑洞，它大大深化了人类对宇宙的认识，并使天文学家有可能更准确地追溯宇宙早期的历史。

空间望远镜的优点毋庸置疑，但它难免也有自身的弱点。它的造价高昂，许多技术问题也有待进一步解决。例如，地面上的天文望远镜有坚实的大地作为依托，从而保证了望远镜的稳定性，可以始终如一地指向所观测的天体。空间望远镜则不然，它在本质上是一颗环绕地球运行的人造卫星。它在太空中失去大地的依托，必须靠自身维持姿态的稳定性，为此付出的代价非常可观。

要是空间望远镜也有一个像地球那样坚实的依靠，那么它就不再需要复杂的姿态控制系统，也不需要安装陀螺仪了。而且，一旦发生故障还可以就地维修。那么，怎样才能为未来的天文望远镜找到一个比地球表面和空间轨道都更好的观测基地呢？20世纪80年代中期以来，科学家们为此召开了多次专题讨论会，并得出结论：在月球上建造天文台乃是非常令人向往的事情。

如今，要把望远镜送上月球，在技术上并没有不可逾越的障碍。在未来的岁月

欧洲南方天文台（ESO）2004年发布的口径100米光学天文望远镜"猫头鹰"（OWL）的艺术形象图。图中部是望远镜主体，右上方是可沿轨道前后移动的穹形望远镜罩。图中的镜罩已部分打开，可以看到罩中的副镜装卸系统。汽车在它前方经过，显得何其渺小（来源：http://www.eso.org/public/）

中，随着月球资源开发利用水平的不断提高，月基实验室和月基工厂将会越来越多。迟早会有一天，人们将能在月球上就地取材，利用月球本身的资源来兴建月基望远镜和月基天文台。

21世纪伊始，欧洲天文学家们就曾构想如何建造口径大到100米的光学天文望远镜。这架设想中的望远镜英文名字叫作 Overwhelmingly Large Telescope，其缩略词为OWL，而英语词owl的原意为"猫头鹰"。将来，人类如果能在月球上就地取材，造出一大群"月基猫头鹰"来，那么它们为揭示宇宙奥秘作出的贡献，必将比自伽利略时代以来人类业已兴建的所有望远镜更加宏伟，更加辉煌！

原载《上海中学生报》2008年11月12日第15版

041

沟通科学与人文
——《追星》创作的理念

[原编者按] 在今年的"两会"上,全国政协委员王庭大提交的提案《让公众关注科学、关注科学家》,主张通过舆论制造更多的科学家"明星",让更多的人"追"科学家。《追星——关于天文、历史、艺术与宗教的传奇》一书,则是介绍人类追星星的历程。该书自2007年初问世以来,受到了同行和公众的广泛关注和好评。新华社发了通稿,重要媒体发表消息和评论绵延至今。凡此种种,上网一搜便可了然。这里,我们更关注的是有关《追星》的创作理念与实践,而作者本人的叙说,无疑更有助于读者朋友的理解。

天文界的一位学长曾当面问我:"你写这本《追星》,有没有什么外文书做蓝

《追星——关于天文、历史、艺术与宗教的传奇》的几个新版本:湖北科学技术出版社2013年3月版(左)、长江文艺出版社2018年9月版(中)和时代文艺出版社2020年9月版(右)

本?"这是一个既有疑虑又有期待的问题。当我干脆地回答"没有"时,心情非常愉快。因为在《追星》的构思与写作中,"原创"两字确实贯穿于始终。

不止一位朋友曾对我说:"《追星》主要不是讲星星本身,而是谈人类'追星'的历程。倘若它只是介绍星星的知识,那就应该放到'科学书房'里。而事实上,它讲的是人类如何'追星'的历史,所以应该在'人文书房'里占据应有的一席。"确实,《追星》是一部科学与人文联姻的作品。

好几位记者都问及:"这本书又讲天文,又侃历史,又谈艺术,又说宗教。您是怎么把这么多东西捏到一块儿的?"科学界也有一南一北两位老友,不约而同地打趣道:"你居然把这么多杂七杂八的东西弄到了一起,好本事!"我回答:"并不是我把它们捏到一块或者弄到一起,而是它们本来就是一个整体,我只是努力地反映事情的本来面貌而已。"

更多的人则关心:"这本书的读者对象究竟是谁?是青少年?还是天文爱好者?"我的回答是:"这本书并非特意为科学爱好者而写,亦非通常理解的青少年读物。我希望它能成为浩瀚书林中的一道新景观,希望游人碰巧看它一眼时,会产生一种'嗨,还真有趣'的感觉。它是为具备中等文化程度的一般社会公众写的。任何一个乐意看当地晨报或晚报的人都是它的潜在读者,即使他原本未必对科学感兴趣。倘若有人偶然翻翻这本书,竟产生了一种'科普,科学文化,确实还蛮有意思'的感觉,那么本书的初衷也就算兑现了。"

我自信,就我国科普的现状而言,如此定位应该是一种可取的选择,特别是因为经常想到下面所说的那个老问题。

1959年,英国著名作家斯诺在剑桥大学演讲"两种文化和科学革命",提出了科学文化和人文文化的分歧与冲突。他说:"事实上,在年轻人中间,科学家与非科学家之间的隔阂比起30年前是更难沟通了。30年前,这两种文化早已不再相互对话了。然而,他们至少还可以通过一种不太自然的微笑来越过这道鸿沟。现在,这种斯文已荡然无存,他们只是在做鬼脸而已。"斯诺认为,两种文化的隔阂,是由狂热推崇专业化教育引起的,解除这种局面"只有一条出路:这当然就是重新考虑我们的教育"。

关于科学家和非科学家之间的隔阂,美国科普泰斗阿西莫夫在其巨著《最新科学指南》中也有一番精彩的议论:"更严重的是,如今科学家已越来越远离非科学家……科学是不可理解的魔术，只有少数与众不同的人才能成为科学家，这种错觉使许多年轻人对科学敬而远之。"

"但是现代科学不需要对非科学家如此神秘，只要科学家担负起交流的责任，把自己那一行的东西尽可能简明并尽可能多地加以解释，而非科学家也乐于洗耳恭听，那么两者之间的鸿沟或许可以就此消除。要能满意地欣赏一门科学的进展，并不非得对科学有完全了解。

"没有人认为，要欣赏莎士比亚，自己必须能够写一部伟大的作品；要欣赏贝多芬的交响乐，自己必须能够作一部同等的交响曲。同样地，要欣赏或享受科学的成果，也不一定要具备科学创造的能力。"

"处于现代社会的人，如果一点也不知道科学发展的情形，一定会感觉不安，感到没有能力判断问题的性质和解决问题的途径。而且对于宏伟的科学有初步的了解，可以使人们获得巨大的美的满足，使年轻人受到鼓舞，实现求知的欲望，并对人类智慧的潜力及所取得的成就有更深一层的理解。

"我之所以写这本书，就是想借此提供一个良好的开端。"

我这次创作《追星》，也是希望能在沟通科学文化和人文文化方面作一点新的尝试。这不是一件容易的事情。我曾经与好几位朋友议论，要成为一位真正优秀的科普作家，恐怕要兼有"科学的真实、艺术的美妙和宗教的虔诚"。"宗教的虔诚"是一种比喻，它象征着鉴真东渡、玄奘西行那样的精神。用我们今天更习惯的说法，那就是强烈的责任感和使命感。

原载《大众科技报》2008 年 4 月 17 日 A3 版

042

没有枯燥的科学
只有乏味的叙述
——《追星》创作的实践

科普作家的第一追求，应该是为社会提供好的科普作品。什么是好的科普作品呢？有人说，好的科普作品应该充分展示其和谐与美，应该是真与美的完美结合；有人说，好的科普作品应该作到知识性、可读性、趣味性、哲理性兼而备之，浑然一体；如此等等，不一而足。

其实，每一位科普作家都会有自己的偏爱。我本人在少年时代最喜欢伊林；30来岁开始，又迷上了阿西莫夫。当然，房龙、伽莫夫、霍金、卡尔·萨根、马丁·加德纳、保罗·戴维斯，等等，也都是我心仪的大家。我国也有不少优秀的科普作家，从老一辈、甚至老两辈的学长直到今天的新锐。

房龙的许多书都有不止一个中文版。此图为中国和平出版社1996年10月出版的房龙著《人类的艺术》（衣成信译）和《与世界伟人谈心》（常绍民等译）书影

卞毓麟在《追星——关于天文、历史、艺术与宗教的传奇》一书获国家科技进步奖时留影（2011年1月14日）

这些名家的作品，全都印证了伊林的一句名言："没有枯燥的科学，只有乏味的叙述。"

郁达夫曾经说过：房龙的笔"有这样一种魔力"，"经他那么的一写，无论大人小孩，读他书的人，都觉得娓娓忘倦了"。

这就是说，科普作品应该力求兼备科学性与文学性。自不待言，要成为一名优秀的科普作家，就必须加强文学修养。但是，在创作实践中，必须杜绝刻意的舞文弄墨、炫耀所谓的文采。2002年去世的老一辈著名作家孙犁，在《与友人论传记》一文中谈道：有些人在写历史传记时，"大显其文学方面的身手"，而在作品写成时，"他那些文学方面的才华，却成了史学方面的负担，堆砌臃肿和污染"。我们应引以为戒。巴金曾经说过："文学的最高境界是无技巧。"我想，这应该相当于武林高手的"无招胜有招"。这种炉火纯青的境界，乃是我们共同追求的目标。

文风是很重要的。对于科普创作，我一向认为"非常平实"的写作风格是很可取的。阿西莫夫曾经直率地说："如果谁认为简明扼要、不装腔作势是一件很容易的事，我建议他来试试看。"阿西莫夫曾提出一种"镶嵌玻璃和平板玻璃"的理论。他的巨大成功，无疑得益于恪守那种非常朴实的平板玻璃似的写作风格。我赞赏这样的文风。在《追星》的写作实践中，我也尽力保持这样的风格。许多读者认为《追星》具有很强的可读性，我以为正是平实的写作风格起到了应有的作用。

上面谈的是科学性与文学性,下面再来谈谈历史感和画面感。

伊林的作品令人爱不释手,一个重要原因就是他总是将人类今天掌握的科学知识融于科学认识和科学实践的历史过程之中。这非常有利于读者理解科学思想的发展,领悟科学精神之真谛。

在科普作品和科学人文作品中多多谈论历史,有助于人们高屋建瓴地领悟科学的作用。伽莫夫认为科学的来源就是人类追求对于自然和自身的理解。科学家最重要的素质正是极普通的好奇心。他写道:"有人说:'好奇心能够害死一只猫,'我却要说:'好奇心造就一个科学家'。"

在科普作品和科学人文作品中多多谈论历史,还有助于人们领悟科学家长"三只眼睛"的重要性。"三只眼睛"这一说法,源于美国《每日新闻》对卡尔·萨根的评论:"萨根是天文学家,他有三只眼睛。一只眼睛探索星空,一只眼睛探索历史,第三只眼睛,也就是他的思维,探索现实社会。"

历史是人类文明的画卷,历史作品应该具有强烈的画面感。司马迁的《史记》、塔西佗的《编年史》,都是字里行间充满着画面的典范。通俗历史文化读物更应该如此。所以,我写《追星》时,也一直在提醒自己:画面,画面,画面!

这里所说的画面,不仅是指插图。诚然,对于《追星》这样的书而言,插图是重要的,书中的200多幅插图本身就说明了这一点。但是,我对自己提出的希望是:即使全书连一幅插图也没有,读者也能随时在正文中读出图来。这宛如一个电影文学脚本,它本身并没有图,但是再往前跨出一步,却可以进入分镜头脚本的领地。

原载《大众科技报》2008年4月20日A3版

043

三只眼睛看世界

　　人们常说:"小说是窗口,而不是景点。"《没有我们的世界》虽非小说,但我还是要说:"这本奇特的书既是窗口,又是景点。"通过它,你看见了今天的世界,更看见了一个人类不复存在的未来世界,看到了众多亦幻亦真的奇特景点。

　　本书作者艾伦·韦斯曼强烈的社会责任感和开阔的视野,令人想起80多年前奥地利著名传记作家斯蒂芬·茨威格对罗曼·罗兰的评论:"他的目光总是注视着远方,盯着无形的未来。"20世纪中后期,人们对科学技术之社会影响的关注与日俱增。这时,出现了一些不同凡响的科学作家,他们因对人类行为的深刻洞察力及其作品的高度可读性而饮誉全球。例如,蕾切尔·卡逊和卡尔·萨根便是其中的佼佼者。

　　蕾切尔·卡逊(1907—1964)是美国生物学家和环境科学家。1962年,她的名著《寂静的春天》问世时,"环境"一词尚未进入世界各国的公共政策。卡逊在书中告诫公众,不要听信工业家和化学家的夸张宣传,以为杀虫剂有百利而无一害——这种不负责任的宣传,导致了杀虫剂的滥用。卡逊的警告引来了相关利益集团的憎恨和报复。前农业部长艾兹拉·本森甚至在致艾森豪威尔总统的信中写道:"为什么一个没有结婚的老处女会如此关心遗传基因的问题?"并荒谬地自我作答:"她可能是一个共产主义者。"

本书是当代最伟大的思想实验,是极富想象力写作的伟大创举。
——比尔·麦克吉本,《深度经济》和《自然的终结》的作者

没有我们的世界

THE WORLD
WITHOUT US

［美］艾伦·韦斯曼 著
赵舒静 译

上海科学技术文献出版社

《没有我们的世界》,［美］艾伦·韦斯曼著,赵舒静译,上海科学技术文献出版社2007年9月出版

然而，正如剑桥大学著名动物学家汤佩所言："在英国，虽然我们在危险的旅途上不像美国走得那么远，潜在的危险却是同样的。这个威胁是怎样形成的？主要是因为无知、贫乏的基础研究和缺乏公共意识。蕾切尔·卡逊小姐的书将为这一切搬开最后的绊脚石。"诚哉斯言！今年适逢卡逊百年诞辰，人们仍在深深地怀念她。

卡尔·萨根（1934—1996）是美国的一流天文学家，又是顶级的科普大师。他的13集大型科学电视系列片《宇宙》，在20世纪80年代初问世后，迅速红遍五大洲。萨根首创的著名语汇"暗淡蓝点"，如今已进入各种语言文字，它指的是从太空中遥望的地球。他的《暗淡蓝点》一书也成了科普经典，其主题是人类生存与文明进步的长远前景——在未来的岁月中，人类如何在太空中寻觅与建设新的家园。

萨根善于将公众的注意力引导到极其重要的问题上。例如，20世纪80年代中期，他带头提出了"核冬天"的概念。其合作者、加利福尼亚大学洛杉矶分校教授理查德·特科盛赞萨根"是一个有道德、有良心并且乐于应对最难缠的教条的人"。对于限制核武器和遏止核战争而言，"核冬天"理论确实功不可没。

人们对萨根充满着崇敬之情。美国的《每日新闻》曾作评论："萨根是天文学家，他有三只眼睛。一只眼睛探索星空，一只眼睛探索历史，第三只眼睛，也就是他的思维，探索现实社会……"从《没有我们的世界》可以看出，作者韦斯曼也是一个长着三只眼睛的人。他关注历史，关注当前，也关注未来。他是一个新闻记者，但记者决不只是他的谋生手段和职业。他是在用记者的眼，从一个独特的视角注视人类，注视人类的这个世界。他这本书的题目是"没有我们的世界"，而他的课堂则是有着我们的整个世界。到处都会有人读这本书，其影响眼下已经端倪初露。

《没有我们的世界》这本书，使艾伦·韦斯曼比以前更有名了。看来，他也像蕾切尔·卡森、卡尔·萨根那样善于思考大问题。自不待言，人类文明的进步，非常需要有更多高瞻远瞩的人，需要有更多既长着"三只眼睛"又恭身笃行的科学家和人文学者。

原载《文汇报》2007年12月9日第5版，系作者在该报"科技文摘专刊"组织座谈《没有我们的世界》一书时的发言。座谈由江世亮主持，缪其浩、杨雄里、钟扬、卞毓麟等参加

171

044

冥王星能否留住宝座
——太阳系行星家族究竟有多少成员

正在捷克首都布拉格召开的国际天文学联合会（IAU）第26届大会，似乎比以往任何一次都吸引世人的目光。因为在8月24日，来自80多个国家和地区的2000多位天文学家将以投票的方式，对太阳系行星族谱进行表决，太阳目前的大行星数究竟是8颗、9颗还是12颗，届时将见分晓。

2005年7月29日，美国天文学教授迈克尔·布朗宣称，发现一颗太阳系的新行星"齐娜"。这一发现成为天文界的一大盛事，它扩展了人类对太阳系结构的认识。从这种新认识出发，冥王星是否能留在大行星的宝座上，各国天文学家各执己见。不少天文学家已将冥王星作为柯伊伯带天体中的一员来对待；另一些天文学家考虑到历史原因，则认为还是保留冥王星的大行星称号为妥。至于"齐娜"是否应居大行星之列，决定更须慎之又慎。

从"水内行星"到"冥外行星"

自从汤博1930年发现冥王星以来，有9颗大行星在各自的轨道上环绕太阳运行，已经写入了每一个国家的中小学教科书，从而成了家喻户晓的普通常识。

但是，太阳系中难道就不存在第十颗大行星吗？

如果只有唯一的一颗行星环绕太阳公转，那么它的轨道就会是一个严格的椭圆。但实际情况是许多行星都在绕着太阳转，它们彼此间的引力相互作用错综复杂，致使每颗行星的公转轨道都不再是一个严格的椭圆。实际上，行星轨道的近日点总是在不断地缓缓前移，这称 为行星轨道近日点的"进动"。

在各大行星中,水星离太阳最近,而且质量又小,所以其轨道近日点的进动最为显著。根据牛顿的万有引力定律,可以推算出水星近日点进动的数值。然而,令人费解的是,推算得出的结果却比天文观测得出的实际数值小。可能的解释是在水星轨道以内还存在着一颗未知行星,正是它的引力影响,造成了水星运动的异常。

早在1846年海王星发现后不久,就有人开始寻找"水内行星"了。水内行星,是指位于水星轨道以内的行星,它比水星更靠近太阳。

1859年3月,有一位法国乡村医生、天文爱好者勒卡尔博宣称,观测到有一个小黑点从日面上经过,人们认为这正是那颗"水内行星"凌日的表现。

法国天文学家勒威耶将想象中的水内行星命名为"武尔坎"(Vulcan),该词源自古罗马神话中火神的名字,因而在汉语中常被称为"火神星"。有趣的是,我国的前辈天文学家们早先还曾赋予它一个更富于中国传统文化特色的名称:祝融星(传说上古时代帝喾高辛氏的掌火官,中国的火神)。

然而,关于这颗水内行星,从来也没有人切实地见过。今天看来,那恐怕只是一场误会。但人们搜寻第十颗大行星的努力从未停止过。20世纪90年代,有些天文学家想到:从发现天王星到发现海王星经历了65年时间,从发现海王星到发现冥王星经历了84年,而从发现冥王星到现在又已经过了70来个年头,那么第十颗大行星是否也快露面了呢?

历史的车轮驶入了21世纪。2005年7月29日,美国加州理工学院地质学和行星科学部的行星天文学教授迈克尔·布朗通过电话向新闻界宣称:他的研究小组已经发现了第十颗大行星!

这颗"新行星"的暂定名是2003UB313,布朗等人则称其为"齐娜",目前与太阳的距离约97天文单位,即约145亿千米,几乎是冥王星目前到太阳距离的3倍,位于太阳系外围的柯伊伯带中。根据今年4月哈勃空间望远镜的观测,进一步推算"齐娜"的尺度肯定比冥王星大,直径约2400千米。因此,布朗博士说:如果冥王星也能称为行星的话,那么"齐娜"完全可以归入行星之列。

柯伊伯带天体

在太阳系中,越出海王星的轨道,就进入了短周期彗星之家——柯伊伯带。位于柯伊伯带内的天体,统称为"柯伊伯带天体"。到2005年底为止,人们发现的柯伊伯带天体已经近千;其中直径上千千米的有10来个,约占总数的1%。据信,直径1—10千米的柯伊伯带天体为数可能多达10亿,直径超过50千米的或许会有7万颗,它们的总质量可能达到地球质量的10%～30%。另一方面,我们也不能完全排除存在大小与火星或地球相仿的柯伊伯带天体之可能性。

2002年10月5日,美国天文学会在亚拉巴马州伯明翰市举行一次会议。会上,布朗等人宣布在柯伊伯带中发现了一个新天体。它是自1930年发现冥王星以来,迄当时为止在太阳系中发现的最大天体,直径约1300千米,比位于火星与木星之间的那个小行星带中的全部天体合在一起还要大。

该天体被命名为"夸奥尔"(Quaoar),它距离太阳64亿千米——约43天文单位,每44年绕太阳公转一周,其轨道较冥王星的轨道更圆,也更稳定。布朗和特鲁吉罗等发现者认为,"如果冥王星是今天发现的,那就不会有人把它称为一颗行星了,因为它显然是一个柯伊伯带天体"。

2004年3月15日,还是这位迈克尔·布朗,又宣布了一项更新的发现:小行星

赛德娜、夸奥尔、冥王星、月球和地球的大小比较

2003VB12正处在距离地球约129亿千米的地方,这相当于当时冥王星到地球距离的3倍。他们将这个天体命名为赛德娜。它的直径约1770千米,为冥王星直径的3/4,从而打破了夸奥尔的记录,成为自冥王星之后迄当时为止在太阳系中发现的最大天体。

这些年还发现了好几个较大的柯伊伯带天体,如直径960千米的伐奴那(Varuna)、直径1500千米的奥库斯(Orcus)、直径1700千米的2003EL61,等等。当然,最著名的还是直径超过冥王星、并且拥有一颗卫星的"齐娜"。

国际天文学联合会小行星中心负责人马斯登认为,柯伊伯带中已知有12个较大的海外天体,加上赛德娜和谷神星,连同现有的九大行星,如此算来,太阳系就有23颗"行星"了。如今人类探测的范围尚不足太阳系的1%,而有天文学家估计,太阳系里像冥王星那么大小的天体不会少于1000个。这样的话,我们的子孙后代将会面临多得不可胜数的太阳系"行星"。

究竟什么是"大行星"

究竟什么是一颗"大行星"呢?说来有趣,当人类进入21世纪的时候,天文学家们却对如此"简单"的问题迟疑不决了。要给"大行星"下一个精确的定义,看来并不像乍一想的那么简单。其实,这种情况在科学中并非绝无仅有。例如,什么是"大陆"?格陵兰或者"马达加斯加"是大陆吗?人们的回答是:"不,它们只是一些大的岛屿。"那么,澳大利亚是"大陆"吗?通常的回答是肯定的。不过,也有地理学家认为,澳大利亚只是一个比格陵兰更大的岛屿而已。大陆和岛屿的分界线究竟何在呢?还有许多类似的例子:山脉和丘陵、石块和沙子、江河和溪涧,它们之间有严格的界限吗?

要把大行星和小行星断然分开,恐怕也很难办。例如有人设想,不妨把2000千米作为大行星直径的底线。这样的话,冥王星就依然是一颗大行星,"齐娜"也可以跻身大行星之列,而夸奥尔、赛德娜等则和谷神星一样,都只能算做小行星。但是,若有朝一日,人们发现一个直径1900千米,或者1990千米,甚至1999千米的天体正在环绕太阳转动,那么它还是只能算作一颗小行星吗?如此决断,岂不是太牵强、太滑稽了吗?

所以,另一些天文学家不赞成简单地按大小来给大行星下定义。他们提议,在太阳系中,任何质量足够大、因而被自身引力挤压成球形的天体,都有资格作为大行星的候选者:如果它直接环绕太阳转动,那就是一颗大行星,例如地球、冥王星、齐娜等;如果它绕着一颗比它更大的行星转动,那么它就是一颗卫星,例如月球、土卫六等。

但是,这样的话,不只是一些"够格"的柯伊伯带天体,而且还有谷神星,甚至智神星等几颗小行星也将"晋升"为大行星,致使太阳系中新"提拔"的大行星达20来颗之多。这恐怕同样难以让人接受。

给大行星下更确切的定义,必须既尊重历史,又预见未来,既立足科学,又兼顾文化。这确实是一道难题,最终必须由国际天文学联合会作出决定。但是,这并不妨碍人们在太阳系中作出更多、更新的发现。

隐匿的"寡头"

人们常把太阳系比作一个巨大的"王国"。那么,这个王国的疆域究竟有多大?它的边界究竟在什么地方?

位于海王星轨道以外的柯伊伯带离太阳约30—100天文单位,已观测到的柯伊伯带天体直径大多为一二百千米。如果你在柯伊伯带中继续远行,那就会看到一种奇怪的现象:在穿过布满冰岩的柯伊伯带后,突然间那里变得几乎一无所有了。

天文学家们称这个边界为"柯伊伯带悬崖"。是什么导致那里的冰岩数量突然下降呢?看来,答案很可能是那里还有一颗较大的未知行星。它是一个类似地球或火星那样的"大家伙",是它的引力摄动清除了柯伊伯带外侧的碎片。

美国国家航空航天局的科学家艾伦·斯坦姆在20世纪90年代就设想:在太阳系的远方存在着上千个像冥王星那样大小的天体;他还根据计算机模拟预言,在太阳系更远的角落,有火星、甚至地球大小的天体存在。他坚信,在数十年时间内,科学家一定能在太阳系边缘发现火星大小的天体。

英国著名的《新科学家》杂志在2005年7月23日那一期上,援引美国加利福尼亚大学伯克利分校天文学家尤金·蒋的理论,宣称应该还有10余颗行星隐藏在遥远的太阳系边缘地带，它们比火星更大，比冥王星更冷，到太阳的距离是日地距离的1000—10 000倍！它们沿奇特的轨道绕太阳运行，在太阳系边缘组成一个"行星环"。

尤金·蒋等人的推测，源自一种新潮的太阳系形成理论，即"寡头行星形成理论"。这种理论认为，行星是由尘埃粒子逐渐聚集而形成的。在太阳系形成之初，这些特殊的"尘球"先增长到小行星那么大，其中有一些还会继续增大，并开始呈现明显的引力。它们吸引附近的物质，使自己的质量快速增长到像一颗大行星那么大。这些大天体就是所谓的"寡头行星"，因为它们的引力对周围的小物体起着寡头般的支配作用。

按照寡头行星理论，太阳系诞生之初，并没有像木星那样的巨大气体行星，而只有60来个岩石组成的寡头行星。它们彼此间的引力拖曳致使轨道的形状和大小发生变化，从而进入一种混沌状态。经过大量的碰撞和并合，它们最终变成了今天的大行星。其中外围的几颗变得十分巨大，从而具有非常强大的引力，吸引了大量气体，成为木星、土星等巨行星。

但是，位于太阳系外围的寡头行星并非全都合并成了巨行星。有的寡头行星在错综复杂的引力相互作用中被甩向远方，但它们仍然受到太阳引力的控制。其结果是剩下10来颗地球或火星大小的寡头行星，在离太阳成千上万天文单位的巨大轨道上以不同的倾斜角度绕着太阳转动，每转完一圈历时需几万年到几十万年、甚至上百万年之久。

寡头行星理论究竟是否正确？在离太阳如此遥远的地方，是否当真隐藏着一批像地球或火星那样大小的天体？这些，都还有待于时间的检验，有赖于更多的天文新发现。

原载《文汇报》2006年8月20日第6版

追 记

"冥王星能否留住宝座"一文在《文汇报》刊出四天之后，2006年8月24日，通过第26届IAU大会与会各国天文学家投票表决，国际天文学联合会终于作出决

2006年8月24日布拉格26届IAU大会表决现场，一些天文学家抓住最后机会表示质疑。对立双方挥舞着选票，鼓动更多的人加入自己的行列

议，给"行星"下了确切的定义，其要点是：行星必须有足够大的质量，从而其自身的引力足以使之保持接近于圆球的形状，它必须环绕自己所属的恒星运行，并且已经清空了其轨道附近的区域（这意味着同一轨道附近只能有一颗行星）。早先知道的八大行星（水星、金星、地球、火星、木星、土星、天王星和海王星）都满足这些条件。

反之，冥王星、2003UB313等虽然接近圆球形，并且环绕太阳运行，却未能"清空其轨道附近的区域"。它们身处柯伊伯带中，那里的其他天体还多着呢！为此，IAU决议新设"矮行星"这一分类。除了冥王星、2003UB313，还有谷神星也必须划归这一类。至于其他众多的小行星和柯伊伯带天体，则还有待于国际天文学联合会逐一界定，究竟还有哪些应该确认为"矮行星"。连矮行星都算不上的，环绕太阳运行的其余所有天体——包括彗星、绝大多数小行星以及柯伊伯带中的许多天体，都可以明确归入"太阳系小天体"这一类。

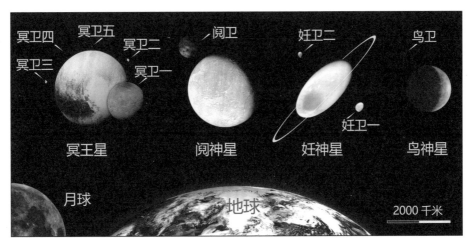

4颗矮行星（冥王星、阋神星、妊神星和鸟神星）及其卫星的大小、颜色和反照率示意图，下方画出
地球和月球以资对比，右下方附有比例尺

2006年9月13日，国际天文学联合会将2003UB313正式命名为"厄里斯"
（Eris），这原是希腊神话中纷争女神的名字。正因为她抛下了引起纷争的金苹果，
引发了惨烈的特洛伊战争。在汉语中，它被定名为"阋神星"。"阋"，就是争吵的
意思。

2008年，国际天文学联合会又确认妊神星（Haumea）和鸟神星（Makemake）为
矮行星。截至本书交稿（2021年5月），已确认的太阳系矮行星仍仅有上述5颗。

值得顺便一提，"大行星"和"行星"实际上是一回事。人们经常在"行星"前
面添上一个"大"字，是为了更清晰地强调它们不是小行星。

045

科普应该如此
——兼说"原来如此"丛书

上海曾是近现代中国出版中心,特别是对科技出版有过相当的成就。毫无疑问,上海科学技术文献出版社的这套"原来如此"丛书,为重振上海科普出版的雄风增添了一个颇有分量的砝码。

"原来如此"这套书的作者,绝大多数都是从事第一线科研工作的科学家,这是一件大好事。科学家写科普,是天经地义的事情。只是我还觉得,在21世纪的今天,我国的科学家还应该为此付出更大的努力,这里还有很大的空间有待他们进一步施展和发挥。

这话怎么讲呢?回想10多年前,我还在中国科学院北京天文台从事科研工作。1992年10月,我曾在"亚太地区天文教育讨论会"上作过一个报告;一开头,我就说了这样几句话:

"法国政治家克雷孟梭有一句名言:'战争太重要了,不能单由军人去决定。'

"美国科普作家阿西莫夫仿此句型,引出了又一名言:'科学太重要了,不能单由科学家来操劳。'他的意思是说,全社会、全人类都必须切实地关心科学事业。

"原来如此"丛书部分品种,上海科学技术文献出版社2005年出版

"作为一名科学普及事业的热心人,我想这样说:'科学普及太重要了,不能单由科普作家来担当。'"

确实,科普事业需要全社会的关注。那么,科学家们应该在这里发挥什么样的作用呢?

要回答这个问题,首先就要问,谁对科学最了解,最有感情? 我想,当然是站在科学发展最前沿的科学家。尤其是,关于当代科学技术的前沿知识和最新进展,首先只能由这些科学家来传布。在整个科学传播链中,科学家乃是无可替代的"发球员"。

当然,有了"发球员"还要有"二传手"。这样才能调动社会各方面的积极性,唱好科学宣传这台戏,把科学之"球"传到千千万万的社会公众中去。应该强调:"球"是科学家发出来的,因此科学家们,尤其是著名科学家直接从事科普工作就具有某种特殊的意义,这往往是别人所无法替代的。

其实,我国的前辈科学家们,就有着很好的科普传统。例如,整整90年前,任鸿隽、赵元任等人在美国康奈尔大学编辑《科学》月刊,并在上海印刷发行。1915年10月25日,任、赵等人又在美国成立了综合性的学术团体"中国科学社"。1918年,中国科学社迁回国内后,《科学》月刊也就在上海编辑出版,竺可桢、秉志等著名学者均为特邀撰稿人。

上海科学技术文献出版社的这套"原来如此"丛书,旨在"实践科普从公众启蒙到公众理解的跨越",立意正确而高远。从科学传播学的立场看,科学知识最初是少数人——也就是科学家的劳动成果,最后则应转化为全社会共享的财富。这一转化过程大致可分为三个层次,其中每个层次都有特定的传播者、受传者、传播方式和社会效果。

第一层次是"科学交流",即科学家将自己的研究结果写成论文或报告,或综述某一研究领域的新进展,并予以发表,使之为科学共同体所周知。

第二层次是"科学教育",即有专业特长的教师系统地向学生传授科学知识,以培养专业人才,或使学生具备必要的科学素养。

第三层次是"科学普及",或称"科学大众化",即受过科学教育的人通过大众传媒向社会公众介绍科学知识和科学事业的发展,以培养公众的科学意识,提高公众的科学素养。

就此而言，上海科学技术文献出版社为这套"原来如此"丛书付出的努力是很可贵的。那么，再进一步呢？我想，公众还将从理解科学的主体提升到参与科学。"从公众理解科学"到"公众参与科学"，这一步跨越意味着还需要方方面面的无数人士付出更艰辛的劳动。而参与其事的人，也就必须有更为强烈的追求。

众所周知，美国的卡尔·萨根是一位值得永远纪念的一流科学家和一流科普作家。然而，有些人总是无法摆脱这样的偏见：科学家搞科普是不务正业，甚至是哗众取宠。有人竟然还为此而嘲笑萨根。萨根生前曾被提名为美国国家科学院院士候选人，但由于某些院士的强烈反对，最后他落选了。其实，萨根本人对于没能当上院士并不感到多么遗憾。相反，我倒着实对一个国家的科学院少了一位像萨根这样的成员而深感惋惜。真正可笑的并不是萨根，而是那些自以为有资格嘲笑萨根的人。

萨根逝世后9个月，美国天文界的几位领军人物便直言宣称，即便你不承认萨根是世界上最优秀的天文学家，你也必须承认他在激发公众对天文学的兴趣上是独一无二的，目前，还没有一个人能替代他的位置。

萨根与阿西莫夫一样，擅长用生动、形象、简明的语言来向大众讲解科学知识。美国的《每日新闻》曾作评论："萨根是天文学家，他有三只眼睛。一只眼睛探索星空，一只眼睛探索历史，第三只眼睛，也就是他的思维，探索现实社会……"

我热切盼望我们国家多出现一些像萨根那样视宣传科学为己任的科学家，出现一批像萨根和阿西莫夫那样杰出的科学宣传家。当然，这并非要求每一个科学家都必须做得像萨根那样出色，但每一个科学家至少都应该具备那样的理念、热情和责任感。

在少年时代，我最喜欢伊林，读过他的许多科普作品；从30来岁开始，我又迷上了阿西莫夫。尽管这两位科普大师的写作风格有很大差异，但我深感他们的作品之所以具有如此巨大的魅力，至少是因为存在着如下的共性：

第一，在趣味性与知识之间，以知识为本。他们的作品都是兴味盎然，令人爱不释手的，而且这种趣味性永远寄寓于知识性之中。从根本上说，给人以力量的乃是知识。

第二，将人类今日掌握的科学知识融于科学认识和科学实践的历史过程之中。

用哲学的语言来说,那就是真正作到了历史的和逻辑的统一。在普及科学知识的过程中钩玄提要地再现人类认识、利用和改造自然的本来面目,有助于读者理解科学思想的发展,领悟科学精神之真谛。

第三,既授人以结果,更阐明其方法。使读者不但知其然,而且更知其所以然,这样才能更好地启迪思维,开发智力。

第四,文字规范、流畅而生动,决不盲目追求艳丽和堆砌辞藻。也就是说,文字具有朴实无华的品格和内在的美。

效法伊林或阿西莫夫这样的作家,无疑是不易的,但这毕竟可以作为我们进行科普创作的借鉴,这也是一种追求。

1996年,我曾在《科技日报》上发表短文《"科普道德"随想四则》,文中有这样一段话:

> 科普作家只有具备强烈的社会责任感和高尚的职业道德,方能激情回荡,佳作迭出;成就卓著的科普人物,大多具有很强的使命感。而科普创作的态度,常常和创作者的动机直接相关。那些误人、坑人、甚至害人的"作品",往往出于动机不良之辈。只有将科普视为自己的神圣职责,才能真正做到维护科学的尊严……精诚所至,金石为开,决意取得真经,便有路在脚下。

上海曾是近现代中国出版中心,特别是对科技出版有过相当的成就。毫无疑问,上海科学技术文献出版社的这套"原来如此"丛书,为重振上海科普出版的雄风增添了一个颇有分量的砝码。近年来,时常听到一种说法,叫作科普图书"叫好不叫座"。一般说来,目前这种现象似乎确实存在,其深层的原因,还很值得研究。但是,无论如何,我衷心希望这套"原来如此"既能"叫好",又能"叫座"。

原载《中国新闻出版报》2005年7月4日第3版

046

相邀共探云汉
——读《紫金山天文台史》

　　我第一次参观紫金山天文台，是1960年就读南京大学天文系之初。此后，经年累月，每闻前辈学长叙说斯台掌故逸事，无不兴味盎然。尝谓有意撰写"紫金山天文台史"的老人不啻一二，可惜他们或别有要务，或穷于考证，致使胸中"台史"年复一年而未问世。

　　前不久不期喜见河北大学出版社的"中国科学圣地丛书"，王一方以"追踪赛先生落脚的地方"为题作了"总序"。序中赞扬出版社"编辑们实心做事，在不太长的时间里组织天文学、医学、植物学史的三路精英拟就文稿，分别是'紫

20世纪30年代建成之初的紫金山天文台（来源：中国科学院紫金山天文台）

金山天文台''协和医学院''西双版纳热带植物园'的史传。既具'史'的洞见，又有'传'的神韵"，"文本多聚焦于某一个近代科学机构的起承转合，发生、发展，场景小，人物众，事件杂，'小切口'做'大手术'。描摹的是科学活动的过程与细节，还夹带各种感情与情愫"，等等。所以，极具可读性便成了这几部"史"的特色。

从书之一的《紫金山天文台史》的作者是江晓原及其女弟子吴燕。中国古代天文学源远流长，无论是天象记录，还是观测仪器，乃至测地历法，都有过不少"世界之最"。但是，近代科学在西方世界兴起之后，我国的天文学便日见落后了。在《紫金山天文台史》的"前言"中，江晓原概述了中国天文学现代化的三条历史线索。第一条线索的主角是明末来华的耶稣会士，但他们领导下的清朝钦天监，只是带有某种近现代天文台的色彩，和同时代的欧洲天文台——如格林尼治天文台和巴黎天文台不可同日而语。第二条线索始于法国在上海徐家汇（1872年）和佘山（1900年）建立天文台、德国在青岛（1898年）设立观象台，但中国人掌管这几个台则是很久以后的事情。第三条线索，就是紫金山天文台及其前身，它是中国天文学家自己建设的第一座现代意义上的天文台。作者如此分析，脉络分明，堪称中肯。

紫金山天文台的前身，是民国政府于1927年开始筹建的中央研究院观象台，筹备委员是高鲁、竺可桢和余青松三人。1928年2月，中央研究院天文研究所成立，首任所长高鲁。1929年7月，余青松应聘为第二任所长，同年开始在紫金山上修筑盘山公路。1931年，天文台工程开工。1934年9月1日，天文台主要建筑竣工，天文研究所迁到山上办公。1941年1月，张钰哲始任天文研究所所长。

1949年4月24日，中国人民解放军进驻紫金山天文台，作为重要目标予以保护。1950年5月20日，中央政务院任命原天文研究所所长张钰哲为中国科学院紫金山天文台台长，天文研究所的名称取消。张钰哲领导紫金山天文台四十余年，全台同人齐心协力，成绩非凡。

钟山龙蟠，石城虎踞，在无限江光山景中，一卷《紫金山天文台史》在握，我由衷地感激两位作者付出的辛劳。

原载《文汇报》2004年9月18日第11版

047

他的目光总是注视远方

卡尔·萨根是美国著名天文学家、科普大师、探索地外文明的先驱者。20世纪80年代初，他主持拍摄了13集电视系列片《宇宙》，被译成十几种语言在近70个国家播出。主要著作有《宇宙联络》《伊甸园的龙》《彗星》《暗淡蓝点》《魔鬼出没的世界》等，是美国无数年轻人崇拜的偶像。

常言道："小说是窗口，而不是景点。"

我愿说："传记既是窗口，又是景点。"屡读洋洋60余万言的《展演科学的艺术家——萨根传》（以下简称《萨根传》，书影见"022 要跨越多少河流，才能找到路"插图），我更坚定了这一信念。

美国著名天文学家、饮誉全球的科普大师卡尔·萨根1934年11月9日生于纽约市布鲁克林区。1996年12月20日0点32分（当地时间）在西雅图逝世，直接的死亡原因是骨髓增生异常引起肺炎并发症，终年62岁。他是美国太空探测领域中很有影响的人物，曾长期担任康奈尔大学天文学与空间科学教授和行星研究室主任，也是一位探索地外文明的先驱者。20世纪80年代初，他主持拍摄了13集电视系列片《宇宙》，被译成十几种语言在近70个国家播出，收视人数超过5亿。与此配套的同名图书位居《纽约时报》畅销书排行榜达70个星期之久，在全球销售

著名天文学家、科普大师卡尔·萨根

卡尔·萨根著《宇宙》中文版之一，陈冬妮译，广西科学技术出版社2017年8月出版

500万册以上。他的《宇宙联络》《伊甸园的龙》《彗星》《暗淡蓝点》《魔鬼出没的世界》等科普和科学文化读物在全世界广为流传，在我国也拥有广大的读者。他博学多才，机敏执着，英俊潇洒，富有表演天赋，是电视专栏《今晚节目》的明星，也是美国无数年轻人崇拜的偶像。

1994年10月，为庆祝萨根60岁生日，康奈尔大学专门组织了一个有关其工作的讨论会，世界上300多位著名科学家、教育家以及萨根的朋友和家属应邀参加。讨论会的4个总题目是："行星探索""宇宙中的生命""科学教育"以及"科学环境和公共政策"。该校荣誉校长弗兰克·罗兹在闭幕词中说：

> 我们对所有员工有学识、教学和服务三方面的要求。无论你如何衡量这三个因素，卡尔都有明星般的上佳表现。作为一名科学家，他学识广博，部分原因无疑是由于他将天文、生物、物理和化学方面的学识美妙地溶于一炉。卡尔教学水平高超，桃李满天下……的确，卡尔讲的题目是宇宙，而他的课堂是世界。

萨根去世后，美国国家航空航天局局长戈尔丁发表了谈话：

> 卡尔·萨根使天文学走进了美国的千家万户，这使科学界以外的人们第一次知道了什么是太空，它为什么重要，并对它关心起来，了解起来。我本人也在受到他影响的公众之中……我们所得悉的有关火星的所有情况，都有他的梦想之花结出的果实。

1997年7月，美国的"火星探路者号"成功地登上了火星。后来，戈尔丁在悼念萨根的仪式上宣布：将"火星探路者号"着陆器重新命名为"卡尔·萨根纪念站"。

萨根擅长用生动、形象、简明的语言向公众讲解科学知识。他首创了"暗淡蓝点"这个著名的词语,指的是从太空中遥望的地球。他60岁那年出版的《暗淡蓝点》一书,主题关系到人类生存的长远前景——在未来的岁月中,人类如何在太空中寻觅与建设新的家园。全书结尾的意境迷人:

> 我们遥远的后代们,安全地布列在太阳系或更远的许多世界上……
>
> 他们将抬头凝视,在他们的天空中竭力寻找那个蓝色的光点。他们不会由于它的暗淡和脆弱而不热爱它。他们会感到惊奇,这个贮藏我们全部精力的地方曾经是何等容易受伤害,我们的婴儿时代是多么危险……我们要跨越多少条河流,才能找到我们要走的道路。

萨根似乎已经找到这样一条人类文明的未来之路。这不禁令人联想起斯蒂芬·茨威格对罗曼·罗兰的评论:"他的目光总是注视着远方,盯着无形的未来。"萨根也是具有这种目光的人,因此人们很自然地对他充满着崇敬之情。美国的《每日新闻》曾作评论:"萨根是天文学家,他有三只眼睛。一只眼睛探索星空,一只眼睛探索历史,第三只眼睛,也就是他的思维,探索现实社会。"

萨根赢得了人们的广泛尊敬,与此同时,他也有不少麻烦。例如,1992年4月美国科学院增选院士,支持推举萨根者固然不少,反对者也使出了浑身解数。最后,萨根落选了。美国享有盛名的进化生物学家兼作家古尔德素以耿直著称,他称美国科学院否决接纳萨根为院士是"可耻事件"。萨根去世后,古尔德在《科学》杂志上载文道:

> 索尔王恨大卫,是因为大卫得到了别人的一万次欢呼,而自己得到的只有一千次。我们这些搞科学的,对于同事们为了人类共同利益做出的出色成就,也往往会出于同样的嫉妒心理去泼脏水……对于能够将科学的力与美传递给公众的人,为什么要破坏其学术声誉呢?卡尔·萨根去世了,我们失去了一位杰出的科学家,也失去了20世纪、也许是历史上最出色的普及家。

萨根认识到,科学激发了人们探求神秘的好奇心,但伪科学似乎也有同样的作用。因此,他在《魔鬼出没的世界》这部力作中真诚地倾诉了自己的理念:"我们的任务不仅是训练出更多的科学家,而且还要加深公众对科学的理解。"1994

《魔鬼出没的世界——科学，照亮黑暗的蜡烛》，卡尔·萨根著，李大光译，吉林人民出版社1998年10月出版

年，美国科学院对萨根未当选院士一事亡羊补牢，向他颁发了"公共福利奖章"，并评论曰："就反映科学的奇妙、振奋与快乐而论，从不曾有任何人像萨根这样广博，也很少有人像萨根这样出色……他能紧紧抓住千百万人的想象，并能以通俗的语言解释艰深的概念。这是了不起的成就。"

萨根向往人类文明的进步，反对核军备的态度十分明朗。他大力宣传"核冬天"理论，迫使执政的里根当局和军界人物在他们企图复活冷战的行动中处于守势。"核冬天"理论的要义是：由于核交火，城市地区会出现巨大火灾，导致大气中烟雾弥漫达数星期甚至数月之久。阳光会被阻隔，地球严重降温，造成冰封或接近冰封的状态。于是，经受了核攻击而幸存下来的人——少则几百万，多则上亿，将会无法重建家园。所以，如果核战争本身未能彻底夷毁文明的话，"核冬天"也会使它终结。打核战争可不是下象棋，可以输了重来。无论哪一方挑起核战争，自己都将在劫难逃，"以胜利结束"的核战争是无法想象的事情。里根总统对萨根十分恼火，却又无法将其制服，于是便使出了圆滑的一招：请萨根夫妇去白宫赴宴。这种邀请，先后三次，都被萨根及其夫人安·德鲁扬拒绝了。

卡尔·萨根曾结婚三次。第一任夫人琳因·马古利斯后来成了声望卓著的生物学家、美国科学院院士；第二任夫人林达·萨尔兹曼是一位富有魅力的艺术家；第三任夫人安·德鲁扬才貌出众，无论在事业上还是在生活上，都是卡尔的完美搭档。德鲁扬原是萨根的好友蒂莫西·费里斯的恋人，但于订婚后尚未成亲之际又移情萨根。费里斯在20世纪90年代中期成了世上最出众的科学小品作家之一。他在萨根去世后写了一篇悼词，通篇是肯定的，只有一句含义模棱两可的话："我对卡尔·萨根了解甚深，因此不把他当英雄对待。"

1996年，费里斯与萨根差不多最后一晤时，只见后者"一副马上要咽气的模样"。这一次，他们谈论了：属于不同领域的观念，是否可以统一到一起。费里斯提到，有位学者曾对李约瑟说："存在着五个学科领域：科学、哲学、宗教、艺术、历史。如果你对这五门都通晓，你受的教育就是出色的，就能去从事好多其他工作。缺了任何一样或者两样的教育是不充分的。"李约瑟的回答是："我看不出有统一它们的必要。"萨根马上接口："不过，这五门中倒有三门可以归结为科学，此外还有一门属于幻觉[意指宗教]。"

萨根是一个充满着矛盾的人物，他心地善良，成就卓著，同时又有不少令人啼笑皆非的缺点和奇思异想。所有这一切，在《萨根传》中均有入木三分的刻画。

《萨根传》是一个奇特的窗口，它让你仰望群星、环视世界、理解生命、感悟人生；其中的景点比比皆是：有的令人驻足、惊奇、赞叹、神往，也有的令人惋惜、悲凉、凝思、遐想……

链 接

萨根之死在世界上引起了很大震动。2001年12月，萨根逝世5周年之际，我国几家重要的科普单位共同在京主办了共分三场的"科学与公众"论坛，由中央电视台全程录制与播出。《萨根传》中的重要人物，卡尔的长子多里昂·萨根和天文学家唐纳德·戈德史密斯应邀专程前来，并在会上演讲。

原载《中国图书商报》2004年6月11日第14版

2001年12月15日，卡尔·萨根的儿子多里昂·萨根(右)和本书作者卞毓麟(中)在"科学与公众"论坛上

048

"驯化"火星十步走

第1步　肉眼观"战神"

在古代,人们用肉眼观天,火星看起来只是天空上的一个小亮点。它那暗红的颜色很容易使人联想到铁和血,所以古代西方人就把它和战争之神联系起来。火星在国际上通称"马尔斯",这正是古罗马神话中战神的名字。

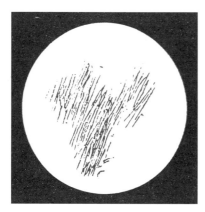

17世纪荷兰天文学家惠更斯通过望远镜观测绘画的火星图

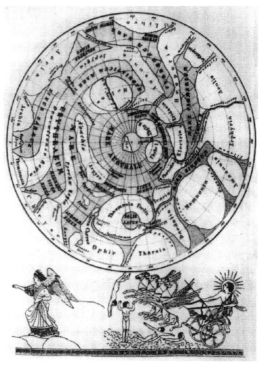

19世纪意大利天文学家斯基亚帕雷利绘画的火星南极区图

第2步　望远镜中的火星

17世纪，天文望远镜诞生了。在望远镜中，火星呈现为一个小小的圆面，圆面上有些模糊的特征。由于地球大气和火星大气的双重干扰，在地球上无论用多大的望远镜观测火星，终究只是"雾里看花"。

第3步　近距离侦察

人类必须对火星进行近距离侦察，火星探测器"水手4号"就是第一位成功的侦察员，它于1965年7月掠过火星。1969年7月底和8月初，"水手6号"和"水手7号"又相继飞掠火星。它们匆匆拍摄了200多幅火星照片，便一去不复返了。

第4步　环绕火星运行

能不能让一个探测器环绕火星运行，对火星进行长时间观测呢？答案是肯定的！1971年11月13日，"水手9号"进入环绕火星转动的轨道，成为火星的第一颗人造卫星。它拍摄的照片清晰地表明：火星上有大量酷似干涸河床的特征，但并不存在人工开凿的"运河"。

1967年"水手6号"火星探测器
近距离拍摄的火星照片

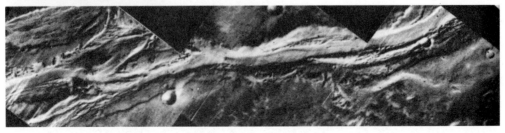

20世纪70年代初"水手9号"火星探测器拍摄的火星"河床"

第5步　登陆火星

俗话说:"不入虎穴,焉得虎子。"要查明火星上究竟有没有水,有没有生命,至少得让自动化探测器或者机器人直接到火星上去勘察。1976年7月和9月,两艘"海盗号"宇宙飞船的着陆器相继登上火星,在火星表面拍照、采集土壤和岩石样品、进行实验分析,使人们对火星的了解又前进了一大步。但是,它在火星上没有发现水,也没有找到任何形式的生命。

1976年"海盗1号"着陆器在火星上拍摄的第一张彩色照片

第6步　在火星上漫游

尽管两个"海盗号"探测器相当圆满地完成了登陆使命,但是它们毫无机动能力,只能停留在原地工作。1997年7月,"火星探路者号"将人类历史上的第一辆火星车"索杰纳"送上火星大地。它高30厘米,宽48厘米,长65厘米,外貌活像一台装了6个轮子的微波炉。它步履稳健,每秒钟只移动1厘米,活动范围不超过一个足球场那么大。但是,它却清楚地预示了人类有足够的能力让更先进的火星车或机器人在火星上更广阔的范围内漫游。

1997年人类第一辆火星车"旅居者号"在考察火星岩石(来源: NASA)

"天问一号"火星探测器
的着陆器及其平台所载
中国第一辆火星车"祝融
号"艺术形象图(来源:
中国国家航天局)

第7步　将火星样品带回地球

到目前为止,对火星的土壤和岩石样品所进行的分析,都是由小型的自动化仪器设备在火星上就地完成的。这当然很受条件的限制。因此,人们早就想把火星样品拿到地球上来,送到世界上最先进的实验室里,由各国科学家通力合作进行"会诊",分析它们的化学成分,寻找与生命活动有关的蛛丝马迹⋯⋯这一愿望预期在21世纪前期将会成为现实。

第8步　载人火星飞行

迄今为止飞往火星的所有探测器都是不载人的。然而更重要、也更困难的是人类能亲自登上火星进行实地考察。科学家们预期,在2030年前后,第一批宇航员就会光临火星。一次完整的载人火星飞行,从"粮草先行"到宇航员安全返回地球,历时约需7年左右。行将踏上火星大地的宇航员,正在今天这一代青年人或他们的子女中成长。

第9步　建立火星基地

如今人们已经在地球上建立了一批南极考察基地。类似的,随着火星飞行变得越来越频繁、规模也越来越大,人类也会在火星上建立功能越来越齐全的火星基

设想中的小型火星基地

地：起先是供少数宇航员工作和生活的小型实验室和宿舍，后来则逐步发展成一个个可供成千上万人栖息的"火星移民点"。每个火星基地和移民点，都必须专门用人工方法营造一个局部的生活环境。

第10步　改造火星

能不能从根本上把整个火星改造成适宜人类生存的又一块新大陆呢？一些科学家提出了"火星地球化"的大胆构想。其要点为：用精心策划的二氧化碳、氯氟烃与氨共同产生的温室效应，有可能将火星表面的温度提高到接近水的冰点，这时大气中的水蒸气、由遗传工程改造过的植物产生的氧气，以及表面环境的微观调控，都将使温度进一步上升，使火星上的环境变得对地球生命更为友善。在火星整体环境变得适宜于人类不依靠保护装置就能移民定居前，可以先引进各种微生物和较大的动植物。

当然，只有对火星的了解远比今天更充分时，人类才能既负责任又有把握地大规模改造它的环境。而且，考虑到事情有轻重缓急，应该认为，衡量人类是否有资格使其他天体地球化的一项重要指标，乃是能不能首先把自己的世界管好。改造

1994年面世的英文原版卡尔·萨根著《暗淡蓝点》(Pale Blue Dot)有两种版本：黑白印刷的无插图
简装本和全彩印的有巨量彩图、彩照的精装本。现行的中文版系据英文简装本译出。本图是此书精
装本中的一幅插图，表现从火卫一上所见处于"地球化"进程中的火星景观。水手谷中充盈着液态水。
注意火星夜半球上的城市灯光

火星的先决条件是保证地球本身适合于人类和其他生物能很好地生存下去。乐观
的估计也许是在200年以内此类计划就会开始启动。

原载《文汇报》2004年1月11日第5版

049

"初生婴儿有什么用"

神舟五号,直冲九霄;华夏飞天,梦圆今朝。

"我为我们的祖国骄傲。"杨利伟一语道出了全体炎黄子孙的心声。

遥想42年前,我们的国家正处在"三年困难时期"。1961年4月12日,忽闻苏联第一位宇航员尤里·加加林进入太空,用108分钟绕地球飞行一周,然后安全返回地面。当时作为南京大学天文学系的一名新生,我感到激动和振奋,同时还有一丝茫然:我们什么时候也能有自己的宇航员?

1970年4月24日,我国的第一颗人造卫星发射成功,举国上下欢欣鼓舞。彼时彼刻,国人也在自问:我们自己的宇航员什么时候才能上天?

光阴荏苒,20多年过去,改革开放的春风吹遍中华大地。1989年4月,我正在英国爱丁堡皇家天文台做访问学者。在那里的首届国际科学节上,我意外地见到了美国的第一位宇航员阿伦·谢泼德——他曾于1961年5月5日,即在加加林之后3个星期,在大西洋上空进行了亚轨道飞行。在和谢泼德合影的兴奋之余,我思索的还是同一个问题:我们的宇航员何时才能翱翔太空?

我长久地、深深地盼望着这一天早日到来。同时,也经常听到人们议论我国还很贫穷,怎能将大把大把的金钱扔向太空?确实,航天事业需要巨额的资金,任何一个国家

2003年10月15日杨利伟乘坐"神舟五号"飞船升空,成为中国进入太空的第一人

都不能不考虑"钱"的问题。"为什么要进行空间探测?""为什么要把人送上天?"似乎成了随时都会有人重提的话题。这不禁令人再次想起这样的一幕:1962年春寒料峭,在纽约市百老汇大街上400万市民夹道欢呼,3444吨彩色纸带从两旁摩天大楼蜂窝般的窗口徐徐飘下。这并不是在欢迎哪一位总统或是皇后,也不是在为哪一位球王或歌星捧场,凯旋的是约翰·格伦中校。他于1962年2月20日进入轨道,在安全返回地球之前,用将近5个小时绕地球转了3圈,成为第一位实现环球轨道飞行的美国人。

格伦凯旋后,曾应邀在美国国会两院特别联席会议上演说——通常只有作为国宾的外国元首才能享受这种荣誉。他极幽默地回答了"空间飞行有什么用"这一问题。他说,19世纪时,英国首相迪斯雷里有一次参观著名科学家法拉第的实验室,也问过那些电学实验有什么用? 当时法拉第的回答是:"一个初生的婴儿又有什么用呢?"

那时,苏联在国际航天竞赛中已经拔得两个头筹:世界上第一颗人造卫星和第一次载人航天。一心想成为"游戏"霸主的美国,制定了一项雄心勃勃的计划:到20世纪60年代末,一定要把宇航员送上月球。1961年,肯尼迪总统曾询问他的空间事务顾问、权威的火箭专家冯·布劳恩,此事究竟有无可能? 布劳恩的回答是一个加重语气的"能"。后来他们果然如愿以偿。

人类的好奇心、求知欲和探索精神永无止境,人类也一直在不断地扩大自己的生存空间。500多年前,哥伦布发现了"新大陆"。短短几个世纪,美洲已经住满了人。如今就连南极大陆也日复一日地变得热闹起来,地球上再也没有一块空白的领地。

"人类不会永远把自己束缚在地球上",这是俄罗斯航天之父齐奥尔科夫斯基的墓志铭。人类的下一块新大陆就是月球。20世纪六七十年代之交共有6批12名美国宇航员先后在月球上留下了足迹。如今,随着科学技术的进一步发展,人类建立月球基地开发月球资源已是势在必行。月球上的氦$_3$可以作为热核聚变的原料,为地球提供可以使用几万年的能源;月球上的矿藏可以为建造未来的空间城提供原料;月球可以作为飞向更遥远的星际空间的"跳板";月球还是一个理想的天文观测基地,它将成为天文望远镜的新家……

作为一名天文工作者,我特别想多谈几句在月球上进行天文观测的优越性。

在地球上,大气对光的吸收、散射和闪烁都会使星像变得模糊,使天体的细节分辨不清。大气污染、人工光源也是天文观测的大敌。于是人们就把望远镜送入太空,在大气层以外进行天文观测。可是,这不仅费用昂贵,而且一旦发生故障,在太空中维修也很麻烦。但是,在月球上情况就大不相同了。例如:月球上没有大气的干扰;月球像一个巨大而稳定的"平台",可以像在地球上一样安装各种各样的望远镜;月球上的"月震"远不如地球上的地震那么强烈和频繁,所以那儿非常安全;月球上的重力只有地球的六分之一,而且绝对没有风,所以在那里建造和安装庞大笨重的望远镜要比在地球上更方便;月球上的望远镜和空间望远镜相比,更容易由熟练的技术人员在现场维修,那儿的望远镜可以造得很大很复杂;月球大约每27天自转一周,所以那儿的白昼或黑夜差不多有地球上的两个星期那么长。因此,天文望远镜可以牢牢盯住某些重要的目标,连续不断地观测300多个小时,如此等等,在月球上建立天文台的好处还远不止这些。很可能,在最近几十年内,月球天文台就会变成现实。

如今,中国也有了自己的探月计划。虽说一时还不会有中国宇航员奔月,但从长计议,这毕竟只是早晚的事情,此次杨利伟的太空之行已足以说明这一点。去年,上海申办2010年世博会取得成功,《文汇报》曾要我用一句话谈谈自己的心愿。我说的是:"希望2010年的上海世博会将能展出中国宇航员赴月宫拍摄的地球倩影。"这也许过于浪漫、过于乐观了,但是毫无疑问,我们的目的迟早总会达到。

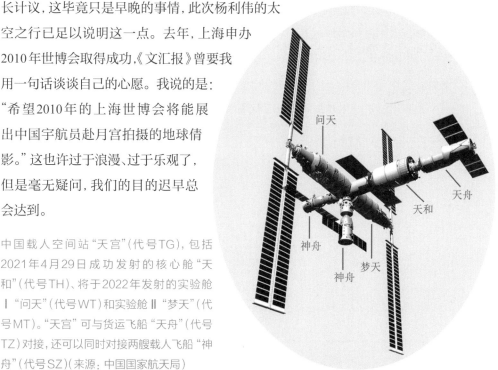

中国载人空间站"天宫"(代号TG),包括2021年4月29日成功发射的核心舱"天和"(代号TH)、将于2022年发射的实验舱Ⅰ"问天"(代号WT)和实验舱Ⅱ"梦天"(代号MT)。"天宫"可与货运飞船"天舟"(代号TZ)对接,还可以同时对接两艘载人飞船"神舟"(代号SZ)(来源:中国国家航天局)

人类的航天事业犹如一场超级的马拉松赛,谁笑到最后,才笑得最好。在过去的时间里,俄国和美国遥遥领先,犹如马拉松赛中的第一方队。中国、欧洲、日本等则在第二方队中努力向前。神舟五号载人航天取得成功,宛如向世人昭示:在这一阶段的比赛中,中国已经位列第三。长远的目标很清楚,我们需要继续努力。

原始的火箭最早是中国人发明的。相传14世纪末,中国的万户让人把自己绑在椅子上,双手各持大风筝,并在座椅背后安装47支当时最大的火箭。他试图借助火箭的推力和风筝的升力使自己升空。他那天真而勇敢的尝试理所当然地失败了。人们为了纪念他,便将月球上的一座环形山命名为"万户"。长征二号火箭成功地将神舟五号和杨利伟送上太空,既是对历史的回应,更是新时代的胜利。

人们为"飞天"付出了用辛勤劳动创造的财富,但是"买"来了无价之宝——知识。在任何领域内获得的真正的知识,在其他领域内都会十分有用,关键则在于如何聪明而理智地使用它。

出生在波兰、后移居英国的科学家和作家布洛诺夫斯基,因在书籍和电视节目中向外行人阐述科学知识而闻名遐迩。他曾说过:"我们生活在一个科学昌明的世界中,这就意味着知识和知识的完整性在这个世界中起着决定作用。科学在拉丁语中就是知识的意思……知识就是我们的命运。"

谁不愿意更好地掌握自己的命运呢?

原载《文汇报》2003年10月22日第11版

050

像文光那样

与郑文光先生相识了四分之一个世纪，惊悉他撒手人寰，悲痛自不待言。

文光先生长我14岁。他是一位作家，也是一位科学史家。我本人的第一篇科学史论文《我国明代的一条黄道光记载》于1975年11月发表在《北京天文台台刊》第6期"古天文研究"专栏中，紧接着的下一篇文章恰好就是文光先生的《试论浑天说》。翌年，文光先生就职中国科学院北京天文台，研究天文学史，成了我的同事。1978年10月，我发表《我国黄道光的最早记载应上推至元初》，文光先生是为审稿人，对文中考据颇有佳评。

我的主要科研方向与文光先生的研究领域相去虽远，但就写作而论，先生之于我，可谓亦师亦友。我读过他的不少作品，印象最深的是《飞向人马座》，书中融化的种种天文学知识，与故事情节之进展相得益彰，足见作者功力非凡。20世纪

脑卒中后的郑文光舍弃不下
写作，正在尝试用左手写字

七八十年代之交,我的科普创作进展甚快,文光先生也多次中肯地对我的作品提出意见。他为人热情,喜为编辑和作者"搭桥"。1980年底,他告诉我,香港的《科学与未来》杂志请他帮忙组一篇天文稿件,希望我能承担,并向我说明港人的阅读口味异于内地,落笔时应予注意。为此,我写了《战神马尔斯——火星》一文,发表在该刊1981年3月号上。

我从中学时代就喜欢看凡尔纳和威尔斯的科幻小说,后来又特别喜爱阿西莫夫的机器人故事。从1979年到1985年,文光先生是大型科学文艺杂志《智慧树》的主创人之一。他鼓励我参与科幻创作,但我自觉形象思维能力薄弱,故尔未作尝试。不过,1981年6月,《智慧树》还是发表了我据安东尼·劳得的简写本译出的阿西莫夫科幻名篇《台球》。同年,陈渊先生译出霍华德·汤普森著《闪光弹子》,新蕾出版社欲请人作序,结果我又应文光先生举荐而勉力为之。也是20世纪80年代初,《读书》杂志编辑来函,说是经文光先生推荐,邀我撰文介绍科普巨匠和科幻大师阿西莫夫。我极有意于此,却终因故未能真正动笔。20年后的2002年9月,《人生舞台——阿西莫夫自传》中文版由上海科技教育出版社出版。我亲任该书责任编辑,相信文光先生定会为此而倍感欣慰。

1983年,文光先生不幸脑中风,与他工作联系较为密切的几位同事和我同往积水潭医院探视,但见先生达观如故,惟念早日康复,重操纸笔。所憾者,我后因种种缘故,与先生晤面极少。1998年,我加盟上海科技教育出版社,每次赴京出差总是行色匆匆,未能再访先生。呜呼,而今先生已归道山,不胜哀哉,不胜痛哉!

遥想20多年前,在北京天文台曾有同事并无恶意地劝我:"你不要老写那些科普文章了,这样下去弄得不好就会像郑文光那样。"

什么是"像郑文光那样"呢?

这始终是一个耐人寻味的问题。郑文光写了许多文章,写了不少书,写了不少有益于社会、有益于人民、有益于下一代成长的作品。也就是说,他做了不少好事。那么,"像郑文光那样",不是一件光荣的事吗?

不过,事情也并不那么简单。2001年12月,我应邀在中国科技会堂举行的那次"科学与公众"论坛上讲演,题为《真诚的卡尔·萨根》。其中专门谈道:"有些人总是无法摆脱这样的偏见:科学家搞科普是不务正业,甚至是哗众取宠。有人还为此而嘲笑萨根。萨根生前曾被提名为美国国家科学院院士候选人,但由于某些院士的强烈反对,最后他落选了……"萨根本人对于没能当上院士并不感到多么遗憾。相反,我倒着实对一个国家的科学院缺少一位像萨根这样的成员而深感惋惜。诚然,郑文光并不是萨根。但是,在某种意义上,他不也是一位"像萨根那样"的吗?

斗转星移,科教兴国成了我们的基本国策,提高全民族的科学文化素养成了我们的当务之急。理解郑文光——或者"像郑文光那样的人"——的人也越来越多了。就在7月1日晚上,中国天文学会理事长、我于40余年前就读南京大学天文系时的老师苏定强院士在长途电话中同我谈及,刚刚获悉郑文光先生去世,而遗体告别仪式已经举行,再去唁电恐怕反成不敬,是否有良策可资弥补等等。我想,今天借《上海科技报》一表对文光先生的追念,应该也是我天文学会众多会员的心愿吧。

科普事业,任重道远。我国有一支不小的科普队伍,有不少科普志愿者或有志者。但是,这还远远不够,我们的队伍必须继续磨炼壮大,我们自身的素质必须不断努力提高。我盼望在祖国大地上更多地涌现出一批又一批像郑文光那样优秀的科学普及家,我更加盼望早日培育出成批年轻的、超越郑文光的科学普及家!

原载《上海科技报》2003年8月5日第4版

051

牵着科学的手一起玩

2002年8月,第24届国际数学家大会在北京召开。大会名誉主席、当代数学泰斗陈省身教授为广大少年数学爱好者题词:"数学好玩。"确实,数学是非常好玩的。而且,"好玩"的还不仅仅是数学,从本质上说,科学都是很好玩的。不信,就请问问小朋友们吧,下面这些书名究竟好玩不好玩?

《割了鼻子的大象·生物工程》

《给外星人的信·信息技术》

《到太空去上班·现代航天》

《从上往下造的大楼·海洋开发》

《会走路的宾馆·现代交通》

《狮王干的蠢事·环境保护》

《火车飞起来·新材料》

《铁怪兽·机器人》

《不动的帆船·现代建筑》

《卫星拜师·武器装备》

这套书,总的名称叫作"彩图新科技知识宝库",它的儿童特色十分鲜明,内容也相当丰富。例如,《铁怪兽》一书中介绍了36种不同的机器人,而且为每一种机器人配了一个童趣盎然的小标题:"铁狗带路"是导盲机器人,"聪明的接待员"是服务机器人,"救火英雄"是消防机器人,"人体中的飞船"是微型机器人,"精彩的走钢丝表演"是独轮机器人,"美妙的演奏"是机器人乐队等等。毫无疑问,这些标

"彩图新科技知识宝库"（共10种），王国忠等主编，海燕出版社2002年9月出版，本图为《狮王干的蠢事·环境保护》一书封面

题对小朋友来说，都有着难以抗拒的吸引力。

《割了鼻子的大象·生物工程》中，有一篇"斑马大夫治癌症——干扰素"，它用4幅连环画讲一个故事：牛伯伯患了癌症，大家都很着急/小鹿飞快地赶到斑马大夫家介绍病情/斑马大夫经过检查决定动手术，从牛伯伯的胃里取出一个大瘤子，还切除了大半个胃/手术很成功，斑马大夫又给牛伯伯注射了干扰素，以后每3天注射一次。3个月后，牛伯伯恢复了健康。有了干扰素，治疗癌症效果很好。与连环画相辅相成还有这样一段文字："干扰素是一种抗病毒的特效药。当病菌侵入细胞后，细胞为了自卫，会产生干扰素。虽然干扰素不能帮助已被病毒侵入的细胞，但它却能刺激周围的细胞产生抵抗病毒的物质，使病毒引起的疾病减轻。科学家研究证明，干扰素对治疗癌症有明显的效果。"在这段文字的旁边还有一个漫画人物在说话："我是芬兰的卡里·坎特尔。我发明了干扰素。我从血液中提取白细胞，然后用病毒去感染它，被感染的白细胞就产生了干扰素。"用这种多角度的表现形式，展示所普及的主题，效果显然要比干巴巴的说教好得多。

"彩图新科技知识宝库"的作者们是富有经验的科普专家，他们把这套以小学生为主要读者的书做得有声有色。不仅如此，为了更牢靠地把好科学性这一关，主编们还为每一册书请了一位专家予以审定。

这套"宝库"的主编王国忠在卷首语"讲给你听——21世纪的故事"中写道，21世纪，"人们在海底建造了漂漂亮亮的城市；人们可以乘上像一个小城镇一样的超级客轮去周游全世界；买张票就可以到月球上去看一看；汽车不但会在公路上走，还可以张开翅膀越过大江大河飞上山顶……"

我相信，小读者们——以及他们的家长，一定会欢迎这套"宝库"的。

原载《中国图书商报·书评周刊》2003年7月4日第13版

052

难忘的生日礼物

罗伯特·麦克拉姆曾经说过:"决定一本书的开头,犹如确定宇宙的起源一样复杂。"决定这篇短文的开头,也用了好半天时间——

家里添了个小弟弟,比我整整小10岁。可打他来到这个世界上,就在为我提供丰富的食粮和营养。五六年后,我和小弟弟分手了。哎呀,一别就是好几十年。

在我们的心灵家园中诞生的小弟弟,名字就叫《少年文艺》。1953年7月他出生时,我正在念小学五年级。那月的28日,是我10周岁生日。家境虽然贫寒,我还是从爸爸、妈妈手中接过了一份珍贵的生日礼物:《少年文艺》创刊号。

第一篇文章是宋庆龄写的《让鲜花开遍这块园地》。她"要求少年们爱护这块园地,并且能够从这里得到力量"。我,一个贪玩的10岁小男孩,学习成绩平平,真的立刻就从那里感受到了一股无形的力量。请看,那幅每个孩子都能一目了然的插图——列舍特尼科夫的著名油画《又是一个两分》吧:又得了两分的小学生回到家里,从书包里冒出头来的冰鞋泄露了他成

《少年文艺》创刊号(少年儿童出版社,1953年7月)

绩不好的原因；母亲黯然神伤，小弟弟却有点幸灾乐祸；姐姐责难的表情衬托出帮助弟弟取得好成绩的决心；只有那条扑到他身上的小狗，才不明白自己的好朋友为啥那么沮丧。

常读《少年文艺》，于少年励志大有裨益，这是德育教育的巨大成功。在我们的初中时代，许多同学有了自己的憧憬："我想当飞行员""我想当老师"……我还记得，当自己说"想当一名天文学家"时，老师是那么认真地注视着我。我不知道这目光的全部含义，但是，其中定然包含着深情的期待。

后来，我以第一志愿报考南京大学天文系，结果如愿以偿。在大学时代，萌芽于阅读《少年文艺》的情趣依旧。我仍然爱好文学和历史，所以特别钟情于中文系吴新雷老师的课外讲座。他讲宋词、元曲，或携笛或持箫，边解说边演奏，美不可言；他连比带画，把《长生殿》中的"下金堂，笼灯就月细端详……"演绎得惟妙惟肖。如今，我有时仍会驰函向先生致意。

传播科学需要优美的语言，更需要有想象的翅膀。当初《少年文艺》给予的文学营养，随着写作实践日丰，其功用历久弥彰。例如，20世纪80年代，我曾为《天文爱好者》杂志撰写数十篇"天文趣谈"，诸如《拿破仑的放逐地·第一份南天星表》《天王星周围的趣闻与风波》等，大多富有浓郁的人文色彩。90年代，我应邀为《科技日报》副刊撰写了数十篇科学文化作品，诸如《牛顿和伏尔泰》《莎士比亚外篇》等，亦皆着眼于科文交汇，着力于雅俗共赏。自20世纪80年代后期开始，中小学《语文》教材中的科学散文日有所增。我的一些短文，如《月亮——地球的妻子？姐妹？还是女儿？》《数字杂说》等，也先后进了不同的课本。

五十寒暑弹指间，如今我已年届花甲，"小弟弟"却更加光彩照人了。"创刊五十周年，培养三代读者"，此言委实不虚。

有客问："作为一名科普作家，请问哪一种文学刊物对您的影响最大？"

我常读的文学刊物很少。十来岁那几年天天见面的"小弟弟"，倒是实实在在助我埋下了日后写作的种子。

啊，首功不可没。乃答曰：《少年文艺》。"

原载《新民晚报》2003年6月19日第22版

附 记

　　《新民晚报》2003年6月18日至27日"夜光杯·十日谈"专栏配合《少年文艺》创刊50周年，先后刊出了各行各业10位作者的10篇纪念文章：李肇星的"少年理想伴我成长"、卞毓麟的"难忘的生日礼物"、叶辛的"《少年文艺》和少年的我"、吕凉的"我当了回'心灵密友'"、任大星的"走向少年朋友的心灵之桥"、张抗抗的"美哉少年"、施雁冰的"苦与乐"、姜玉民的"一个老运动员的少年情怀"、张成新的"激情燃烧的日子"，以及于漪的"撒播智慧的种子"。

053

以邮票之美悟数学之妙

数学作为人类文明之花,开遍我们这个星球的每一个角落。正因为如此,今年8月下旬,国际数学家大会在京召开,引起了国人的密切关注和强烈兴趣。盛会高潮迭起,《邮票上的数学》一书也在与会代表和数学爱好者中渐渐传开。然后,它又开始受到集邮爱好者们的青睐。

《邮票上的数学》一书的作者罗宾·J·威尔逊是英国开放大学高级数学讲师,牛津大学基布尔学院研究员。他热衷于向社会公众普及数学,有志于让更多的人领略和欣赏数学之美。他具备深厚的人文科学底蕴,因而撰写的各种著作多能别开生面,其题材从图论和组合数学到吉尔伯特和沙利文的歌剧,其中自然也包括他所钟爱的数学史。

作为一部专题集邮鉴赏类著作,《邮票上的数学》的主题是数学史。作者从世界各国数千枚有关数学的邮票中,精心选出约400件精品,分为55个专题,通过邮票赏析,生动地展现了几千年来数学与时俱进的奇妙历程。

当然,《邮票上的数学》并非科普与集邮联姻的开山之作。我国近20年来,就有过不少尝试。例如,在20世纪80年代,有过李东初等编著的《邮票上的科学》,有过《我们爱科学》杂志编的一系列《邮票小百科》,复有中国青年出版社出版的"邮票系列画册"(含《邮票中的世界名画》《邮票中

《邮票上的数学》,罗宾·J·威尔逊著,李心灿等译,上海科技教育出版社2002年8月出版

209

的人体艺术》《邮票中的鸟类世界》等诸多分册);90年代有过陈芳烈先生主编的"邮票上的百科全书"丛书。当时,我正在中国科学院北京天文台从事天文物理学研究工作,认真读了该丛书中由天文普及家兼集邮家卜德培先生编著的《星光灿烂》一书,觉得颇有收获,它实质上就是一部"邮票上的天文学"。再如以航天为主题的邮票鉴赏类图书,在20世纪80年代有杨照德先生编著的《航天·集邮》,世纪之交又有许恩浩先生编著的《邮票上的航天器》等,亦皆各有其长。

那么,使《邮票上的数学》备受赞赏之原因又究竟何在呢?

我以为,首要的原因在于其平易近人。此书作者有言:本书为对数学及其应用有兴趣的每一位读者撰写,同时也希望书中的大部分内容能引起缺乏数学背景知识的读者的兴趣。在这一思想驱动下,他的文字叙述明晰扼要,并且在平淡之中见新奇,再加上精美的邮票,可谓引人入胜。

其次,此书之妙在于邮票之选择独具匠心。许多邮票既有重要的史料价值和丰富的科学内涵,又有极精美的构图。例如,德国杰出的艺术家和雕塑家丢勒(1471—1528)将从意大利人那里学到的透视法介绍到德国,其著名的铜版画《忧

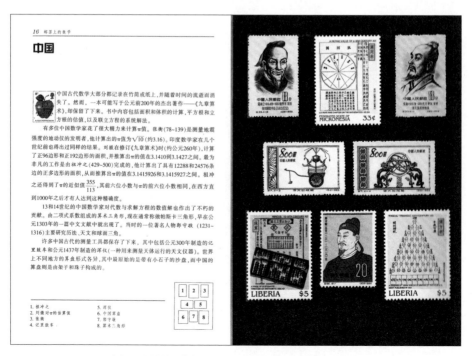

《邮票上的数学》第16—17页的主题"中国(古代)"

郁》(本书环衬)和《圣·哲鲁姆在书斋中》(32—33页)就体现了他对透视法的精妙应用。数学和视觉艺术自古以来就有着明显的联系,本书中"文艺复兴时期的艺术"这一专题以透视法为切入点对此作了极好的诠释。

再次,此书贵在专题划分之科学周密。书中55个专题,序曲是记数为代表的早期数学和古埃及的测量技术(其代表作便是金字塔),紧随其后的是希腊几何学、柏拉图学园、希腊天文学、中国、印度、玛雅人和印加人、伊斯兰数学,然后是中世纪、文艺复兴时期的艺术、探险时代、绘制地图、航海仪器,其间还穿插了数学娱乐、围棋和国际象棋等。再往下就到了哥白尼、新天文学、历法、数字计算、17世纪的法国、牛顿、欧洲大陆的数学、哈雷彗星、经度,乃至新大陆。至此,应该说,古典时代的方方面面都有了交代。接着登场的是法国的启蒙运动和大革命、几何学和代数学的解放、统计学的诞生、数学物理学,以及光的本质;与此同时,也未忘中国和日本、俄国和东欧。历史进展到了20世纪,科学史上一系列的革命性专题相继突现:相对论、量子论、计算机的发展……最后以侧重于"横向联系"的若干专题(国际舞台、数学与自然、20世纪的绘画、数学游戏、数学教育等)形成辉煌的结尾。平心而论,以本书这样并不很大的篇幅,对数学史上的大事能作到疏而不漏,谈何容易。

第四,此书妙在文字叙述言简意赅。书中左边是文字评注,右边是放大的邮票。每一专题的文字评注都不超过800字。它们不是所选邮票的"说明书",而是一篇篇耐人寻味的科学小品。文字与邮票的关系不是主仆,而是红花绿叶,相映成趣。

最后,此书做工细致,印制精美。20开的铜版纸,全彩印,颇具收藏和欣赏价值。

《邮票上的数学》英文原著出版者是德国的斯普林格出版社。去年金秋,笔者在一年一度的法兰克福书展上曾问及斯普林格出版社有关人士,是否还有诸如《邮票上的物理学》《邮票上的天文学》之类与此书配套的作品。答复是:"暂时还没有。我们希望《邮票上的数学》取得成功,这将会鼓舞我们进一步组织出版您说的那些选题。"

可以相信,品位与此书相当,甚至更胜一筹的《邮票上的……》还会不断出现。当今的科学,当今的邮品,进步都很快,读者诸君何妨拭目以待?

原载《中华读书报》2002年10月16日第40版

054

《科学救国之梦》外篇

今年8月19日傍晚,首批《科学救国之梦——任鸿隽文存》送抵"第十届国际东亚科学史会议"会址时,它们还在散发着淡淡的油墨香。此书80万字,由樊洪业、张久春选编,上海科技教育出版社和上海科学技术出版社合作出版。

捧读《科学救国之梦》,使我想起1995年11月在上海举行的"《科学》创刊80周年暨复刊10周年纪念会"。当时的中国科学院院长周光召,中共上海市委副书记陈至立,以及谈家桢、汪猷、谢希德、叶叔华、杨雄里、曾溢滔等10余位院士亲莅会场。会上除领导讲话外,还安排了两个主题发言:一是老友樊洪业谈《科学》杂志的历史地位,二是由我谈该刊的现实作用。我用了两段话作为开场白:

80年前,1915年元月,任鸿隽、杨杏佛、胡明复、赵元任等前辈学人于内战连年、外辱交加之秋,毅然节省留学生活费而创办《科学》,树起了"传播科学,提倡实业"的旗帜。

80年后,1995年元月,江泽民总书记对《科学》办刊宗旨题词:"传播科学 提高国力。"1995年9月,周光召主编在《科学》第47卷第5期上发表了题为"传播科学,任重道远"的特稿,再次强调了上述办刊宗旨。

80年来《科学》有着很坎坷的经历,"提倡实业"一说

《科学救国之梦——任鸿隽文存》,任鸿隽著,樊洪业、张久春选编,上海科技教育出版社2002年8月出版

已因时势变迁而有所变异，"传播科学"却为任何时代之所必需。《科学》杂志的80年，正是为传播科学作出了卓越贡献的80年。

今重温此语，犹自心潮起伏，愈感吾人之任重而道远。洪业先生除发言外，更有一大收获，即在会间认识了多位中国科学社先辈的后裔。其中任锡畴先生乃任鸿隽之侄，后来洪业曾登府拜访，遂得借阅任鸿隽之《五十自述》和《前尘琐记》，以及任夫人陈衡哲之《任叔永先生不朽》诸手稿。上述文稿今均已收入《科学救国之梦》，令人喜出望外。

任鸿隽生于1886年12月20日，1904年成为赶上"末班车"的晚清秀才，1908年赴日留学，曾就教于章太炎，参加了同盟会。1912年12月赴美留学，进入康奈尔大学文理学院。1915年1月，《科学》杂志在沪创刊发行，任鸿隽为主要发起人。同年10月，我国第一个科学团体"中国科学社"成立。它以提倡科学、鼓吹实业、审定名词、传播知识为宗旨，社长是任鸿隽，书记为赵元任。1918年10月，任鸿隽自美国归抵上海。此后，他任凭职务如何变动，生活如何动荡，皆一如陈衡哲在《任叔永先生不朽》中所言，"对于科学的建设与推进，实是任君一生精神生命的中心点"，直至1961年11月9日因心力衰竭与世长辞。11月13日，在上海万国殡仪馆公祭，周恩来、陈毅、吴玉章等皆送了花圈。

《科学救国之梦》收入了樊洪业的佳作《任鸿隽：中国现代科学事业的拓荒者》一文，现仅就"我们三个朋友"一节略作介绍。胡适多次使用"我们三个朋友"一语，皆特指任鸿隽、陈衡哲及其本人。陈衡哲生于1890年，是清华学堂招考的第一届留美女生，于1915年入瓦萨女子大学攻读历史，因投稿而与《留美学生季刊》主编任鸿隽结缘，1916年暑假曾到康奈尔大学与任面晤。1917年4月，任鸿隽约胡适同往瓦萨女大访陈，是为"三个朋友"的首次聚会。1920

《科学》创刊号(1915年1月)：
封面(左)，封二(右)

年8月22日,任、陈在南京订婚,当晚请胡适至鸡鸣寺豁蒙楼用餐,胡即席赋诗《我们三个朋友》以致贺。三人中,任、陈是互敬互爱的终身伴侣,任、胡是大半生亲密合作的至交,而有"一代才女"之称的陈衡哲也在新文学运动中与胡适成为密友。然而,好事者们却偏偏津津乐道于胡、陈之间的"绯闻",对此我实在深不以为然。

我十分欣赏樊洪业的卓见:

> 依笔者所见文献而论,胡、陈之间的友情是值得后人尊敬的。任鸿隽对待胡、陈关系的态度也是开放而坦然的。至于人生中男女朋友之间的心底波澜,怎晓得究竟又何必晓得究竟呢?治史者以史料为据,逾此为妄。因有关于此的花边文字甚多,故于任先生传中叙此一笔。

胡适素因品德和才学而深得时人尊敬与信任。近年我曾两访年逾八旬的中国科学院资深院士沈善炯先生,先生两次皆忆及半个多世纪前谒见胡适的故事。1947年,沈先生任教于北京大学时,接到美国加州理工学院的研究生入学通知书。当时国民党政府正惶惶然准备南迁,司留学事宜者已接近无人。有一位学长力劝沈善炯去找校长胡适,并盛赞胡适乐于助人。翌日,沈先生径往校长办公室,但见室内陈设简朴,校长以礼相待,于是拘谨之感顿消。胡适了解情况后,便答应由北大出面申办出国手续。不久,沈再访胡适于寓所。胡先生说明现已不可能向政府申请外汇,特以私款90美元交沈作赴美旅费,并嘱日后归还,再用于帮助其他学生。谈话间忽闻电话铃响,沈欲回避而为胡所阻。只听胡对着话筒说:"你不要来了,我现在有事,稍后我会去看您的。"电话挂断后,胡告诉沈:"那是李宗仁来的电话。"此事令沈终生难忘,也使我晚辈后生深感惊奇。

任鸿隽先生在世时,《科学》杂志曾于1951年停刊,1957年复刊而于1960年再度停刊,先生之心情当可想而知。任去世后20余年,吴智仁和潘友星两位先生筹备《科学》杂志再次复刊,曾专程赴京多方征求意见和建议,亦曾到我家晤谈良久。1985年,《科学》杂志终于再生。

物换星移,任鸿隽先生等人创建的中国科学社已成历史,然而他们提倡的科学精神却永世长存。再过三年,便逢《科学》九秩大寿,吾人复当何以庆之、何以贺之?

原载《文汇报》2002年10月1日第11版

055

艺林散叶和张冠李戴

近日频见纪念京昆表演艺术家、戏剧教育家俞振飞百年寿诞的消息，遂念及1958年俞先生随中国艺术代表团赴英、法、比、卢、波、捷、瑞士诸国演出昆曲《百花赠剑》80余场，大获国际声誉一节。但至于"老外"究竟是如何欣赏昆剧的，对我来说则始终是个谜。

由此，我想起素有"无白不郑补"雅誉的文坛耆宿郑逸梅，他在《艺林散叶》（下简作《散叶》）似曾记载：俞振飞赴法国演出丢了行头。为核实记忆是否有误，便取出1982年12月中华书局初版的《散叶》，果然找到了编号为4329的这一条："俞振飞与言慧珠赴法国巴黎演剧，失窃旦角行头及照相机。"

《散叶》一书，词清意醇，妙语佳什不胜枚举，如第39条仅21字："瞿秋白父世玮，能绘山水，秋白传其家学，又善吹洞箫。"第228条29字："刘海粟为我国画模特儿之首创者，军阀孙传芳认为有伤风化，欲逮捕之。"又如第512条仅6字，曰："丰子恺嗜枇杷。"

《散叶》有叶圣陶的封面题签，作者的孙女郑有慧的封面画，版权字数256千。1996年5月，我又在中华书局门市部购得《艺林散叶荟编》。此编版权字数514千，篇幅适为《散叶》翻倍。封面题签者是"年百又一岁"的朱屺瞻老，扉页前有钱君匋先生题写的书名插页。但全书缺一个总目录，查找甚是不便；遂越俎代庖，自己动手编了一份。书中《郑逸梅自订年表》篇首引语云："年表写至1991年为止，此后生命继续，容再涉笔记录。"下署"郑逸梅　时年九十有八　一九九二年春"。书末"跋语"又说："最近中华书局来函，拟将以前出版的《艺林散叶》《艺林散叶续编》，加上我近年一些新增内容，以及我的年表和自传，合刊出版《艺林散叶荟编》……

1984年的张钰哲先生，时年82岁
（来源：中国科学院紫金山天文台）

在我期颐将临之年，能得见此书出版，是十分高兴的事。"
下署"九八老人郑逸梅 写于纸帐铜瓶室 一九九二年五
月三十日"。不料同年7月11日，老人竟因脑栓塞溘逝。一
星期后《新民晚报》刊出钱勤发先生所写《补白生花八十
春》，是为这位"补白大王"仙逝的最早新闻报道。

　　说到俞振飞百年寿诞，郑逸梅仙近十载，就必不可免地
会想到我的同行前辈、中国现代天文学的主要奠基人之一
张钰哲先生了。张老1902年2月16日生于福建闽侯；今年也是一百岁。他于1919
年考入清华学堂，1923年赴美入芝加哥大学。1928年发现第1125号小行星，并将其
命名为"中华"——这是中国人发现的第一颗小行星。1929年，张先生获博士学位
后回国，任教于中央大学物理系。1941年起任中央研究院天文研究所所长。中华人
民共和国成立后任紫金山天文台台长，直至1984年2月改任名誉台长。1955年，张
先生被选聘为中国科学院学部委员（今称院士）。1978年，美国哈佛大学天文台将该
台发现之2051号小行星命名为"张"，以示对张老的敬意。1982年，张老八十寿辰，
时任紫金山天文台党委书记的乔鼎声特撰贺联：

测黄道赤道白道，深得此道，赞钰老步人间正道；
探行星彗星恒星，戴月披星，愿哲翁成百岁寿星。

　　短短38字，惟妙惟肖地概括了我国天文界这位老前辈的事业与为人。其中诸
多天文学名词行文若联珠，对仗似合璧，委实妙不可言。他任中国天文学会理事长
前后约40年之久，其间于1979年8月亲率代表团与国际天文学联合会领导谈判，
终使中国天文学会于1980年5月恢复了在该国际学术组织中的会籍。1984年9
月，紫金山天文台五十周年台庆，张老率先发表热情洋溢的讲话。但自1985年始，
先生体力、脑力皆迅速衰退，终于1986年7月21日撒手人寰，享年八十有四。

　　顺便提一句，1983年12月号的《天文爱好者》杂志刊出拙文《对联中的日月乾坤》，
其中率先"登场"的便是上述那副贺张老八秩大寿联。不久，北京人民广播电台杨艺
女士与我商讨将拙文改编为相声，并作成广播节目"天文对联晚会"。这台"晚会"于

张钰哲先生多才多艺，这是他的书法（左）和篆刻（右）

1984年2月1日农历除夕夜播出，演播者是相声名家姜尾和李文华，我收听时觉得很开心。我在中国科学院北京天文台的同事邹振隆先生则曰："普及天文，都搞到说相声的份儿上了，倒也真不容易！"

　　遥想四十多年前，我还不满二十岁，初读张老早年所著《天文学论丛》一书，对其古文功力之深厚惊叹不已。全书起自"异邦羁旅，袭寒六更；荒陬郊居，亦垂二载……"我至今记忆犹新，书中对留美生涯的描绘文情并茂，对天文知识的普及言简意赅，真是好生令人羡慕、令人钦佩。

　　20世纪80年代前期，我在北京人民大会堂参加一次少儿科普方面的会议。会上天文界人士有年逾八秩的张老，有几近花甲的李元和卜德培（日本天文学家发现的第6471号和6472号小行星已于1998年分别以他们两人的名字正式命名），有方逾天命之岁的郭正谊（他是化学家，也是北京天文学会的首批会员），有正届不惑之年的本文笔者，还有一名戴着红领巾的少年天文爱好者。有一位热心的与会者用他的照相机为我们六人——前辈的、当今的、未来的、职业的和业余的天文学家——合影，众皆欣然。遗憾的是，我们却始终没有收到那张照片。如今，张老已

张钰哲先生的写生（左）和水墨画（右）

2005年4月3日作者在上海天文台瞻仰李珩先生铜像留影

归道山,德培先生亦于2001年初病近,当年那位小朋友更因未留名姓而不复可识。日前尝与李元、郭正谊先生追忆这次合影,皆因照片落空而深以为憾。

拉杂写了许多,乃效颦《散叶》,笔录趣事一则以了结此文:

"昔紫金山天文台台长张钰哲外出公干,请李珩先生代摄台政,该台同仁戏曰:'张官(冠)李代(戴),斯之谓也。'"

原载《文汇报》2002年9月14日第7版

追记

2002年10月30日,中国天文学会成立80周年,老友王传晋兄问我:"你是不是在《文汇报》'笔会'上发表了一篇文章,题目叫《艺林散叶和张冠李戴》?"我回答:"是的。有什么问题吗?"王说:"文章这么取题目,实在不像样。不久前接到郑逸梅之子郑汝德先生来电,问天文界是否有一位卞毓麟,问我是否认识?"王不明其意,我则好奇传晋兄与郑汝德先生有何交情。原来,王、郑二位均是钱币藏家,王尝赠我一册花费多年心血著述的《世界硬币的收藏和鉴赏》(上海科技教育出版社2001年出版)。郑汝德在《文汇报》"笔会"上见到拙文后,顿生疑窦:"莫非此文批评家父《艺林散叶》一书'张冠李戴'不成?"于是,将全文读了一遍,乃知全无此意。郑先生想起收藏同好王传晋任职紫金山天文台多年,于是在电话中谈起此事。王认为拙文立意虽佳,但题目荒唐,引起误会几乎是必然结果,当引以为戒。我接受批评,特此说明。再则,王还对我说,郑汝德先生不惟博学,且复热情,你既喜好文史,不妨就此结识郑先生,也便于日后讨教切磋。我颇以为然,但又觉素不相识不便打扰,日后当真有要事,尚可请王引见。岂料岁月无情,不过数年,郑汝德先生已然作古矣。

056

从霍金到罗塞达碑

　　身残志坚的英国著名科学家斯蒂芬·霍金来华,是近日公众关注的一大热点。13年前的1989年10月,他在西班牙作过一次讲演,题目就叫《公众的科学观》。他谈到:

> 　　现今公众对待科学的态度相当矛盾。人们希望科学技术的新发展继续使生活水平稳定提高,另一方面却又由于不理解而不相信科学。一部影片中出现在实验室里制造弗兰肯斯坦机器人的疯狂科学家,便是这种不信任的明证。但是,公众对科学,尤其是天文学兴趣盎然,这从诸如电视系列片《宇宙》和科幻作品对大量观众的吸引力一望即知。

　　此语内涵极丰。它使我想起自己多年前的涂鸦《雪莱夫妇·弗兰肯斯坦·机器人》,更早些时译校电视系列片《宇宙》脚本的情景,现已作古的阿西莫夫和卡尔·萨根,乃至活跃在两个世纪前的英国奇才托马斯·杨和久藏大英博物馆的罗塞达碑……

　　1818年,英国大诗人雪莱的夫人玛丽年方21岁,就出版了幻想小说《弗兰肯斯坦》。故事大意为:富家子弟维克多·弗兰肯斯坦酷

2002年8月15日,霍金和他的第二任妻子伊莱恩在浙江大学

爱自然科学,发现了生命的秘密,并用解剖室和陈尸所里的材料造出一个身高8英尺(约2.4米)、容貌狰狞可怖的怪人。极度的恐惧使维克多把自己的造物撵了出去。怪人的报复手段令人毛骨悚然,致使维克多发誓要亲自铲除这个恶魔。他追踪怪人,直至心力交瘁含恨身亡。那个怪人则因厌恶人世无情,而悲凉地消逝在北极的茫茫冰雪中。

《弗兰肯斯坦》一书影响深远。"弗兰肯斯坦"也成了一个具有特定含义的英语单词:"作法自毙者"。弗兰肯斯坦的故事被一再搬上银幕,由它开创的主题也为后世的科幻小说反复采用——人类造出了"科学怪人"或"机器人",到头来却反为后者所害。但是,将机器人描绘成为所欲为的怪物毕竟有悖于科学真情,并对社会公众造成了不利的心理影响。20世纪40年代,美国作家艾萨克·阿西莫夫扭转了这种局面,他笔下的机器人大多是人类的好伙伴。这才是人类研制各种机器人乃至发展一切高新技术的本意所在。

霍金的《时间简史》初版时,卡尔·萨根为之撰写了精彩的导言。这位在孩提时代就想成为一名天文学家的传奇式人物兴趣广泛,学识渊博,魅力十足,阿西莫夫曾夸他"具有米达斯点物成金的魔力,任何题材一经他手就会金光闪闪"。萨根科研成果卓著,为了表达对他的敬意,第2709号小行星被命名为"萨根",1997年7月4日在火星上着陆的"火星探路者号",也被重新命名为"卡尔·萨根纪念站"。他是探索地球外生命的带头人。美国著名天文科普刊物《天空和望远镜》为此刊登了一幅漫画:两个模样怪异的外星人刚下宇宙飞船,就向一位地球人请求:"带我们去见卡尔·萨根吧!"

萨根毕生以极大的热情致力于向社会公众宣传科学。电视系列片《宇宙》便是他的传世杰作。该片共13集,至少已有60多个国家播出。它由萨根自编、自导,甚至亲自上镜。其副产品《宇宙》一书于1980年由兰登书屋出版,各种文字的版本在全球累计销售了500多万册。

漫画:来到地球的两个外星人要求"带我们去见卡尔·萨根吧"!(来源:《Sky & Telescope》)

作为一部科普作品,这一空前的销售记录后来为《时间简史》所超越,后者的累计销售量突破了千万册大关。

20世纪80年代中期,我国中央电视台得到电视片《宇宙》后,希望在两个月内译出全部13集的文字脚本。于是,虽无重赏,亦有勇夫。脚本由吴伯泽、王鸣阳、朱进宁诸先生分头执译,最后由吴伯泽和我总审通校,基本按时交卷。译者都是高手,兼之作风严谨,所以译本质量甚高。可惜好事多磨,此后十余年中,该片并未在我国的荧屏上现身。2002年伊始,《宇宙》终在有关领导人的直接关注和多方人士的共同努力下露面,我国科学爱好者们为之雀跃,而萨根本人已于5年前因骨髓癌并发肺炎去世,时年62岁。

当代科学发展如此迅速,其前沿领域又如此艰深,那么,究竟是否可能借通俗的语言,助社会公众正确地理解当代科学的成就?这当然很难,但并非不能。诚如阿西莫夫所言:"只要科学家担负起交流的责任——对于自己干的那一行尽可能简明并尽可能多地加以解释,而非科学家也乐于洗耳恭听,那么两者之间的鸿沟便有可能消除。要能满意地欣赏一门科学的进展,并不非得对科学有透彻的了解。归根到底,没有人认为,要欣赏莎士比亚,自己就必须写出一部伟大的文学作品。要欣赏贝多芬的交响乐,也并不要求听者能作出一部同等的交响乐。同样地,要欣赏或享受科学的成就,也不一定非得躬身于创造性的科学活动。"霍金、萨根以及阿西莫夫等人,皆堪称为此宏愿而身体力行的楷模。

公众理解科学的主体是公众,对象是科学,理解本身则是一种过程。理解,就意味着领悟原本不甚了然的东西。这就需要沟通,需要解读,需要新的"罗塞达碑"及其释读者。

罗塞达碑的上部为古埃及象形文字,中部是古埃及俗体文字,下部是希腊文。本书作者1988年3月20日摄于大英博物馆

1799年，法国拿破仑的远征军在埃及尼罗河三角洲的罗塞达镇附近发现一块长约1.1米、宽约0.75米的古埃及纪念碑。法国人撤离埃及后，此碑为英国人所得，后由大英博物馆收藏。罗塞达碑上的文字约撰于公元前2世纪初，由三部分组成：上部用古埃及象形文字刻写、中部是古埃及的通俗体文字、下部则是希腊文。欧洲的学者能够读懂希腊文的版本，但古埃及的语文知识却失传已久，所以人们企盼通过罗塞达碑来辨认和解读古埃及的文字。许多人为此呕心沥血，而对释读碑文贡献最大的则是托马斯·杨和商博良。

1773年生于英格兰的托马斯·杨，2岁就能阅读，6岁已通读《圣经》两遍，青年时代掌握了希腊语、拉丁语、法语、意大利语、希伯来语、阿拉伯语、波斯语、土耳其语、埃塞俄比亚语等10多门外语。他还能演奏包括苏格兰风笛在内的多种乐器。杨是一名医生兼物理学家。他首先发现眼球晶状体在注视不同距离的物体时如何改变形状，说明了角膜曲率不规则如何导致了散光。如今的中学物理课本都会介绍光学中的"杨氏干涉实验"——它证明光确实是一种波。而杨氏，也就是这位托马斯·杨。

杨活了56岁，一生成就极广。他从罗塞达碑的象形文字中辨认出一些神名和人名，仔细比较它们的希腊文拼法和古埃及象形文字的拼法，终于识别了象形文字中的部分字母。法国语言学家商博良以此为起点继续前进，整理出许多象形文字的意义、拼法以及一些语法特征。商博良生于1790年，16岁时已通晓拉丁语、希腊语和6种古代东方语言，18岁时即被任命为历史教授。他于1832年42岁时与世长辞。值得庆幸的则是，他在去世前实际上已经找到了埃及象形文字的所有基本原则。

对于公众理解科学而言，霍金的《时间简史》、萨根的《宇宙》和阿西莫夫的《科学指南》所起的作用犹如罗塞达碑。更进一步，对于科学研究本身而言，罗塞达碑的故事同样是一种永恒的启示。科学家们的全部努力不就在于寻找和解读那些记载着大自然语言的"罗塞达碑"吗？这一过程极其艰难，需要更多的托马斯·杨和商博良，而斯蒂芬·霍金便是其中光彩夺目的一员。

原载《文汇报》2002年8月22日第11版

057

"王者"之象与敬业精神

2001年10月8日，我随中国书展团参加第53届法兰克福国际图书博览会。全团百十来人，当晚抵达法兰克福，10月9日到国际博览会中心现场布展，此后就各自进入角色，浏览各大展厅，物色优秀图书，进行版权洽谈了。16日开始随团观光，我觉得最有意思的是访问谷登堡印刷博物馆和参观马克思故居。10月19日，全团集体回国。短短10天光景，让人感悟的体验还不少……

"王者之象"的解读

友人尝言：即令你每天24小时不睡觉，也休想在一星期内把法兰克福书展看个够。亲临其会，深感此言不虚。国外那些隐隐然有"王者之象"的大出版社的展位，诸如德国的斯普林格、美国的兰登书屋之类，尤其令人印象深刻。

"象"，是表观的、看得见的东西。夫"王者之象"，堂皇、富有、庄严，令人起敬之谓也。那些出版集团或出版社出的书够档次、有品位、受欢迎，他们财力雄厚，在书展上租得起大片的展位，玩得起雅致的装潢，人员充足，客户盈门，等等。

自不待言，财大者气粗。但是，参加书展的目的毕竟不是为了花钱。如果说，来自世界各地的参展商们之间的差异无论怎么描绘也不为过的话，那么他们有一点却绝对是共同的，那就是希望赚钱——眼前或长远的赚钱。

然而，书业的钱却不是那么好赚的：如果没有高度的敬业精神，那你就休想。

"王者"们确实敬业。前往洽谈者一家接着一家，中间几乎没有空隙。一般说来，他们的准备工作都做得很好，工作人员思路清晰，神情专注，文档齐全，查找迅疾,秩序井然,效率可嘉。

他们也会露出倦色,但是工作决不松懈。可以想象,伴随着这种敬业精神的,必然是行之有效的管理。

中国的出版业与一些出版大国相比,差距实在是很大的。原因自然很多,这里,我只想说一句:

敬业,未必就能成为"王者";不敬业,则肯定成不了"王者"。

与老伙伴的"交锋"

做图书版权贸易,就会不断结识新的贸易伙伴:有境内的,也有境外的;有出版社,也有版权代理公司。通常,在书展之前两三个月,许多出版社就纷纷与心目中既定的洽谈对象商定在书展期间的会晤时间。为广交朋友,这次除了一些老伙伴外,我们又与一些原先未直接联络的国外出版公司相约在法兰克福见面。

不料,展期未到,国外有一位已与我们作成多笔交易的版权代理商却产生了误会。他毫不客气地发来一个"伊妹儿",质问道:那几家公司都是我代理的客户,你们为什么不打招呼,就想直接和他们联系?这样做是不对的,这将毁了你们自己的声誉,等等。

对于这种始料未及的指责,我深感这位仁兄是"敬业"过度了。于是,也通过"伊妹儿"回敬了如下的告诫:我们的朋友遍及全球,我们需要和哪位朋友约会就会与他或她商定时间,这与您是不是他们的代理商并没有什么关系。当然,该由你代理的事情肯定还是请你代理,我们绝对无意于破坏游戏规则。其实,很清楚,我们在世界上的朋友越多,到头来你挣的钱也会越多。盼望在法兰克福再见。

在书展上,我与这位老伙伴的约会是在某一天的第一场,上午9点钟,地点是他的摊位。会晤间气氛和谐,彼此问候,互相夸奖对方的成绩,着眼于今后更广泛的合作,不再提起前些日子在"伊妹儿"上的交锋。如今,我们的合作依然很有成效。

对外版贸是涉外工作。涉外工作无小事,故对外版贸亦无小事,每走一步皆须慎重。倘若掉以轻心,导致经济损失固然令人痛心,伤及单位和国家信誉更是其咎难恕。吾人其勉之!

谨慎地显示"实力"

成功的版贸靠的是敬业、诚信和实力。实力有多种多样,例如资金,例如人员,例如图书质量。

我社策划了一套引进版图书,名叫"哲人石丛书",我去法兰克福前夕已经出到将近40种。我为"哲人石丛书"拍了一批照片,其中有整套书排成一溜的,也有中译本与英文原著比肩并列的,如此等等,既有视觉冲击力,又能一目了然。照片放大成10吋,一一装入相册。其目的是为了和一些样书相辅相成,在洽谈时用最直观简捷的方式向国外贸易伙伴展示我社引进和出版科普类图书的档次和实力。事实证明,这确实有利于帮助双方迅速地找到共同语言。

有些西方人至今对中国还存在偏见,甚至瞧不起中国人。作为自己出版社的一名代表,恰如其分地显示自己的个人"实力",对顺利洽谈往往也是有益的。我在上述那本相册中还放入了:20世纪80年代我作为访问学者在英国工作期间拍摄到的伊丽莎白二世女王出行的照片、在我工作的爱丁堡皇家天文台拍摄到的女王的丈夫菲利普亲王前来视察的照片、我在英国和来访的美国第一位太空人阿伦·谢泼德的合影、我作为一名科普作家在纽约阿西莫夫寓所作客时和他们夫妇俩的合影等等。洽谈伊始,双方落座后,我就友好地请"老外"们先欣赏一下这些"私人的"照片,通常他们都感到相当惊奇,问这问那,在这种场合下,每一个外方人士都会对你表现出足够的敬意。

毋庸置疑,在国际书业界目前我们明显地处于弱势。但是,我们不能甘当弱者。我们每个出版集团、每个出版社、甚至每个人都会有自己的长处,那就让他们发扬光大,去争取最好的比赛成绩吧。

在2001年法兰克福书展上,"哲人石丛书"中文版和部分原著书影有效地向外方展示了上海科技教育出版社的实力。到2020年年底,"哲人石丛书"的成品书已达140种

一次体面的"插队"

参加大型书展之前要安排好约会,但是情况千变万化,不可能事无巨细,一应俱全。国外一些著名的大出版社,约会时间总是排得满满的。若非事先有约,简直不可能临时增加与你会谈的节目。

可是,偏偏临时有一件事,我觉得必须要和国外的那家出版社当面沟通。话并不多,有两三分钟足矣。但是,人家好像就是没有空。

怎么办? 我思之再三,决定试试看: 能不能来一次体面的"插队"。我知道,事先约会的时间通常总是定在每小时的正点或半点,例如10点正。于是,我就在9点57分光景,拿着材料守候在离洽谈"目标人物"三四步远的地方。其效果是,正在洽谈的双方都以为我就是按约前来的下一位洽谈者。于是,他们向我微笑示意,而且很快就结束谈话,彼此道别了。

这时,离10点正还剩下不到2分钟,真正的下一位洽谈者还没有到。我赶快上前向那位目标人物说明来意,她看了一下表,很友善地让我尽可能抓紧时间,同时在小本子上飞快地记下我说的内容。10点整,下一位洽谈者来了。我对他说: 非常对不起,就最后几句话了,马上就结束。他显然认为我就是前一位洽谈者,也很自然地向我点头微笑。我很知趣地迅速讲完必须讲的话,分别向她和他握手道别。

当然,此类做法,终究不是什么"正道",只是情急之下偶一为之而已。

本文不想絮谈我们通过上次法兰克福书展究竟谈成了几笔交易,引进或输出了哪些书的版权。我只是想说: 版贸过程始终是对版贸人的挑战。常规工作的积累,应该转化为高超的版贸技巧;当这技巧进而提升为一种版贸艺术时,就接近炉火纯青的境界了。它既显现一人的机锋,更凭借集体的智慧。这,正是每个版贸人期待的方向。

愿我们用今天的敬业精神,换来明日法兰克福书展上的"王者之象"。

原载《中国图书商报》2002年7月18日第6版

058

抄书和偷听

　　回首40年前的大学生活，却以"抄书和偷听"为题，其原委需从中学时代说起。当初，我最入迷的课程是数学，最热衷的业余爱好是天文，特别喜欢读的书有中国古典文学、人物传记以及儒勒·凡尔纳的科幻小说等等。高考在即，志愿该如何选择？

　　当时我的逻辑是：第一，如果选择中文或历史系，那就没有机会再念更多的数学、物理和天文了；而这些学问如果没有老师教，自学是很难的。虽说自习文史也不易，但作为业余爱好，也许比自学数理和天文好办些。第二，假如首选数学系，那就没人教我天文了；反之，如果我选择天文学，那倒仍然和数学关系密切。结果，我以南京大学数学天文学系为第一志愿被录取。后来，数天系分成数学、天文学两个系，我如愿以偿到了天文系。

　　大学时代的物质生活很清苦，家境维艰想要多买点书就更不容易。记得1963年上大学三年级的时候，我在南京市中山东路新华书店见到贺敬之的新作长诗《雷锋之歌》，觉得它既优美，又感人，心中十分喜欢，但口袋里就是没有这两毛钱的买书钱。结果，我硬是站在书店里读完了它，营业员同志居然十分大度地容忍了我这位读者。

1964年的南京大学校景新年贺卡很受同学们欢迎，本图画面为当时的校图书馆

没钱买书,可以到校图书馆去读、去借、去抄。在那个宝库里,有着读之不尽的五花八门的藏书,我先后全文抄录了任继愈先生的《老子今译》、中国人民解放军政治学院图书资料馆出版的秘本兵法《三十六计》、闻一多先生的《怎样读九歌》,乃至《白香词谱》《千家诗》《胡笳十八拍》《孙子兵法》等等。有一次在阅览室里,一位图书馆工作人员偶尔看见我旁边放着天文、数学书,却在起劲地抄写上述这些东西,不禁问道:"你是哪个系的?"当年的这些"手抄本",有不少一直保存到了今天。

图书馆真是好地方。有一次期末考试刚结束,大家准备打道回府,有同学看我兴冲冲地不知要往哪儿跑,便好奇地问我干什么。我说:"到图书馆去看书!"原来,当时我们的教学计划中没有广义相对论这门课,我想趁放假赶快读完它。何况,这时去图书馆就不用"抢座位"啦。

抄书助人博览强记。犹忆大学四年级时我写了篇板报文章,介绍系主任戴文赛教授关于"宇观"概念的论述。有一位老师看了,问我是从哪儿弄来的材料。我告诉他,《哲学研究》1962年第4期有戴先生本人的文章《宇观的物质过程》,我仿佛只是作了一篇读书笔记。

除了阅读,当年在母校还经常可以听到精彩的课外讲座,其乐趣可谓难以言状。例如,我特别喜欢中文系吴新雷老师的讲座。那时吴老师还很年轻,一副斯文相。他讲宋词、元曲,或携笛或持箫,连说带奏,情趣十足。他教唱姜夔的《疏影》《暗香》,令来自全校各系的学子流连忘返;他连讲解带比划,把《长生殿》中的"下金堂,笼灯就月细端详,庭花不及娇模样"演绎得惟妙惟肖。后来,吴先生又成了著名的红学家。

令人十分遗憾的是,当时的课程安排极为死板,根本不允许去听非规定的课。天文系五年学制,三年级时分专业,我分在天体物理专业。由于我对数学依然感情深厚,所以便斗胆混在天体力学专业的同学中,去"偷听"实变函数论的课。这门课相当难讲,但老师就是讲得精彩。我正听得暗自称妙,却不料好景不长,没过多久就被主讲老师赶了出来!对于这类"目无校纪"的行为,老师执法是很严格,也很严厉的。我还记得在我们必修的电动力学课上,也有偷听的学生被老师轰出去的。

时代进步了,当初种种尴尬的光景如今早已不再,可回想起来却依然使人感觉温馨、香甜而陶醉。

原载《中华读书报》2002年5月15日第11版

059

不知疲倦的科普巨匠
——阿西莫夫精神永在

  阿西莫夫一生中只想做一件事,并且极为出色地学会了它:他教会自己写作,并用自己的写作使全世界的读者深受教益,共享欢乐。

  西默农也许写了更多的恐怖读物,切斯特顿也许写了更多的诗和哲学著作,巴巴拉·卡特兰也许写了更多的小说,但是没有一个作者曾经比阿西莫夫在更广的领域写下更多的书。

  这位巨人未能为世人留下他的《作品第500号》,但是他留下了真、善、美:关注社会公众的精神,传播科学的巨大热情,严肃认真的写作态度和脚踏实地的处事作风。

  如果你曾经很投入地生活过,那么疾病、年迈和死亡都不可怕。即使你不能活到老年,它仍然是有价值的。能够投入到生活中去就会有快乐,投入到富有创造性并且有人与你分享爱的生活中,就更加快乐。

——艾萨克·阿西莫夫

  科普巨匠艾萨克·阿西莫夫生于1920年1月2日,今年4月6日是他的10周年忌辰。10年前,卡尔·萨根撰写的讣告言简意赅地概括了阿西莫夫不平凡的一生,今天我首次译出其全文,以缅怀这位不知疲倦的科学大家。

  阿西莫夫以惊人的勤奋完成了超人的工作:他数十年如一日,每天少则工作8小时到10小时,多则达12小时以上,他从不度假,写作便是他最大的乐趣。他的文风平易近人,决不追求辞藻华丽,而十分注重条理清晰、推理严密。他一生中出版了将近500本书,在全世界受到广泛欢迎。他的作品同样深受我国读者喜爱,第一个中译本《碳的世界》于1973年10月由科学出版社出。如今，阿西莫夫的书有80多种已译成中文，在我国三代读者中产生了深刻的影响。例如，老一辈革命家方毅同志就非常热心于阅读阿西莫夫的著作，著名前辈天文学家、翻译家和科普作家李珩教授也竭力主张多多译介阿西莫夫和卡尔·萨根的作品。1979年，李政道教授访问中国科学技术大学时，曾建议少年大学生们看书不要限于科技书，还可以看文艺小说、科学幻想小说，并说"像美国科普作家阿西莫夫的作品，还有科学电影《2001年》都很好看"。

阿西莫夫著作中译本最主要的有两部各百万言的巨著《阿西莫夫最新科学指南》和《阿西莫夫科学技术传记百科全书》（中译本易名为《古今科技名人辞典》）；一批二三十万字的科普力作，如《生命和能》《洞察宇宙的眼睛》《地外文期》《终极抉择》《科技名词探源》《亚原子世界探秘》等；为青少年读者写的"我们怎样发现了——丛书"和"阿西莫夫少年宇宙丛书"；还有《无穷之路》《变！未来七十一瞥》《新疆域》和《新疆域（续）》等科学随笔集以及《我，机器人》等传世科幻名著。

阿西莫夫的第100本书《作品第100号》于1959年出版，该书节选了他的前99本中富有代表性的片断，酌加导读编纂而成。书末附有头100本书的序号、书名、出版者和出版年份。那时他曾说过："作者自己写的作品最能说明其人。倘若有人坚持要我谈谈我自己的情况，那么他们可以读一下我的几本书：《作品第100号》《早年的阿西莫夫》以及《黄金时代以前》，在那些书里，我告诉他们的东西比他们想知道的还要多得多。"

阿西莫夫的作品包罗万象，除上述《科学指南》和两大卷《阿西莫夫〈圣经〉指南》（阿西莫夫无宗教信仰。此书旨在为现代读者解释作为一部文学作品的《圣经》里的词语和典故）外，他还以同样宏大的篇幅写出了两卷本的《阿西莫夫莎士比亚指南》，第一卷为"希腊、罗马和意大利戏剧"，第二卷是"英国戏剧"，皆于1970年出版。有一位演员为此而慕名拜访，希望阿西莫夫能对自己的戏剧事业有所帮助。

1969年出版的阿西莫夫著《作品第100号》书影，画面左右两侧全是他的著作

1979年2月,对于阿西莫夫的创作生涯来说是一个值得纪念的时刻,当时两家出版社争着要由自己来出版他的第200本书。于是,阿西莫夫把自己的两部新著都定为第200部作品,就像是生了一对孪生儿。两家出版社都心满意足。其中一本是《作品第200号》,其构思和格局与10年前的《作品第100号》完全相同。另一本是《记忆犹新:阿西莫夫自传,1920—1954年》,是其自传的第一卷,写到作者34岁时为止。他的第二卷自传名为《欢乐如故:阿西莫夫自传,1954—1978年》,于1980年出版,全书详述了作者的文墨生涯,反映了他的胜利和挫折,以及与疾病和衰老进行斗争的意志和决心,那一年,阿西莫夫正好60岁。1990年,阿西莫夫自知来日无多,写下了他的最后一卷自传。它比前两卷自传更富于哲理,可惜直到1994年初才出版——那时作者本人已经去世两年了,书名就叫《艾萨克·阿西莫夫》。其中译本将于今年夏天由上海科技教育出版社出版,译者黄群在20年前就曾与笔者合译过两部阿西莫夫的作品。

　　1985年2月24日,我收到了阿西莫夫亲笔签名寄赠的《作品第300号》(1984年出版),其体例与结构一如《作品第100号》和《作品第200号》。在第三个100本书中,有50多本是阿西莫夫与格林伯格合作选编的短篇科幻故事集。这是否应该算做阿西莫夫的作品来排序编号?阿西莫夫本人起初颇感犹豫,但最后他确信有理由这样做!因为对于每一本这样的选编,他都付出了相当多的时间和精力:将格林伯格搜集的那些故事浏览一遍,最终决定取舍,加上前言、按语,定稿交付出版商。在《作品第300号》的附录“我的第三个100本书”中,阿西莫夫特地用星号(*)标出这些选编作品,以示与作者的其他著作有所区别。就这样,花甲老人阿西莫夫又创下了一个个新的出书纪录:1979年13本,1980年13本,1981年20本,1982年21本,1983年24本……

　　1988年6月6日,合众国际社从华盛顿发出消息:据两周前的统计,“阿西莫夫所写的书总数已达375本”,“在那两周之前,该数字还停留在360本上。国际公认的科学幻想小说大师阿西莫夫说:‘其中部分原因是我为孩子们写的10本天文系列小书刚刚出版。’”1988年8月13日,我在纽约到阿西莫夫家做客时,他已收到刚出版的第394本书。按惯例推断,此后不久就应该出现一本《作品第400号》了。后来,我确实函询阿西莫夫有关情况。出乎意料的是,他在1989年10月30日回信中写了这么一段话:“事情恐怕业已明朗,永远也不会有《作品第400号》这么一本

1985年2月24日本书作者收到阿西莫夫亲笔签赠的《作品第300号》(1984年),图为此书封面(左)和扉页(右)

书了。对于我来说,第400本书实在来得太快,以至于还来不及干点什么就已经过去了,""也许,时机到来时,我将尝试完成《作品第500号》(或许将是在1992年初,如果我还活着的话),并希望由道布尔戴出版公司出版。"

我一直在期待着《作品第500号》问世,它应该按时间先后列出阿西莫夫的第301本到第500本书的详目。1991年岁末,我给他寄圣诞贺卡时——那差不多正是他去世前的一百天——还提及此事,然而这永远也不会成真了。当然,阿西莫夫也有他的遗憾,例如,他曾打算仿效《阿西莫夫科学技术传记百科全书》,写一本《阿西莫夫战争与战役传记百科全书》,可惜终未如愿。但是,正如美国《时代》周刊曾经评论的那样:"西默农也许写了更多的恐怖读物,切斯特顿也许写了更多的诗和哲学著作,巴巴拉·卡特兰也许写了更多的小说,但是没有一个作者曾经比阿西莫夫在更广阔的领域写下更多的书。"

卡尔·萨根曾经夸奖"艾萨克·阿西莫夫是一位文艺复兴时代的人物,但是他生活在今天"。这位巨人未能为世人留下他的《作品第500号》,但是他留下了真、善、美:关注社会公众的精神,传播科学的巨大热情,严肃认真的写作态度和脚踏实地的处事作风。难怪有人说:"阿西莫夫一生中只想做一件事,并且极为出色地学会了它:他教会自己写作,并用自己的写作使全世界的读者深受教益,共享欢乐。"

哦,一辈子真要做好一件事是多么不容易啊!

原载《文汇报》2002年4月8日第11版

060
科普界的"发球员"与"二传手"

2001年12月15日卞毓麟在北京科技会堂举行纪念卡尔·萨根逝世五周年的"科学与公众论坛"上演讲,本文由随后的答听众问整理而成

　　科学家乃是无可替代的"发球员",科学之球是从科学家手中发出来的。在某种意义上,科普工作者以及大众媒体都起着"二传手"的作用。同时,我还想强调一点:既然"球"是科学家发出来的,因此科学家们,尤其是著名科学家,直接从事科普工作就具有特殊的意义,这往往是别人无法替代的。可以说,在这方面,卡尔·萨根为我们提供了一个非常优秀的榜样。

　　在这里我想谈谈一些成功的"发球员"和"二传手"的事例。

发球员:成功的专家普及

　　第一个例子的时代比较早。18世纪,法国天文学家拉朗德(Joseph-Jérôme Le Français de Lalande, 1732—1807)曾经担任巴黎天文台台长,他的大部分时间用于编制一份庞大的星表,其中编号为21185的那颗星后来查明是离太阳最近的少数几颗恒星之一。拉朗德在普及天文知识方面的惊人之举,是他一个人撰写了狄德罗《百科全书》中的全部天文学条目。

《膨胀的宇宙》，爱丁顿著，曹大同译，商务印书馆1937年6月出版，作为"汉译世界名著"列入"万有文库"第二集

　　再举几个现代的例子。英国天文学家金斯（James Hopwood Jeans, 1877—1946）也是一名优秀的物理学家和数学家，在科学界有着崇高的威望。而使他更加声名远扬的却是他为普通人写的通俗读物《我们周围的宇宙》（*The Universe Around Us*, 1929）和《穿越空间和时间》（*Through Space and Time*, 1934）。

　　另一位英国天文学家爱丁顿（Arthur Stanley Eddington, 1882—1944）是最早认识到爱因斯坦相对论之重要性的少数科学家之一。他于1914年成为剑桥天文台台长。爱丁顿对天文学的最大贡献是建立了恒星内部结构理论。他是20世纪二三十年代最重要的通俗科学作家之一，最为著名的作品是《膨胀的宇宙》（*The Expanding Universe*, 1933）。鉴于当时宇宙膨胀的观念刚提出不久，因而这本书的影响尤为巨大。

　　与金斯和爱丁顿同时代的美国天文学家罗素（Henry Norris Russell, 1877—1957），长期担任普林斯顿大学天文台台长，一生在天文学的许多领域各有建树，其中尤其以创制表示恒星温度与光度关系的图最为有名。后来，这类图就以两位发明者丹麦天文学家赫茨普龙以及罗素的姓氏命名为"赫罗图"，它无疑是天文学史乃至整个科学史上最重要的图件之一。罗素从1900年起每个月都为著名科普期刊《科学美国人》（Scientific American）写一篇文章，到1943年，一共写了500篇，内容几乎涉及天文学的所有方面。

　　出生在俄国的杰出科学家伽莫夫（George Gamow, 1904—1968），1928年在列宁格勒大学获得博士学位，1934年在美国定居。他第一个详细阐述了大爆炸宇宙论，并且在生物化学中第一个提出遗传密码由一组核苷酸构成。伽莫夫作为一流科普作家的声望，和他作为一流科学家的声望不分高下。他的科普事业始于1939年出版《汤普金斯先生漫游奇境记》（*Mr. Tompkins in Wonderland*），中译本名《物理世界奇遇记》。此外他又写了20多本极佳的科普读物，广受世界各国读者欢迎，中译本已有《从一到无穷大》（*One, Two, Three, ...Infinity*）、《物理学发展史》

（*Biography of Physics*）、《伽莫夫自传》（*My World Line, An Informal Autobiography*）等。这些书中对宇宙学、量子力学、相对论、集合的势等艰深科学内容的通俗化介绍简直妙不可言。

还有一位极富传奇色彩的人物，他出生于 1942 年，比卡尔·萨根小 8 岁。大家一定已经想到，我说的是斯蒂芬·霍金（Stephen Hawking）。如今，霍金和他的名著《时间简史》（*A Brief History of Time*）不仅在西方世界，而且在中国，都已经非常有名。

二传手：成功的普及专家

历史上有许多成功的普及家，他们主要不是因为作出某项具体的科学发现而名垂青史，而是因为出色地传播科学知识而著称于世。也像刚才那样，我先讲一个时代比较早的故事，再介绍两位当代人物。

丰特奈尔（Bernard le Bovier de Fontenelle）是法国人，生于 1657 年，卒于 1757 年，活了 100 岁。他起初从事文学创作，34 岁时进法国科学院，6 年后成为法国科学院常务秘书。他不断发表文章向公众介绍当时的各项重大科学进展；每当著名科学家逝世，总是由他撰写讣告。他知识面极广，29 岁那年出版的《关于世界众多性的对话》尤为世人称道。这本书向普通读者介绍了新生的望远镜天文学，详细描述了当时所知的每颗行星，并推测这些行星上可能存在的生命形式。时至今日，人们谈论地外文明问题时，还经常提到丰特奈尔的这本书。我想，卡尔·萨根一定也很钦佩他。丰特奈尔可以算是全凭科普活动而闻名于科学界的第一人。

至于说到当代人物，我们当然不能不提到科普大师艾萨克·阿西莫夫（Isaac Asimov, 1920—1992）。在他出版的将近 500 种书中，有 68 种是天文科普书，他的作品已有 70 多部被译成了中文。卡尔·萨根曾经赞扬阿西莫夫"是一位文艺复兴时代的人物，但是他生活在今天"。萨根给阿西莫夫写的讣告结尾处，提到阿西莫夫在最后的日子里曾请人们"别为我担忧"，然后萨根发自内心地说："我并不为他担忧，而是为我们其余的人担心，我们身旁再也没有阿西莫夫激励年轻人奋发学习和投身科学了。"明年 4 月 6 日是阿西莫夫逝世 10 周年纪念日，我相信，到那时我们的科学家、我们的科普作家、我们的新闻媒体，以及视科普为己任的各方人士，一定还会再次相聚，在缅怀为传播科学而战斗到生命最后一刻的阿西莫夫的同时，也为公众理解科学、热爱科学、参与科学更多地奉献自己的一分力量。

非常值得一提的，还有英国科普大家帕特里克·穆尔（Patrick Moore）。几十年来，穆尔每个月都在英国电视屏幕上出现一次，演讲一个天文专题节目。他的语言和演说风格感染力极强，在英国可以说家喻户晓。他已经出版的通俗天文读物，甚至比萨根和阿西莫夫还要多。英国皇家天文学会举行年会，当帕特里克·穆尔入场时，与会天文学家竟然全体起立，鼓掌欢迎。我本人曾经在英国爱丁堡皇家天文台做访问学者，那里有一个规模不大，但是很出色因而也很有名的科普展览中心，在它的揭幕纪念牌上留名的不是天文台台长，也不是地方行政官员，而是写着特邀帕特里克·穆尔揭幕，是穆尔留下了他的亲笔签名。

我国的科学普及也有值得称赞的传统。1915年，任鸿隽、杨杏佛、胡明复、赵元任等前辈学人，在内战连年、外侮交加之秋，毅然节省留学生活费，而在美国创立中国科学社，自费出版《科学》杂志，树立起"传播科学，提倡实业"的旗帜，开启了在我国有理念、有计划地介绍现代科学潮流、普及科学知识的先河，这是非常值得我们后人钦佩的。当初，中国科学社活动的主要地点之一是康内尔大学。顺便说一句，半个多世纪以后，卡尔·萨根的最后28年就是在康内尔大学度过的。

1953年时任北京大学教授的戴文赛（前排左二）在中央人民广播电台现场解说月全食，前排左一是中国科学院紫金山天文台台长张钰哲（来源：《岁月屐痕——南京大学老照片（1902—1978）》）

中国科学院北京天文台(今国家天文台)前台长王绶琯院士在青少年科普活动中和学生们在一起

　　在我国天文界,德高望重的老一辈天文学家张钰哲、李珩、陈遵妫、戴文赛等人都为天文事业倾注了大量心血。我们这次"科学与公众论坛"的特邀顾问中有两位著名天文学家——叶叔华先生和王绶琯先生。他们一直是科普事业的热心人,都发表过不少优秀的天文科普作品。还有我们这次论坛的学术委员会委员李元先生,和今年年初去世的卞德培先生,都在长达半个多世纪的天文普及生涯中作出了卓越的贡献,为此,国际天文学联合会已于1999年正式将第6741号小行星命名为"李元",将第6742号小行星命名为"卞德培"。

原载《科学时报》2002年1月11日B3版

061

真诚的卡尔·萨根

据说，人们容易忘却事实，而不难记住故事。因此，我的演说就从一个真实的故事开始。那是1984年，我正在中国科学院北京天文台从事星系和宇宙学领域的研究工作，同时在为《自然辩证法百科全书》写"宇宙中的生命""平庸原理""黑洞"等条目。在探讨"宇宙中的生命"时，必然要涉及"平庸原理"。鉴于这是一个非常微妙的话题，所以我感到有必要与这一研究领域的"领头羊"萨根探讨一下。于是，我给他写了一封信。信中还顺便告诉他，我对普及科学知识极有兴趣。

这一年萨根正好50岁，早已名扬全球，忙得不可开交。但是，他很快就给我这个素不相识的同行回了信。他说：

2001年12月在北京中国科技会堂举行纪念卡尔·萨根逝世五周年的"科学与公众论坛"，本文系作者在论坛首场"科学家与公众理解科学"的演讲要点。论坛组委会特制的萨根主题挂历很受欢迎，图为本书作者与王绶琯院士（右）在一起观赏

我很高兴收到您的来信并获悉您有志于在中国致力科学普及。谨寄上什克洛夫斯基和我本人所著《宇宙中的智慧生命》(1966)一书第25章的复印件。该章题为'平庸假设';我相信将它提升为一种"原理"也许为时尚早。另附一篇新近发表在《发现》杂志上的文章'我们并无特别之处'的复印件。我希望这将对您有所帮助。请向你在中国天文界的同事们转达我热烈的良好祝愿。

　　　　　　　　　　　　　　　　　　　您真诚的卡尔·萨根

　　确实,卡尔是真诚的。他真诚地做人,真诚地从事科学研究,真诚地为公众理解科学、为揭露和反对伪科学、为人类的今天和更美好的明天奉献自己的一生。

　　卡尔的13集大型科学电视系列片《宇宙》,在20世纪80年代初问世后,迅速红遍五大洲。80年代中期,我本人也参与了脚本的翻译审定。1986年,88岁高龄的我国科学界前辈、法国天文学家弗拉马利翁的传世科普巨著《大众天文学》的译者李珩先生,为萨根那部与电视片《宇宙》同名的配套图书写下了中译本序言,题目就是"从《大众天文学》到《宇宙》",副题是"天文学大众化的100年"。他赞赏萨根"把天文、地理、历史、哲学以及生命的起源进化和地外文明的探讨等等都熔于一炉",称萨根是"当代的弗拉马利翁之一","他在科学普及上的非凡才能从《宇宙》一书及电视片的编剧中得到了证实"。不是真诚地为提高社会公众的科学素养而呕心沥血的人,绝不可能创作出如此深入人心的佳作。

　　可是,有些人总是无法摆脱这样的偏见:科学家搞科普是不务正业,甚至是哗众取宠,有人还为此而嘲笑萨根。萨根生前曾被提名为美国国家科学院院士候选人,但由于某些院士的强烈反对,最后他落选了。其实,我认为,拿萨根的科研成果来看,评两个院士大概也够了,而且他还为社会、为公众作了那么多的好事。萨根本人对于没能当上院士并不感到多么遗憾。相反,我倒着实对一个国家的科学院少了一位像萨根这样的成员而深感惋惜。真正可笑的并不是萨根,而是那些自以为有资格嘲笑萨根的人。

　　卡尔·萨根与艾萨克·阿西莫夫一样,极其擅长用生动、形象、简明的语言来向公众传播科学知识。萨根60岁那年出版的《暗淡蓝点》一书就极有韵味。去年此时,上海科技教育出版社出版了这本书的中译本,我本人正是它的责任编辑。

"暗淡蓝点"这个著名的语汇是萨根首创的,指的是从太空中遥望的地球。《暗淡蓝点》一书的主题关系到人类生存与文明进步的长远前景——在未来的岁月中,人类如何在太空中寻觅与建设新的家园。萨根本人从年轻时代起就对此持积极乐观的态度,《暗淡蓝点》则用诗一般的语言道出了他的心境: 我们遥远的后代们,安全地布列在太阳系或更远的许多世界上……

"他们将抬头凝视,在他们的天空中竭力寻找那个蓝色的光点。

"他们会感到惊奇,这个贮藏我们全部精力的地方曾经是何等容易受伤害,我们的婴儿时代是多么危险……我们要跨越多少条河流,才能找到我们要走的道路。"

萨根以及和他志同道合的科学家们,似乎已经看到了这样一条人类文明的未来之路。这使我联想起斯蒂芬·茨威格对罗曼·罗兰的评论:"他的目光总是注视着远方,盯着无形的未来。"

卡尔·萨根也有着同样深邃、同样真诚的目光。因此,人们自然而然地对他充满着崇敬之情。正如美国的《每日新闻》所言:"萨根是天文学家,他有三只眼睛。一只眼探索星空,一只眼睛探索历史,第三只眼睛,也就是他的思维,探索现实社会……"

在《卡尔·萨根的宇宙》一书中,我们可以读到卡尔的妻子德鲁扬讲的另一个小故事:

有一次,萨根应邀参加一个科学家和电视播音员会议,会议组织者派了一位司机来接他。这个司机获悉萨根是个"搞科学的家伙",就一个劲地问起所谓的"科学问题"来。但是,他问的却是人死后经过什么样的通道,占卜和占星术中的"科学"原理是什么?

萨根十分感叹: 在真正的科学里,有那么多激动人心而又富于挑战性的东西,但这个司机好像从来

《卡尔·萨根的宇宙》,耶范特·特奇安、伊丽莎白·比尔森主编,周惠民、周久译,上海科技教育出版社2000年12月出版。此书由多位作者撰写,涵盖了萨根为之献身的科学、教育、政策制定等诸多领域

都没有听说过。他只是认为,那些广为流传的廉价信息都是正确的。萨根进而想到:科学激发了人们探求神秘的好奇心,但伪科学似乎也有同样的作用。落后的科学普及所放弃的空间,很快就会被伪科学所占领。因此,"我们的任务不仅是训练出更多的科学家,而且还要加深公众对科学的理解"。卡尔去世前不久,在他的力作《魔鬼出没的世界》中真诚而深刻地倾诉了自己的这种理念。

我盼望中国和世界上的其他国家也多多出现一批像萨根那样杰出的科学宣传家。这并不是说科学家们都必须和萨根同样地投入,但是每一位科学家至少都应该有自己的那一份理念、热情和责任感。

1992年4月,艾萨克·阿西莫夫逝世,萨根为他写了悼词。其中说到法国政治家克雷孟梭有一句名言:"战争太重要了,不能单由军人去决定。"阿西莫夫仿此句型,引出了又一名言:"科学太重要了,不能单由科学家来操劳。"

就在那一年,作为一名热心科学普及的科学家,我曾经说过:"科学普及太重要了,不能单由科普作家来担当。"我的意思是说,它需要全社会每一个人的关注。

将近10年过去了,阿西莫夫和萨根都离我们而去了。但是,他们的、也是我们的事业永存、长青。我相信,无论是萨根还是阿西莫夫,都会赞同我在上面说的那句话。因为,这个声音同样出自一颗真诚的心!

原载《科学时报》2001年12月15日第4版

062

探索地外文明的意义

　　近年来有一个常常会传得沸沸扬扬的话题，那就是UFO。有些人总是将UFO与"外星人的宇宙飞船"混为一谈，所以这和科学的了解地外文明问题密切相关。在这方面，可敬的"科学先生"卡尔·萨根做了大量的澄清和宣传工作，其热情、魄力和成效令人钦佩。而他常常还要面对这样的质疑：探索地外文明究竟有什么意义？

一部20世纪80年代在英国出版的科普读物，用这样一幅图表达对人类技术进步的乐观期望：我们或许能在21世纪探测到来自地外文明的信号，可是又有谁在搜索人类发出的信号呢

的确，古往今来，人类对地球之外的智慧生物、地球之外的文明世界的思考和探索，始终有一种经久不衰的张力。我以为，人类的好奇心和求知欲，本来就是科学得以发展的重要动因之一，探索地外文明自然也不例外。但事情又远不止如此，探索地外文明无论是在科学上还是在哲学上，都有其极为鲜明的色彩。

首先，它是人类不断扩展自己的视野，更深入地洞察自然的必然结果和重要组成部分。如今，探索地外文明不仅已成为天文学、生物学、空间科学和众多的技术领域的交会点，而且对人类创造更美好的未来也具有不可低估的潜在意义。

探讨地外文明的又一重大意义在于，它是自然科学与社会科学较为明显地相互渗透的一个领域。未来社会问题、人口问题、能源问题、战争与和平问题，特别是核战争问题等等，都成了探讨地外文明问题时必须考究的因素；反之，对于地外文明的社会学和文化学分析，又会或多或少地渗透到预测人类未来的争论中去。

第三，关于地外文明发出的信息能否破译，涉及人类对客观世界的认识能力。地外文明向外界提供的信息及其表述方法都应该是可以认识的。这将为正确的认识论提供新的素材和例证。

第四，探索地外文明，有助于人类更深刻地认识自己在宇宙中的地位。

最后，坚持不懈地搜索地外文明将为人类提供一种历史连续感。这种连续感有助于人类赢得更美好的未来。人类应该考虑得更加深远，应该学会更有效、更科学地研究和计划数十年、甚至上百年以后的事情，搜寻地外文明乃至设法与之"对话"，则很可能成为这类长远计划的一种榜样。

那么，这种伟大的探索，什么时候才是尽头呢？也许，它永远也不会有什么尽头。可以肯定的倒是，它现在才刚刚开始。探索的结局将会如何？各种结果都有可能。我们即使以"悲观"的模式进行思辨，仍然会导致某些相当积极的推断，人类仍会获益匪浅。

多年前我曾经说过：当今人们在探索地外文明的过程中所表现出来的能动性，再次体现了现代的科学精神与古代的思辨、中世纪的宗教意识以及近世早期的先验哲学的根本差异，而以理性指导的探索实践，则是最终解开地外文明之谜的必由之路。今天，我依然持有相同的观点。

原载《科技日报》2001 年 12 月 12 日第 9 版

063

三只眼睛的卡尔·萨根

大人物往往会犯一些有趣的小错误,卡尔·萨根也不例外。他给我的第一封信的第一句话是"非常感谢4月22日惠函",而落款日期竟是1984年3月9日(实为5月9日)!

其实,萨根是极其认真的——认真得简直有些出人意料。当年,我正担任于光远主持编纂的《自然辩证法百科全书》天文学哲学编写组副主编,并承担"宇宙中的生命""平庸原理"诸条目的撰写任务。为了对"平庸原理"一语的历史沿革作较为详尽的考察,我以为最直截了当的途径莫过于向卡尔·萨根求教。他在给我这个素不相识的同行回信时说:

【作者按】此信全文见本书"061 真诚的卡尔·萨根",此处从略。

萨根长期任康内尔大学天文学与空间科学教授和行星研究室主任。他深深介入美国的太空探测计划,并在行星物理学领域取得许多重要成果。第2709号小行星以其姓氏被命名为"萨根"。他在科普方面的成就极为引人注目:20世纪80年代他主持拍摄的13集电视片《宇宙》,被译成10多种语言在60多个国家上映;此外,他还写了数十部品位很高的科普读物。1994年,他被授予第一届阿西莫夫科普奖。他还获得过美国天文学会的"突出贡献奖"和美国国家科学院的"公共福利奖"。1996年12月20日,萨根因患骨髓癌并发肺炎去世,终年62岁。

去年12月,卡尔·萨根4周年忌辰前后,两部与他密切相关的新书相继由上海科技教育出版社出版,这真是对他的极好纪念。这两本书中,先出版的是萨根本人的力作《暗淡蓝点》之中译本,它于当年10月面世未久,即被评为"牛顿杯科普图书奖"2000年度的十大科普好书之一。后出版的是一部引人入胜、插图精美的文集《卡尔·萨根的宇宙》，它由美国科学界多位一流人物撰写，涵盖了萨根为之献身的科学、教育、政策制定以及相关的许多领域。

"他的目光总是注视着远方，盯着无形的未来。"这是斯蒂芬·茨威格对罗曼·罗兰的评论，卡尔·萨根正是这样的人，因此，人们自然而然地对他充满着崇敬之情。1994年10月，为了庆祝萨根的60岁生日，康内尔大学专门组织了一个与其工作相关的讨论会，会议就在校园内举行，世界上300位科学家、教育家以及萨根的朋友和家属应邀参加。《卡尔·萨根的宇宙》一书收录的文章，即来自此次荣誉讨论会。会上的四大论题是：1.行星探索；2.宇宙中的生命；3.科学教育；4.科学、环境和公共政策。这些话题充分显示了萨根数十年间的兴趣、工作内容和成就之所在。

《卡尔·萨根的宇宙》全书共24章，每一章的作者，都是相应领域中无可争议的"大腕"。例如，"寻找地外文明的意义"一章的作者是弗兰克·D. 德雷克；"物理学容许有星际旅行虫洞和时间旅行机器吗？"一章的作者是基普·S·索恩；"科学与伪科学"的作者是詹姆斯·兰迪；"用视觉图像展示科学"的作者是乔恩·隆贝格等等。此外，书中另有"幕间插文"一篇，是卡尔·萨根本人在这次祝寿讨论会上的公开演讲，主持人是康内尔大学的退休校长科森。

《卡尔·萨根的宇宙》的最后两章——华盛顿卡内基研究所的高级研究员弗兰克·普雷斯的"向萨根致敬的演讲"和康内尔大学荣誉校长弗兰克·H·T·罗兹的会议闭幕词"60岁的卡尔·萨根"，皆可谓妙语连珠。例如，致敬演讲的首句便是："赫胥黎曾经说过：'过了60岁还从事科学工作的人，他的作用会是弊大于利。'这对我们一些人是适用的，但卡尔却是少数的例外！"致敬词的结尾则引用了当年年初萨根的一段名言：

卡尔·萨根接受美国国家科学院颁发的公共福利奖（来源：《卡尔·萨根的宇宙》）

卡尔·萨根在康内尔大学为庆祝其60岁生日组织的学术讨论会上（来源：《卡尔·萨根的宇宙》）

（科学）使得国家的经济和世界的文化向前运行。其他国家都很懂得这个道理。这就是为什么美国大学里有这么多来自其他国家的科学和工程学研究生的缘故。科学是发展中国家走出贫困和落后的金光大道。同样的道理，美国如果不能抓住这个要领而放弃科学，那就必然会回到贫困和落后的道路。

美国的《每日新闻》曾作评论："萨根是天文学家，他有三只眼睛。一只眼睛探索星空，一只眼睛探索历史，第三只眼睛，也就是他的思维，探索现实社会……"诚哉斯言，人类文明的进步需要更多像萨根那样的有三只眼睛的科学家！

1996年12月23日，卡尔·萨根安葬于康内尔大学的所在地纽约州的伊萨卡。回想1984年10月，我为江苏某出版社撰写《科学家辞典》之"卡尔·萨根"条而函请其本人提供素材，并于翌年年初接获详复。斯情斯景历历在目，而萨根已然仙逝，"辞典"一事则杳如黄鹤。每念及此，不免大有愧对故人之感。

罗兹在上述讨论会闭幕词中讲道："卡尔讲的题目是宇宙，而他的课堂是世界。"全世界所有受到他的写作、讲课、演说和电视节目感染的人，都将长久地深深地怀念他。

原载《中华读书报》2001年3月14日第23版

064

苍穹中的"冥神"

1930年美国青年天文学家克莱德·汤博在洛厄尔天文台发现冥王星的那个望远镜观测室门前

命名虽已七十载　"家族"身份尚未定
冥王星究竟是否属于地球"兄弟"？

　　冥王星发现于1930年，人们曾欢呼它为20世纪最重大的发现之一。可是人们至今对这个朦胧的世界依然知之甚少⋯⋯

　　1846年，德国天文学家加勒根据法国天文学家勒威耶的预言，在天空中找到了造成天王星运动反常的那颗新行星——海王星。它离太阳远达30.1天文单位（天文学家把日地之间的平均距离称为1个天文单位），这是不是太阳系的疆界？在它之外是否还有更遥远的行星呢？

　　1905年，美国天文学家帕西瓦尔·洛厄尔制订了寻找"海外行星"的详细计划。他用各种仪器对天空拍照搜索，但是直到1916年他去世还是一无所获。后来，洛厄尔天文台特地制造了一架口径33厘米的折射望远镜，于1929年投入使用，由年轻的美国天文学家克莱德·汤博负责继续进行规模宏大的搜索。他用望远镜依次对一小块一小块天空照相。2天或4天以后再重新拍摄一次。

由于行星在运动,所以它们在两张底片上的位置多少会有些差异,但变化极其细微。

发现冥王星

1930年1月23日和29日夜,汤博再次拍摄了双子座δ星附近的天区。2月份,他开始对这些底片作闪视比较。2月18日下午4点钟,他看见有一个恒星状的东西正在闪视比较仪的视场中来回闪动。"我为此不胜惊骇,"后来汤博写道,"哦,我好好看了一下表,记下了时间。这应该是一项历史性的发现……接下来的45分钟光景,我处于有生以来从未有过的兴奋状态之中,""我尽力控制自己,尽量若无其事地走进他(洛厄尔天文台台长斯莱弗)的办公室……'斯莱弗博士,我已经发现了您的行星X……我将向您出示证据',""他立即冲向闪视比较仪室……"

斯莱弗决定对该天体作进一步的观测证实。最后,在1930年3月13日,终于正式宣布发现了一颗海外行星。这天正好是洛厄尔的75岁诞辰,又是威廉·赫歇尔发现天王星的149周年纪念日。接着,为该行星命名的建议便如潮水般地涌向洛厄尔天文台。1930年5月1日,斯莱弗台长决定将它命名为普鲁托(Pluto)——罗马神话中冥神的名字。这一名字最初由英国剑桥一位11岁的女学生维尼夏·伯尼提出。她觉得这很适合于一颗如此幽暗的行星。在汉语里,行星普鲁托的名字意译为"冥王星"。

冥王星的特征

冥王星是离太阳最远的一颗大行星,它和太阳的平均距离是39.44天文单位,即约59亿千米。它在轨道上运行的速度是每秒4.74千米,约248年绕太阳公转一周。它的公转轨道椭圆偏心率高达0.248,居九大行星之首。这使冥王星在轨道近日点附近时,与太旧的距离比海王星到太阳还近。它最近一次过近日点是在1989年,直到1999年它都比海王星离太阳更近。冥王星的公转轨道平面对地球公转轨道平面(即黄道面)的倾角达17度以上,这在太阳系行星中也是独占鳌头的。

　　冥王星是太阳系中最小的一颗行星,其直径约2300千米,比月球的直径(3476千米)还小。其质量仅约为月球质量的5.5分之一,或地球质量的千分之2.2。由于远离太阳,冥王星的温度始终在−220℃以下。1976年,在夏威夷莫纳克亚山顶进行的分光观测揭示了冥王星表面存在甲烷雾,这使人们猜测它由冻结的水和据信曾存在于原太阳星云外围区域的其他轻化合物组成。因此冥王星具有相当高的反照率。冥王星的密度约为水的2倍,在九大行星中,水星、金星、地球和火星的密度都比它大;木星、土星、天王星和海王星的密度则比它小。冥王星的自转周期是6.387天。其自转轴与公转轨道面颇为贴近,这与天王星的情况有些相似。从汤博发现它至今,冥王星只绕太阳转了1/4圈多一点。尽管如此,冥王星的发现仍然在20世纪太阳系天文学大事记上名居榜首。

冥王星的探测计划

　　冥王星的发现是长期精心、系统搜索的结果。然而几十年过去了,与对其他大行星的了解相比,人们对这个遥远而朦胧的世界毕竟还是知道得太少了。为了详细考察冥王星的大气和结构,必须派宇宙飞船前往。然而,估计至少还要过二三十年,才有可能专门发射飞往冥王星的飞船。

　　为此,有人考虑了一种在冥王星离地球较近的时候,以费用低廉、节省燃料的方式将飞船送往冥王星的办法,那就是:发射一个冥王星探测器,它搭乘在一艘更大的、用于研究太阳的宇宙飞船上。这艘飞船应于2001年发射,于2003年奔向木星,并在木星附近分成两部分。其中太阳探测器于2007年飞越太阳,冥王星探测器则沿其自己的轨道继续前进,并于2014年飞越冥王星—冥卫系统。

　　发射时间应定在2001年,那是因为当时木星的位置将最有利于给前往冥王星的飞船以必要的引力加速。在此后200年中,再也不会有这么好的机会了。

原载《文汇报》1999年1月22日第10版

2006年1月19日，NASA成功发射了"新视野号"冥王星探测器，其尺寸有如一架大钢琴，重454千克。冥王星距离太阳太远，"新视野号"无法获得足够的太阳能，故需依靠所携带的10.9千克钚丸的放射性衰变提供动力。"新视野号"在太空中飞行将近10年，经过近50亿千米的漫长旅程，于2015年7月14日近距离掠过冥王星，给人们带来了关于冥王星及其卫星的许多新发现。

例如，在"新视野号"飞越冥王星时拍摄的图像上，有一个惹人注目的心形特征，被昵称为"冥王星之心"。这颗"心"分为左右两叶，左叶较为平滑，是一片被冰覆盖的高原。科学家们相信，在左叶冰层下面有一片深约100千米的沙冰状海洋，其水量几乎与地球上的海洋相当！而且，巨大的地下海洋中含有氨等物质，足以使水保持液态。然而，那里不太可能有生命。

再如，对于某些冥卫，科学家通过分析它们表面上的陨星坑分布特征，可以推断它们的年龄。结果表明，那些冥卫都是同时诞生的。这说明，卫星是冥王星在远古时期同另一个天体猛烈撞击的产物。

"新视野号"的飞行速度很快，它携带的燃料不足以让其减速到进入环绕冥王星运行的轨道。因此，它同冥王星及冥卫"亲密接触"后，仍然继续前行，深入柯伊伯带进行考察，一去而不复返。

2015年7月"新视野号"探测器飞越冥王星时拍摄的图像，注意那个巨大的"冥王星之心"（来源：NASA）

065

宇航员太空访"哈勃"

    哈勃空间望远镜简称HST，以"星系天文学之父"、现代观测宇宙学的奠基者、杰出的美国天文学家爱德温·鲍威尔·哈勃（1889—1953）命名。它于1990年4月24日由"发现号"航天飞机送入太空轨道，7年多来为科学家们提供了大量极有价值的天文图像和数据资料。该镜的技术指标在20世纪70年代业已确定，为了研制顺利，美国还专门建立了一个空间望远镜科学研究所。整个HST耗资将近20亿美元。

    HST长13.1米，重11.5吨，主镜口径为2.4米。与通常的地面光学望远镜相比，它有两大显著的优点。第一，由于地球大气臭氧层的吸收，在地面上便接收不到波长短于0.3微米的天体紫外辐射。在红外波段，地球大气中的水气吸收了来自天体的大多数红外辐射，只留下少数几个特定波长的"大气窗口"。哈勃空间望远镜的观测波段则较宽，可从紫外一直延伸到红外（波长0.115微米至1.1微米）。第二，即便是能够穿过地球大层抵达地面的天体辐射，也仍然受到大气的干扰。大气湍动以及它对光的衍射和散射效应，都会使星像变得模糊不清。空间望远镜置身大气层外，避免了这类

1993年12月哈勃空间望远镜在太空中依托"奋进号"航天飞机进行首次检修的场景（来源：NASA）

干扰,因而所成星像的清晰程度便远胜于同类地面望远镜所成的像。

在HST研制过程中,曾非常出人意料地犯了一个原本完全可以避免的错误,结果在望远镜上天观测时才发现光学系统聚焦不良。为此,美国国家航空航天局又于1993年12月2日用"奋进号"航天飞机将7名宇航员送入太空前往修复。他们给这架望远镜装上一个矫正透镜——其作用有如给人戴上近视眼镜,并更换和增添了另一些部件。望远镜修复后拍摄的天体照片质量极佳。

美国国家航空航天局早就计划大致每三年一次重访HST,以更换损坏的部件和安装新设备,并将望远镜重新提升到原先的高度,以补偿轨道的衰减。继1993年那次检修任务之后,"发现"号航天飞机于1997年2月13日凌晨将7名宇航员带上太空轨道,执行第二次检修任务。

这7名宇航员都是经验丰富的"老手":指令长肯·鲍尔索克斯,驾驶员斯科特·霍罗威茨,以及5名任务专家史蒂文·哈利、格雷格·哈博、马克·李、史蒂夫·史密斯和乔·坦纳。其中鲍尔索克斯、哈利、哈博和李4人已是第四次执行航天飞机飞行任务,其余3人则是进行第二次航天飞行。1990年HST上天时,哈利就在航天飞机上操纵机械臂将该镜释放到太空中去。1993年鲍尔索克斯曾驾驶"奋进"号航天飞机首次检修HST。

这次检修任务的中心内容,是用两台波段更宽、视场更大、灵敏度更高并具有由当代高新技术带来的其他许多优点的新仪器,取代最初随HST一同发射上天的老设备。一台新仪器是"空间望远镜成像光谱仪"(简称STIS),它取代了原先的"暗天体光谱仪"(简称FOS)和"戈达德高分辨光谱仪"(简称GHRS)。STIS与两种旧仪器的重要差别在于,它可以同时获得许多天体的光谱,或同时获得一个延伸天体内不同地方的光谱。它有好几个探测器:一个CCD用于可见光波段,两个新研制的"多阳极微通道阵"则用于紫外波段。FOS和GHRS均由"发现"号运回地面。

另一台新仪器是"近红外照相机与多天体分光仪"(简称NICMOS)。它是HST的第一台工作波长超过1微米的近红外分光设备。实际上,它有3架视场各异的照相机,因此可以同时获得3个像。每架照相机还可以产生低分辨率的无缝光谱。NICMOS的探测器和内部光学系统由一块固态氮蒸发的冷气体保持冷却。

2009年5月，"亚特兰蒂斯号"航天飞机执行哈勃空间望远镜的第四次——也是最后一次维修任务。照片中的宇航员约翰·格伦斯菲尔德是最后一个接触哈勃空间望远镜的人（来源：NASA/HST）

为了弥补当初不慎造成的HST主镜光学缺陷，STIS和NICMOS都包含有光学改正部件。由于原先的经费预算中并不包括这些光学部件，科学家们为了支付这笔费用就不得不减少探测器的尺寸和数目。尽管如此，STIS和NICMOS还是大大提高了HST的科学工作能力。

进行检修时，首先是让航天飞机向处于空间轨道上的HST靠拢，并由宇航员操纵机械臂"抓住"整个望远镜。然后，5名任务专家两人一组轮流倒班，离开航天飞机进入太空，累计进行了30余小时的太空行走，依次完成预定的各项工作，最后重新用机械手将HST推开去。在检修中除更换上述仪器设备外，宇航员们还安装了新的传感器线路；安装了一套新的数据记录设备；安装了新的计算机命令传输设备；更换了太阳能电池板的电子系统，并修补了它的绝缘层等。在完成所有这些任务和提升HST的轨道后，"发现"号带着宇航员们于2月19日胜利返航。

今后的检修飞行还将有些什么项目？ 1999年检修飞行时，宇航员们将要为HST安装它的第三代仪器，即"高级巡天照相机"。它的视场和角分辨率都将两倍于HST目前使用的"大视场和行星照相机2号"。美国国家航空航天局还打算再造一架更先进的仪器，用于2002年的第四次检修任务。HST的设计工作寿命是15年，即到2005年结束。有鉴于此，天文学家希望研制一种比HST还要大得多、同时又便宜得多的"下一代空间望远镜"，目前他们正在致力于与此有关的概念性研究。

原载《光明日报》1998年2月5日第2版

2021年春,哈勃空间望远镜依然在工作,它的"接班人"韦布空间望远镜(James Webb Space Telescope,下简称"韦布")将于2021年12月发射升空。

"韦布"的研制始于20世纪90年代,初称"下一代空间望远镜",2002年又以詹姆斯·韦布冠名。韦布是美国国家航空航天局(NASA)的第二任局长,在1961—1968年的任期内,卓有成效地领导推进了阿波罗计划和其他一些重大空间探测项目的实施。

"韦布"是NASA、欧洲空间局(ESA)和加拿大空间局(CSA)的合作项目,其主镜口径为6.5米,探测灵敏度约为"哈勃"的7倍。"哈勃"以接收天体的可见光为主,"韦布"则基本上是一架空间红外望远镜,它将完成"哈勃"力所不逮的许多任务,使人类认识宇宙的立足点更上一个新台阶。与此同时,"韦布"也将充分吸取"哈勃"的种种经验教训。例如,"哈勃"起初成像质量不佳,后经维修,加配一个矫正透镜才诸事大吉。这样的悲剧,绝对不能在"韦布"身上重演。

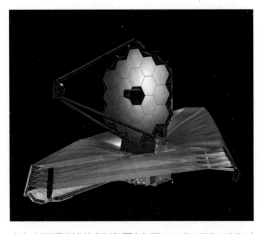
韦布空间望远镜艺术形象图(来源:NASA/ESA/CSA)

无论是探索太阳系行星和它们的卫星,还是探索系外行星,乃至追溯宇宙的早期演化史,"韦布"都大有用武之地。人们可以想象它也许能看到什么样的新现象,但是更令人惊喜的必定是你事先完全想不到的种种新发现,且让我们拭目以待吧!

066

"虎"思

牛年尽,虎年始,浮想联翩。

一是想到"九江皆渡虎,三郡尽还珠"(李白:《中丞宋公以吴兵三千赴河南》)。"渡虎"、"还珠"亦作"虎渡"、"珠还",皆常典,源出《后汉书》,用以称颂地方官或领导者功绩卓著,辖下政通人和。陈毅《满江红·雷州半岛》曰:"看今朝,合浦果珠还,真无价",也是这个意思。可见无论古今,"虎渡""珠还"始终是百姓们的殷切期望。

二是想到过去我国科技落后,挨过多少打,吃了多少苦。而今实施科教兴国,重视科学普及,只要举国上下齐心协力,则可望经济发展虎虎生风,国防建设如虎添翼,岂惧乎有人虎视眈眈哉?

三是我国近年来注重生态平衡、加强环境保护,工作已见成效。例如,虎的保护与繁殖就不是一件小事。不仅虎骨不准入药,而且还有因含条目"虎骨"而痛失图书奖的中药典。当然,生态、环境都必须常抓不懈,切忌虎头蛇尾。

四是提倡科文交汇不仅有益,而且有趣。举个小例子,如我国人民喜闻乐见的灯谜,又称"春灯谜",昔亦称"灯虎"或"文虎"。虎年伊始,又是打灯谜——打虎的好时光,便回忆起"小丑打灯谜(打七字成语一)"这条趣谜。其谜底曰"初生牛犊不怕虎",盖以"牛"扣"丑","小丑"别解为"初生牛犊"也;而敢于去"打"(灯)虎,那当然是不怕它啦!

原载《科技日报》1998年1月24日第4版

067

"最成功的科学普及家"
——从"卡尔·萨根纪念站"谈起

1997年7月4日,"火星探路者号"在火星大地上平安着陆。从而引发了一阵世界范围的火星热。不久,该探测器被重新命名为"卡尔·萨根纪念站"。

这位在孩提时代就想成为一名天文学家的传奇式人物确实太值得纪念了。他学识渊博,兴趣广泛,作为一名专业天文学家,他从34岁那年——1968年开始,一直担任康奈尔大学行星研究实验室主任,其科研工作最主要有两方面,一是行星表面与大气的物理学和化学,一是地球上生命的起源和地球外生命存在的可能性。他毕生以巨大的热情致力于向社会公众宣传科学。作为一名科普大家,他在美国几乎家喻户晓,在世界范围内也极有名望。就连艾萨克·阿西莫夫都说,他本人最敬仰的科学作家是马丁·加德纳、卡尔·萨根和斯普拉格·德·坎普。

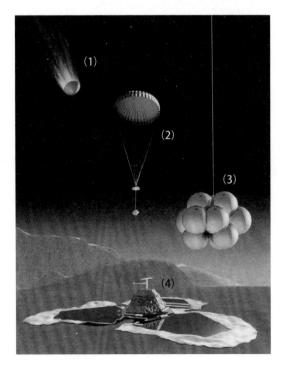

"火星探路者号"采用了一种全新的着陆方式:(1)它未环绕火星转圈,便直接向火星降落;(2)进入火星低层大气时降落伞打开;(3)高度继续下降,许多气囊及时充气将着陆器团团裹住;(4)落地时气囊宛如一只巨大的足球,弹跳多次才停顿下来。然后气囊排气,着陆器的3块侧护板如花瓣状展开,形成坡道搭至地面,"旅居者号"火星车可由坡道下行到火星大地

在行星研究方面,早在宇宙飞船前往实地考察之前多年,萨根就先后提出一系列如今已被公认的论点:金星大气酷热起因于温室效应,火星表面存在着显著的高度差,火星上的明暗区域是其尘埃不同的标志,而其变迁则系季风所致,以及木星大气中存在有机分子等等。他还有力地推动了利用宇宙飞船探测其他行星,并一再作为美国国家航空航天局的专家,参与了"水手号""海盗号""先驱者号""旅行者号"宇宙飞船的实验和资料分析。"先驱者号"携带的著名金属饰板和"旅行者号"携带的著名声像片,均由萨根主持设计。

在地球上生命起源和地外生命研究方面,萨根曾与同事以紫外线和高压激波作为能源,在实验室里模拟地球大气中形成各种有机分子的过程。早在1963年,他就与庞南佩鲁马等人一起合成了三磷酸腺苷——活机体组织最主要的储能载体,没有这种化合物就很难明白地球上何以会出现生命。他力主存在地外智慧生命,系"人类并不孤独"这一著名论断最强有力的倡导者之一。

萨根涉足的这些领域都很引人入胜,我也很感兴趣。1984年,于光远先生主编的《自然辩证法百科全书》正在全面组织撰稿,我本人是天文学哲学编写组的副主编。在撰写"平庸原理"这一条目时,有些既专门又微妙的话题我颇感有必要与萨根商讨,就于当年4月给他去信。我告诉他,我对普及科学知识极有兴趣,另外提到"在谈论地外文明时,人们非常频繁地使用'平庸原理'这一术语";但是,"我们怎样才能最贴切最准确地为它下定义呢?您或他人有无专文论述这一点……可否酌赐论述这一'原理'的文章或书刊?"

萨根复函曰:"我非常高兴地获悉您有志于中国的科学普及。谨寄上什克洛夫斯基和我合著的《宇宙中的智慧生命》(1966年)一书第25章复印件一份。这一章的标题是'平庸假设';我想,将它提升为'原理'也许为时尚早。我近来发表在《发现》杂志上的文章'我们并无特别之处',亦一并寄上复印件。希望这些材料对您会有所帮助。请向中国天文界的同事们顺致热情的良好祝愿。"

半年后,我为撰写《科学家辞典》(江苏科技出版社)的条目"卡尔·萨根"再次致函萨根本人,希望他提供第一手材料。1985年1月,萨根寄来了详尽的最新个人履历和作品目录。从中可见迄80年代中期他发表的学术论文已逾350篇,科普和其他文章已逾450篇,并已出版20余种专著和科普图书。他提供的材料实际上已远远超出编辞典的需要。遗憾的是这部辞典将于1998年面世,萨根本人已经无缘欣赏了。

萨根的《宇宙》一书,是其自编自演的同名电视系列片的副产品。该连续剧共13集,每集55分钟。它在世界上极享盛誉,至少已有60多个国家翻译播出。我国中央电视台在80年代中期获得该片,迅即由王录先生带了一大叠文字脚本找来吴伯泽、朱进宁、王鸣阳等先生分头翻译,并由伯泽先生和我总审通校。译者都是高手,译本质量很高。据悉,后来电视台制作就绪,但未播出。1987年,中央电视台又组织人力缩编该片,将每一集简化成25分钟,改编稿仍由我审定。记得其中涉及相对论的一集颇难压缩,遂拆成两集。这样改编的整个系列就成了每集25分钟,一共14集。改编后也投入了制作,可惜最后还是未与我国公众见面。为保证译文的准确性,我曾与几位译者同往电视台观看原片,感觉确实相当精彩。难怪科普大师阿西莫夫曾称萨根为"历史上最成功的科学普及家"。

原载《科技日报》1997年12月26日第4版

链 接

著名天体物理学家什克洛夫斯基(Иосиф Самиловиц Шкловский, 1916—1985)是苏联科学院通讯院士。他对探索地外智慧生命很有热情,除与萨根合著

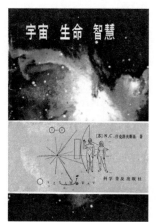

《宇宙中的智慧生命》(1966年)一书外,还著有获得苏联优秀科普作品一等奖的《宇宙 生命 智慧》。此书中文版于1984年由科学普及出版社出版,译者延军。全书28万字,由三大部分组成,依次为"天文学基础知识"(共10章)、"宇宙中的生命"(共7章)和"宇宙中的智慧生命"(共10章),至今仍值得一读。

《宇宙 生命 智慧》,[苏]И·С·什克洛夫斯基著,延军译,科学普及出版社1984年1月出版(注意封面上英文字母N系俄文字母И之误)

068

一份晚报的天文佳话

25 年 后 的 追 记

1996年岁末，江苏省的一份市级晚报——中共淮阴市委主管、淮阴日报社主办的《淮海晚报》异军突起，于12月17日在头版刊出一篇"为读者提供领略宇宙奥秘的窗口——写在本报《天文专版》试刊前夕"，作者是天文专版的责任编辑于雪英。文中写道："在人类进入航天时代的今天，作为一名现代人，理所当然地应当具有一定的天文知识，以更好地认识客观世界，进一步树立正确的宇宙观。""为使天文知识进入寻常百姓家，本报从1997年元月起新辟'天文专版'，以整版的篇幅，在每月最后一周的星期三刊登天文科普文章，传播天文基础知识，介绍天文探索的最新成就，弘扬天文研究方面的科学思想和科学精神。"

《淮海晚报》此举，迅即获得我国天文界的大力支持。诚如时任中国科学院上海天文台台长、上海市天文学会理事长赵君亮先生在当天刊出的贺词中所言："贵报在国内率先以大篇幅版面定期刊登天文学科科普文章，殊为远见卓识之笔……相信在贵报精心组织和天文界同仁合力支持之下一定能做到使公众理解天文学，理解科学和科学家。一旦讲科学、学科学、尊重科学在全国蔚然成风之时，现代化中国必然指日可待矣。"

《淮海晚报》天文专版所刊文章皆短小精悍，区区几百字，以"接地气"见长。专版前后办了3年，成绩可观。而今回顾，依然是一段科学人文佳话。拙作十余篇，亦曾先后见报。兹录其三，以见一斑。

特此追记,并拟篇名:"一份晚报的天文佳话"。

本书作者 2021年8月4日

"明星"的等级

天上哪颗星星最明亮?从地球上看去,白天最亮的是太阳,晚上最亮的是月亮。行星中最亮的是金星,满天恒星中最亮的则是天狼星。

那么,天体的亮度又如何计量呢?

用"星等"。早在公元前2世纪,古希腊天文学家伊巴谷就把群星的亮度分成六等:最亮的1等星大约有20颗;其次是2等星、3等星,直到晴夜时肉眼勉强可见的6等星。

现代天文学家精确地研究天体的亮度,就要用小数来表示星等。星等每差1等,亮度大约相差2.5倍——更准确地说是2.512倍。很容易推算出,1等星要比6等星亮100倍左右。一颗星越亮,它的星等数字就越小,比1等星更亮的就是0等、-1等、-2等……例如,天狼星是-1.4等,太阳是-26.7等。我们看见的太阳大约要比天狼星亮130亿倍!另一方面,比6等星更暗的依次为7等星、8等星……用现代大型天文望远镜已观测到许多27等、28等……的天体,它们要比6等星暗上好几亿倍呢!

星星看起来有多亮,与它离我们有多远密切相关。如果两颗星的实际发光本领相同,那么离我们较近的那一颗看起来就比较亮。为了研究天体的实际发光本领——天体的"光度",就要设想将它们全都移到某一标准距离(天文学中将此距离规定为32.6光年)上进行对比。天体处于该距离时的星等数称为它的"绝对星等"。太阳的绝对星等是4.8等,天狼星则是1.3等。由此可知,天狼星的光度约是太阳的25倍。实际上,在所有的恒星中,太阳的光度大致居中。原来,光辉夺目的太阳只是一颗发光本领既不很强又不很弱的相当"平庸"的恒星而已!

原载《淮海晚报》1997年1月25日第2版

星星的大小

满天的星星看起来都是一个个小亮点,这是因为它们离我们很遥远。其实,许多星星都是很大的。要问它们究竟有多大,那还得先从我们的地球说起。

地球是一个球体,直径大约是 12 800 千米。在太阳系的大行星中,它的个儿排第五。太阳系中最大的行星是木星,直径是地球的 11 倍,体积则约为地球的 1300 倍。也就是说,1300 个地球挤在一块儿才和一个木星一样大。

我们从地球上看去,最大的天体是太阳和月亮。它们看起来大小相仿,其实月球却小得多,其体积仅为地球的 49 分之一。只因它离我们近,所以才显得大。

太阳的直径是 139 万千米,是地球直径的 109 倍。太阳的体积约为地球的 130 万倍。可是在广阔的恒星世界中,太阳的个儿只能算是中等。例如,全天最亮的恒星天狼星,直径是太阳直径的 1.7 倍;狮子座的第一亮星轩辕十四,直径是太阳的 3.6 倍;天蝎座的第一亮星"心宿二",直径差不多要比太阳大 600 倍。要是按体积算,心宿二的"大肚子"竟能吞进 2 亿多个太阳呢!如果把心宿二放在太阳的位置上,那么它就会把水星、金星、地球和火星的轨道统统包进自己的大肚子里。也有的恒星比心宿二还要大得多。

另一方面,有些恒星的个儿又比太阳小得多。例如,有一类恒星叫作"白矮星",体积仅与地球相当,质量却不亚于太阳,因而其物质密度异常巨大。目前已发现的最小的恒星是"中子星",这类恒星的直径只有一二十千米,物质密度却比白矮星还要大得多,每立方厘米竟可达 10 亿吨之巨!

原载《淮海晚报》1997 年 6 月 28 日第 2 版

"小绿人"和脉冲星

"外星人"始终是科幻小说的热门话题。有人想象,外星人可以直接利用自己的身体进行光合作用维持生命,因此他们的皮肤是绿色的。他们大脑发达,体格退化,所以体形很小。于是,"小绿人"的名字就传开了。

乔丝琳·贝尔在"2009国际天文年"启动仪式上，胸卡上有她的婚后全名乔丝琳·贝尔·伯内尔（Jorcelyn Bell Burnell）（来源：Wikipedia）

1967年，英国剑桥大学新建成一架大型射电望远镜。天文学家休伊什的女研究生乔丝琳·贝尔使用这架望远镜，偶然记录到从某个天体发来的奇特射电脉冲信号。这些脉冲每隔一定时间出现一次，极其准确而有规律。

发出脉冲的那个星球距离地球212光年。人们想到：这是不是遥远星球上的"小绿人"发来的"密码电报"？

休伊什和贝尔仔细分析了观测资料，发现所接收到的信号中并没有什么"密码"之类的东西。再说，要是这些脉冲当真来自"外星人"的话，那么由于这些外星人必定栖居在某个行星上，而那颗行星又必定绕着它所属的"太阳"公转，这样一来，那些脉冲到达地球的时间间隔就会呈现出某种很有规律的变化。但是，乔丝琳·贝尔观测到的脉冲并没有这种变化。"小绿人"的想法虽然富有魅力，却缺乏严谨的科学依据。

1968年，休伊什和贝尔重新审视了长达5000米的观测记录纸。最后终于断定，发出这类脉冲的是一种前所未知的新型天体，并给它起名为"脉冲星"。脉冲星不断地朝某个方向发出很强的射电波束，而且又总在快速地自转着。它每自转一周，所发出的射电波束就扫过地球一次，我们就记录到一个射电脉冲信号。这种情形和大海上灯塔的光束扫过远方的船只非常相似，所以被称为"灯塔效应"。

天文学家后来证实，脉冲星其实就是科学家们早在20世纪30年代已预言存在的"中子星"。这一重大发现使休伊什荣获了1974年的诺贝尔物理学奖。贝尔虽然未能分享这份殊荣，人们却永远记得她的功绩。

原载《淮海晚报》1997年10月25日第2版

069

日全食,20世纪最后一次

　　自然界是瑰丽多彩的。有时,人们会看到万里晴空中的太阳忽然亏缺,渐渐变成了越来越窄的月牙形,终至完全消失——这就是日全食。此时,天色骤然变暗,犹如夜幕降临。于是,野鸟归巢,家禽入窝。在远方地平线上,呈现出朝霞般的淡红光辉,这是日食区域以外的大气反射造成的现象。昏暗的天空中出现一些较亮的星星。同时,气温下降,间或还会刮起"日食风"。

　　日食是从地球上看到月球遮掩太阳的天文现象。日全食时,在黑暗的月轮周围,镶着细细一圈淡红色的光辉,那是太阳的色球层。再往外则是银白色的日冕,它向四周发射出羽状光芒,景象至为壮丽。

　　太阳的外部称为它的大气。太阳大气又分为3层,其中最里面的是光球层,我们平时看见的光亮耀眼的日轮就是这一层。从光球往外依次是较窄的色球和延伸范围甚广的日冕。这两层物质密度很低,比地球上的空气还要稀薄得多。它们相当透明,所以我们的视线可以穿透它们看到里层的光球。色球和日冕都很暗弱——亮度只及白昼天空的数千分之一,通常都淹没在光球强烈的光辉中。因此,当人们有幸在日全食时领略色球和日冕之美时,惊喜之情往往难以言状。

　　太阳光将月球的影子投射到地球上,位于月影内的人即可看见日食。由于日、月、地三者的相对位置在不断变化,所以月影便在地面上迅速移动。在月影扫过的地带,皆可见到日食。可以看见偏食的地区通常非常广阔。能见到日全食的范围则是个相当狭长的带状区域,称为"全食带"。每次日全食的全食带长度和宽窄会有不小的差异,但最多也仅占地球表面积的百分之一而已。

　　日全食是很罕见的天象,平均说来,在地球上任何一个固定的地方大概300

多年才能一遇。而且，全食的时间又十分短暂，最长的也不过7分半钟而已。例如，1958年我国新疆地区所见的日全食仅有18秒钟，1980年云南日全食亦仅1分多钟。

20世纪在中国境内可见的日全食共有7次，1997年3月9日将发生其中的最后一次。此后，在我国要到2008年才能再次见到日全食。今年3月9日这次日全食的全食带始于新疆北部的阿勒泰地区，其时当地日出未久，太阳地平高度不足9°，于观测不利。该全食带往东经由蒙古和俄罗斯再次进入我国，到达内蒙古的满洲里地区和黑龙江的漠河地区，而以漠河地区的观测条件较佳。在那里，全食始于东经120°标准时9时08分许，延续2分46秒钟，届时太阳在地平线上的高度超过21°。除上述地区外，在我国全境皆可见不同程度的偏食。

日食具有重要的科学意义。因此，世界各国的天文学家往往不辞辛劳，万里迢迢地赶赴全食带现场进行观测，以取得宝贵的第一手资料。日食科研项目的内容相当丰富，如准确地测定日全食开始和结束的时刻，定出日月的相应位置，可以更精确地研究地球和月球的形状和相对大小、它们的运动和轨道，以及检验数千年来地球和月球的轨道有无特别的变化。

日全食是研究色球层的大好时机。日全食时拍摄色球光谱，可以为研究色球层的物理条件和化学成分提供重要的依据。1868年日全食时，天文学家通过光谱观测发现太阳上有一种前所未知的新元素——氦，27年后人们才在地球上找到了它。同时，日全食也是研究日冕的好机会。例如，可以研究日冕的形状及其变化、日冕内的凝聚区域、日冕的旋转速度、日冕的组成成分等。

日食时，月轮边缘逐渐"切割"太阳圆面，为进行高分辨率的太阳射电观测提供了宝贵机会。例如，倘若我们在月亮掩食太阳的过程中，发现太阳上某一局部区域被挡前后，来自太阳的无线电波（称为太阳射电）的总强度明显减弱，那么这个区域就一定是发射无线电波的强大源泉。

1997年3月9日日全食时拍摄的日冕照片

从我们接收到的射电强度变化,可以反过来推算日面射电源的状况。事实上,20世纪70年代以前,有关太阳射电的知识大多来自日食观测。

爱因斯坦在20世纪前期提出的广义相对论预言:光线在引力场中会发生偏转。据此可以推断,由于太阳引力的作用,星光从太阳近旁经过时,就会发生偏折,偏折的方向是向太阳靠拢。平时阳光灿烂,看不见太阳近旁的星,无法测量星光偏折与否。日全食则为此提供了绝妙的机会。大半个世纪以来,多次日食观测的结果基本上都肯定了广义相对论的预言。但是,这种测量难度极大,历次测量的结果往往不甚一致。鉴于问题之微妙与复杂,这一传统研究课题至今仍为世人所瞩目。

此外,利用日全食的机会,还有利于搜寻前所未知的离太阳很近的行星和彗星。日全食对各种地球物理现象的影响也很受科学家们的重视。例如,研究日食时地磁、地电的变化,与黑夜极光相对比研究白昼极光,研究全食时的电离层和短波通讯情况等,都是很有实际意义的课题。日全食和气象的关系也很值得注意。例如,有时云层正好就在全食行将到来之际局部地消失了,全食后又复出现。1966年11月12日巴西和巴拉圭的日全食便是如此,类似的情况历史上还有过几次,有人认为这与日食时的降温有关。不过,日食时遇上阴天的扫兴结局同样也不乏其例。生物学家们在日全食时观测各类生物的表现行为,也是内容丰富而生动有趣的事情……

眼下,我国科学家们正在紧锣密鼓地积极准备前往漠河观测3月9日的日全食。

原载《科技日报》1997年3月3日第4版

070

彗星真谛

　　1994年7月,苏梅克—列维9号彗星撞击木星,人们至今对此记忆犹新。1996年春,百武彗星大放光彩,使人们一饱眼福,弥补了10年前哈雷彗星回归时亮度大不如前带来的遗憾。如今,天文学家又预告,海尔—波普彗星将于1997年3月22日通过近地点,同年4月1日通过近日点。目前它正在继续增亮,预计到4月初它将有可能变得比木星还亮——甚至可与金星旗鼓相当。

　　那么,彗星究竟是怎么一回事? 它与人类究竟又有什么关系呢?

行踪不定的星

　　人类很早就发现,年复一年,满天的恒星在天穹上的相对位置似乎总是不变的。而且,古人也掌握了月亮、太阳,以及水星、金星、火星、木星和土星这五颗行星在群星间的运动规律,因而能相当准确地预见它们在未来时刻将出现于天穹上的什么地方。甚至像日食和月食之类较为罕见的天象,古人也已经能够推算和预报。

　　然而,天空中偶尔还会出现一种奇怪的星,它既不像通常的恒星或行星那样呈现为一个个光点,又不像太阳和月亮那样呈现出一个明亮的圆盘。它像一块雾状的光斑,没有明显的轮廓,其一端往往还拖着一条或长或短的"尾巴"。

　　古希腊人觉得这种尾巴像头发,所以把此类天体称为"带发的星"。我们的祖先则觉得它们像扫帚,所以称其为"彗星"。"彗"的意思就是"扫帚",民间又经常直呼彗星为"扫帚星"。

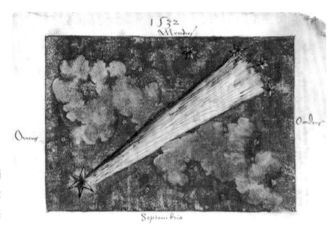

这幅16世纪的水彩画描绘的1532年大彗星活像一个"逃跑的疯妇人"(来源：NMSI网站)

古代天文学家不能预言彗星出没的时间和规律，兼之彗星外观奇特，就使许多人对它们望而生畏。不明真相的人们猜想，彗星高悬，或许预示着灾难将临：战争、饥饿、瘟疫，或是大人物的去世等等。例如，公元前44年古罗马大独裁者儒略·恺撒被杀，当年正好出现了一颗明亮的彗星。公元1066年也有一颗大彗星出现在天空中，就在那一年，诺曼底的威廉公爵率军入侵并战胜了英格兰。

因为地球上年年都会发生灾难，所以不论彗星在何时出现，总会与某一次灾难的时间相近。其实，彗星不过是一种普通的天体，它绝不会对地球上的政局、人事产生任何影响。只要人们明白了彗星的真相，就不会再因彗星的出现而担惊受怕了。

例如，我国史籍《晋书·天文志》中已经有了这样的记载：彗星本无光，接近太阳时因反射日光而发亮，所以晚上见到的彗星尾向东指，凌晨见到时的彗尾却指向西方。这样的见解远远胜过了同时代的欧洲人。

距离和轨道

公元前350年左右，古希腊思想家亚里士多德曾猜测，彗星是一团燃烧的空气。它们在空中慢慢地移动，直到烧完了，彗星也就消失。这种观点在欧洲一直沿袭了1800多年。

1577年，丹麦天文学家第谷尝试测定了一颗彗星的距离。他断定该彗星与地球的距离至少4倍于地球到月亮的距离。这表明彗星绝不是地球大气中产生的现象，从而推翻了亚里士多德的论断。

1609年，第谷的学生、德国天文学家开普勒证明行星的公转轨道都是椭圆，太阳则在这些椭圆的一个公共焦点上。例如，地球的远日距要比近日距远上3%，水星的远日距则比它的近日距大约远50%。然而，彗星的运动轨道看起来却与行星大不相同，以至于使开普勒误认为它们是沿直线行进。

1682年，天空中出现了一颗大彗星。英国天文学家哈雷仔细地观察了它的位置和横越天空的路径。1705年，哈雷终于发现，1682年大彗星的运动状况和1607年、1532年先后出现的彗星几乎完全相同，它们出现的时间间隔是七十五六年。哈雷大胆地推测它们实际上就是同一颗彗星，并预言它将在1758年再度回归。1742年，86岁的哈雷与世长辞。16年后，1758年的圣诞节那天，一位德国农民——一名天文爱好者发现了这颗彗星。它的运动轨道和出现的时间都与哈雷的预言相符，于是后人便将这颗彗星称为"哈雷彗星"。1066年诺曼底人入侵英格兰时出现的大彗星也正是哈雷彗星。

哈雷的发现表明，至少有一部分彗星如同行星那样，也是太阳系的成员。只是它们的椭圆轨道极其扁长——长得像一支雪茄烟，或者比雪茄烟更加细长。事实上，哈雷彗星离太阳最近的时候要比水星离太阳更近，它离太阳最远时比土星离太阳还远。还有大量的彗星可以跑到比哈雷彗星更加远得多的地方。但是，只要有足够的观测资料，天文学家们就照样能够准确地计算出它的运动轨道。

沿椭圆轨道运行的都是"周期彗星"。绕太阳一周所需的时间不超过200年的叫"短周期彗星"，如哈雷彗星；周期超过200年的则称"长周期彗星"，它们的轨道极其扁长，可到达离太阳极远的地方，故需经过成千上万年才回归一次。有些彗星绕太阳运行的轨道不是椭圆，而是抛物线或双曲线。这两类曲线都不是封闭的，所以沿抛物线和双曲线轨道运行的彗星，离开太阳后便不再回来了。

在所有的彗星中，最著名的是哈雷彗星。1758年以后它又曾三度回归，时间分别是1835年、1910年，以及1986年。1910年哈雷彗星回归时其彗尾长逾2亿千米，横越大半个天穹，像银河那样宽阔明亮。1986年回归时，在地球上的观测条件

1986年3月8日的哈雷彗星照片（来源：NASA）

甚为不利,所以景象大不如前。不过,专程前往考察的几艘宇宙飞船还是获得了空前丰富的观测资料。

"脏雪球"的命运

彗星通常由明亮的"彗头"和长长的"彗尾"组成。彗头的中央是直径仅几百米到几十千米的固态核心,称为"彗核",其外围是一个庞大的气体壳层,称为"彗发"。彗发的体积离太阳越近时越大,直径可达几万到几十万千米,有时甚至大过太阳。彗尾充分发展时尺度比彗发还要大得多,长的甚至可达数亿千米。

固态的彗核呈冰冻状态,宛如一个混入了许多杂质的"脏雪球",其平均密度约为每立方厘米1克,和冰差不多。彗核集中了彗星的大部分物质,质量则可达上万亿吨。1986年宇宙飞船对哈雷彗星的考察表明,它的彗核像个马铃薯,长轴约15千米,短轴约8千米,大部分表面覆盖着一薄层黑色尘埃和砾石物质。彗核上地形不平,分布着山脊、山脉和环形山。从彗核朝太阳方向射出大量气体和尘埃的喷流,射程可达数千千米。哈雷彗星中有大量微小的尘埃,每个尘粒的质量不到10^{-10}

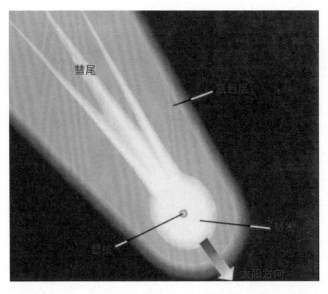

彗尾

氢包层

彗发

彗核

太阳方向

彗星的结构：彗头中央是彗核，四周是彗发，外围是氢原子云包层，彗尾背向太阳

克。通过光谱研究，天文学家们又获悉哈雷彗星的主要化学成分是碳、氢、氧、氮等元素，这与人们早先对彗星化学成分的认识基本相同。

彗核挥发出来的气体和尘埃形成了彗发和彗尾。这些气体极其稀薄，彗发中的物质密度约为 10^{-16} 克/立方厘米到 10^{-18} 克/立方厘米。离彗核越远，气体密度也越低。彗尾末端的物质密度，大约只有彗发密度的万分之一，即约 10^{-22} 克/立方厘米。这比 1000 千米高空的地球边缘大气还要稀薄几万倍。人们可以透过彗尾清晰地看到天空背景上的恒星。所以，天文学家常把彗星比喻为"看得见的真空"。正因为如此，哈雷彗星于 1910 年回归时，虽然其巨大的彗尾扫过了地球，但是除天文学家外，一般人却毫不知晓。

彗星和其他天体一样，在不断地演化着。短周期彗星频繁地回归，它们每次接近太阳时，都因受热蒸发而损失一些气体，久而久之，就会彻底瓦解。例如，著名的比拉彗星是一颗短周期彗星，它绕太阳运行的周期仅约 6.6 年。1872 年 11 月 27 日夜晚，本该是比拉彗星再度出现的时候，天空中却出现了一场宛如节日焰火的"流星雨"。几小时内流星的数目多达 10 万多颗。这是因为比拉彗星崩溃了，大量碎屑闯入地球大气层，与大气摩擦，燃烧起来。也有的彗星因与其他天体相撞而毁灭。例如，苏梅克—列维 9 号彗星，就是在 1994 年 7 月与木星遭遇而撞得粉身碎骨的。

有备方能无患

　　海尔—波普彗星最初是由两位美国人阿兰·海尔和托马斯·波普于1995年7月23日各自独立地发现的。现在它正日夜兼程地悄然驰来。再过近一个月,它是否真会亮过木星,甚至亮如金星? 它是否会形成一条美丽壮观的长长的尾巴?

　　很可能是这样。但是应该指出: 准确地预告彗星的亮度和彗尾的形状是极其困难的事情,这要比预告彗星的运动路线难得多。这是因为彗星在驶向太阳的过程中,受阳光加热而蒸发、分裂、丧失物质的情况时有发生而又难以预料。特别是首次发现的彗星更难预言它究竟会变得多亮。所以,天文学家们对此进行预报时总是持相当谨慎的态度。实际情况究竟如何,读者不妨届时亲自观察以作检验。

　　可以肯定的是,不论海尔—波普彗星将有多亮,也不论它的"尾巴"相貌如何,它都不会给地球带来任何幸运或灾难。当然,彗星造成"天灾"的可能性并

1997年3月13日的海尔—波普彗星,宽阔明亮的尘埃彗尾(白色)和向右流出的很强的等离子体彗尾(蓝色)清晰可见

非完全不存在。在天文学中，近地小行星和近地彗星统称为近地小天体，人们常谑称它们为潜在的"太空杀手"。一旦小行星或彗核正好撞上地球，就有可能造成无法想象的惨重灾难。为此，十多个国家的科学家曾于1993年4月在意大利的埃里斯聚会，通过了著名的《埃里斯宣言》，旨在唤起国际社会和公众的注意。世界各国的天文学家正在密切注视着这类小天体的动向。虽然近期还不存在小天体撞击地球的现实威胁，人们却绝不能因此而丧失警惕，须知：有备方能无患！

原载《中国减灾报》1997年2月25日第3版

链 接

1993年4月，十多个国家的科学家曾在意大利的埃里斯聚会，通过了著名的《埃里斯宣言》，全文如下。

埃里斯宣言

1. 近地小天体的碰撞对于地球的生态环境和生命演化至关重要。

2. 从很长远的观点看，有可能发生一次足以毁灭人类文明的近地小天体碰撞，不过这种威胁近期还不算严重，但是决不亚于其他自然灾害。这种威胁是现实的，国际社会需要进一步协调努力，唤起公众的注意。

3. 会议认为，近地小天体碰撞的一个严重威胁，在于国际形势紧张的时期和地方。由近地小天体在大气中自然产生的爆炸，会被误认为是核爆炸，这种事件可能被误解为蓄意的核进攻，而引发不正当的报复。

4. 收集更多的近地小天体及其对地球影响的资料，无论对科学还是对社会，都至关重要，需要以国际协调的方式来进行。应将国际上现有的天文设备发展成为类似"空间警戒网"的系统。前冷战时期用于防御的人力、财力和技术，应该用于通过地面和自动空间观测来收集有关数据；在当前全球热核战争的威胁日益减弱的情况下，应该很好地利用任何可以进行大量和复杂的研究的手段和技术。然而，减缓近地小天体碰撞威胁的方案，目前还不需要予以考虑。

071

《世界间的战争》和探索火星生命

去年8月7日,美国国家航空航天局宣称已找到火星上可能曾有生命的证据。它令人再次想起英国作家赫伯特·乔治·威尔斯(1866—1946)的经典科幻名著《世界间的战争》。这部作品于1897年在杂志上连载,翌年成书出版。今年适逢该书百年诞辰。

《世界间的战争》情节极其惊心动魄:火星人入侵地球,在伦敦附近着陆。他们凭借先进的武器疯狂地摧毁城市和村庄,杀绝所见到的每一个人……人类对此一筹莫展。作者用第一人称叙述他如何目击了这场浩劫。他在极偶然的情况下从近处看到了火星人的形状和生活。他们无性别之分,靠发芽繁殖,有如水螅或小百合根。他们不疲倦,不睡眠,以吸取其他动物——包括人类的鲜血为生……

这部小说的出现,既有其科学背景,也有其社会背景。它问世前整整20年,意大利天文学家斯基亚帕雷利(1835—1910)注意到火星上似乎有许多相当直的暗线,把一些宽广的暗区连了起来。他用意大利语称这些暗线为"水道",不料此词译成英语时却被误译成了"运河"。人们自然会想到,"运河"必定是火星智慧生物的杰作。少数科学家甚至推测:火星是一个古老的世界,那里的生物具有高度的智慧和文明,后来火星渐渐干涸了,他们不得不竭尽全力修建庞大的运河网,让水流经大片沙漠而抵达目的地,以此与那个毁于一旦的悲惨前景相抗争。

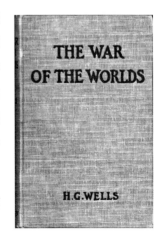

1898年初版《世界间的战争》(The War of the Worlds)书影

19世纪末,有几位天文学家力主火星上存在智慧生物。其中最有影响的是美国人珀西瓦尔·洛厄尔(1855—1916)。他起初是一名业余天文爱好者,斯基亚帕雷利的发现促使他对天文学变得异乎寻常地执着。洛厄尔利用雄厚的家财在空气洁净的亚利桑那州建造了一个私家天文台,并在那里潜心研究火星长达15年之久。他相信自己比斯基亚帕雷利看到了更多的"运河",相信火星上亮区和暗区的季节性变化标志着农作物的盛衰枯荣。他以火星运河为题材,出版了几本通俗易懂引人入胜的书。尽管绝大多数天文学家对他的理论深表怀疑,公众却因火星上栖息着比人类更先进的种族而激动不已。

不过,真正使"火星人"变得家喻户晓的却是威尔斯。他将洛厄尔关于火星文明的观点与过去20年间欧洲列强瓜分非洲的事态联系了起来。他想到,如果火星人比地球人更先进,那么他们也许就会像欧洲人对待非洲人那样来对待地球人。小说中的地球人打着白旗去和火星人谈判,却遭到了无情的杀戮。这正如非洲人曾怀着善意接近欧洲的殖民主义者,却遭受了空前的灾难。书中描述火星人有一个巨大的脑袋,一张肉嘴周围有一簇长长的触须,排成两束,像手一样,这一形象至今仍在各种科幻小说和电影中出现。在书中,不可一世的火星人俨然成了地球的主宰,然而他们自身却突然间悉数死去,因为他们对地球上病菌的袭击全无抵抗能力。

在《世界间的战争》发表后的半个世纪内,人们相当普遍地觉得,地外智慧生物的入侵将会灭绝整个人类。1938年10月30日,当时才23岁的著名美国影人奥森·威尔斯(1915—1985)模仿《世界间的战争》编了一个电台广播节目,并将事件发生的时间改到当时,火星人登陆的地点则从英国改为美国的新泽西州。他绘声绘色地讲述这个故事,其中有目击者的报告也有权威性的新闻公报……凡是从头听起的人,都被告知这只是科学幻想。但许多人却并非那么细心,他们被这一突如其来的灾难吓得惊慌失措,特别是离"肇事现场"不远者恐惧尤甚,数以百计的人驾着小轿车疲于奔命。年轻的作者做梦也想不到人们竟会如此当真!

后来的科学研究证明,所谓的火星运河其实只是一种视觉错误:当人眼竭力注视那些目力难以分辨的物体时,常常会把许多不规则的小暗斑错看为连成了一条条直线。20世纪50年代空间时代的到来开辟了火星探索的新纪元。

1938年，23岁的奥森·威尔斯在电台"直播"火星人入侵地球的"实况"引起了人们的恐慌。他后来成为美国很有名的演员和导演

1976年夏秋之际，美国的宇宙飞船"海盗1号"和"海盗2号"先后将它们的着陆器送到火星上。它们看到的是一派荒凉景象。着陆器用整套的精密仪器对火星土壤样品作了细致分析，结果表明那里不仅全无生命的踪影，而且连有机化合物都找不到。

本文开头所述美国国家航空航天局宣布的火星上或曾存在生命的证据，主要是指在一块据信来自火星的陨石的裂缝中发现了一种多环芳香烃化合物，而此类有机化合物则是从无生命通往生命之途的中间环节。但是我们对此也不必过于乐观，因为这样的化合物与真正的生命毕竟还相去甚远，更何况这块陨石来自火星也并非定论。人们预期，21世纪初用无人飞船将火星岩石样品带进地球上的实验室将会变成现实，届时人们就可望更有根据地谈论火星上的生命了。

此后，人类还将向火星发射更先进的探测器，还将像多年前宇航员登上月球那样亲临火星实地考察。从人类今天已掌握的知识看，火星上决不会栖息着像威尔斯描述的"火星人"那样的高等生命。但是，那里过去是否存在过、或现在是否仍然存在低级形态的生命呢？真实情况究竟如何，尚有待于"下回分解"。

《世界间的战争》出版后风靡全球，中译本也不止一种。该书原名为"*War of the Worlds*"，中译名则有《大战火星人》《星际战争》《星际大战》等，可谓各尽其妙。但我还是更喜欢似拙实巧地直译为《世界间的战争》，"世界"两字毕竟要比

本书作者曾应少年儿童出版社之邀，将《世界间的战争》缩写成5000字的"微科幻"，取名《两个世界的战争》，载于该社主办的《少年科学·十万个为什么》2013年3—4月合刊上

"星"或"星球"更有意味。

香港著名作家、武侠小说评论家倪匡曾对武侠小说下过一个有趣的定义：

武侠小说＝武＋侠＋小说。

其实，科幻小说与此也有异曲同工之妙。我们尽可以说：

科幻小说＝科＋幻＋小说。

试看，《世界间的战争》不就是有力的佐证吗？

原载《科技日报》1997年1月13日第4版

072

探索火星生命的意义

对火星生命的科学探索,可追溯到百余年前。1877年,意大利天文学家斯基亚帕雷利注意到火星上似乎有许多相当直的暗线,像海峡连通着大海那样把一些宽广的暗区连了起来。他用意大利语称这些暗线为 Canali,意思是"水道"。后来,它被误译成了英语词 Canals,意思是"运河"。

"水道"可以是天然的,"运河"却必须由智慧生物开掘。人们猜想由火星运河连接的暗区可能是植被。少数科学家甚至主张:火星是一个古老的世界,那里的生物具有高度的智慧和文明,后来火星渐渐干涸了,他们不得不费尽心机修建庞大的运河网,将水引过辽阔的沙漠而送达目的地,以求保存那个世界的活力。

然而,多数天文学家认为所谓的火星运河其实只是一种视觉错误;当人眼竭力注视那些目力难以分辨的物体时,常常会把许多不规则的小暗斑错看作连成了条条直线。1913年,英国天文学家蒙德在一些圆内画上不规则的模糊斑点,然后让一群小学生站到远处,使之仅能隐约看出圆内有一些东西。他要求学生们画出所见的形象,结果他们画的是直线,其情状与火星运河相似。

火星上究竟是否存在运河和智慧生物?争论持续了半个多世纪,人们需要更确凿的证据。20世纪中叶发轫的空间时代为此带来了转机。20世纪六七十年代,美国先后发射成功4艘"水手号"火星探测器。它们在火星附近拍摄了数以千计的照片,却全然见不到"运河"的踪迹。看来,火星上存在生命的希望极为渺茫。

下一步是在火星上着陆。1976年夏秋之际,美国发射的两艘"海盗号"宇宙飞船先后施放着陆器登上火星表面。它们看到的是一派荒漠上点缀着各种大小的岩石。每个着陆器的尺度仅约1.5米,却满载着整套的精密仪器。人们从地球上发

卡尔·萨根和"海盗号"合影

出指令,让它们伸出3米长的"取样臂"采集火星土壤,然后送入着陆器中进行分析。原理互不相同的几项实验表明,这些土壤中不仅全无生命的踪影,而且连有机化合物都找不到。进一步的探索需要把火星上的样品带进地球上的实验室。

　　人类尚未做到这一点。但是,美国国家航空航天局却于1996年8月7日宣布,在一块来自火星的陨石的缝隙中,发现了多环芳香烃化合物。往好的方面想,这些发现应该比"水手号"和"海盗号"的探测结果振奋人心,因为此类有机化合物乃是从无生命通向生命之途的中间一环。然而,它与真正的生命毕竟相去甚远,因此算不上"原始生命形态的证据"。何况,该陨石是否来自火星也还有争议。

　　1996年底美国国家航空航天局又将发射两艘新的火星探测器。11月发射的"火星勘测者"将在环绕火星的轨道上勘测火星的地质特征。12月发射的"火星探路者"预定于1997年7月4日在火星表面着陆。它携带的小型"火星车"将在着陆器母体附近活动,探测不同地点、不同成分的岩石和土壤。俄罗斯也将在今年内发射一艘名为"火星96"的宇宙飞船。1998年,美国还将再发射两艘,日本也计划发射一艘。美国国家航空航天局拟于21世纪初发射能将火星岩石样品送回地球

1997年7月美国的"火星探路者号"成功地在火星表面着陆,后来它被重新冠名为"卡尔·萨根纪念站"。这幅图像是基于其拍摄的火星地面全景照片和着陆器模型用计算机合成的。假如你漂浮在火星上空,将能看到正下方是"卡尔·萨根纪念站"的控制塔,其外围的淡色气囊已放气完毕,3块太阳能电池板在四周展开。"旅居者号"火星车从左侧太阳能电池板的斜坡下行到地面。图中"旅居者号"正在11点钟方位探测一块昵称"瑜伽熊"的岩石(来源:NASA网站)

的宇宙飞船。倘若这些样品中当真存在生命踪迹,那么人们就能更有依据地讨论火星生命问题了。

所有这一切还只是第一步。人们还需要更先进的探测器深深钻入火星土壤,看看在太阳高能辐射势不能及的地方情况究竟如何? 需要机动能力更强的"火星车"到火星上干涸的"河床"中采集许多岩层的样品,或向巨大的峡谷挺进数百千米,从厚达几千米的地层中采集样品。那里的岩层必定保存着火星地质史的许多记录。根据取回的样品,可以推断火星上的冰期。如果火星和地球的寒暖期互相吻合,那么这种气候变迁的根源很可能就是太阳输出能量的变化。这将有助于揭开地球科学中的一大疑谜——冰川作用是怎样开始、又怎样终止的。如果火星上的冰期和地球上的大不相同,那么这两颗行星不同的历史就应该由某种未知的原因造成。未来的火星探测——包括人类亲自登上火星进行实地考察,将有助于找到问题的答案。

空间探测计划耗资巨大,它始终面临着一个尖锐的问题:"值得吗?"我们不妨以寻找火星生命为例来进行一些分析:

例如,谁都会认为洞察生命的机理极其重要。大脑如何工作,我们为什么会衰老,怎样防治各种疾病等等,对这些问题了解得越透彻,人类的境况就可能越好。然而,理解生命现象却非易事。地球上所有形式的生命,本质上都属于同一类型。

它们全都由同一些类型的分子，经历同一些类型的化学反应而形成。一个人、一朵花和一个细菌的分子，实质上差异都很小。地球上所有形式的生命都有共同的远祖，它们都是远房的堂表兄弟。那么，要是在火星上发现了生命呢？

如果那里的生命形式与地球上的截然不同——两类生命的祖先彼此毫无关系，那么这就使人类所知的生命基本模式翻了一番——从一变成二，我们对生命的普遍了解亦将随之陡增。倘若组成火星生命的化合物与构成地球生命的化合物并无二致，那么这可能就意味着生命的基本模式只有唯一的一种。这同样也是很大的收获。

然而，要是在火星上找不到任何形式的生命，那又该当何论呢？

首先，人们说不定恰好探测到一些不毛之地。地球上不也有许多不毛之地吗？其次，我们的出发点也未必正确：很可能是由于我们假定火星生命的行为亦如地球生命一般，才导致搜索劳而无功。这又是很值得继续探讨的重要课题。

再说，要是火星上当真不存在生命，人类的努力也不会白费。宇宙间普通化学元素的原子，在一定条件下就会形成简单的分子，然后在恒星辐射能照射下，进而形成通往生命之途中的种种越来越复杂的分子。火星上即使并未最终形成生命，也仍有可能存在走向生命之路上夭折的某些分子。发现这些分子将有助于弄清地球上形成生命以前的"化学演化"应该是什么样子。

再退一步讲，如果火星上不存在任何与生命有关的东西，人类对它的研究仍然是很有用的。火星和地球有那么多相似之处，结果地球上充满着生命，火星却与生命毫不相干。仔细研究这种差异也将有助于更深刻地理解地球本身的生命。

人类为此付出了大量金钱，但是"买"到了知识。历史已经再三证明，知识乃是无价之宝，关键则在于你如何聪明而理智地利用它。

原载《中国科学报》1996年11月13日第4版

073

想起了勒威耶和亚当斯
——纪念海王星发现150周年

发现海王星是科学史上的一件大事，今年适逢150周年纪念。

18世纪中叶以前，人们只知道天空中有5颗行星：水星、金星、火星、木星和土星。1781年，英国天文学家威廉·赫歇尔出乎意料地发现了一颗比土星更远的行星——天王星。这既使天文学家们激动不已，也在社会公众中造成了历久不衰的影响。

19世纪前期，天文学家们已能根据对行星的实际观测，相当准确地推算它们绕太阳运行的轨道，并预告它们的动向。但是，天王星却经常"越轨"。这究竟是何种原因造成的？是万有引力定律和天体力学方法"失灵"了？还是天王星轨道以外另有一颗未露面的行星，以其引力干扰了天王星的运动？当时持后一种见解者较多。然而，要根据天王星的"越轨"，来反推那颗隐而不露的未知行星的状况，并在天空中切实地找到它，却是难上加难。不少优秀的科学家都未敢贸然投身于这项艰巨的工作。

面对时代提出的任务，22岁的英国剑桥大学学生亚当斯在1841年7月3日写下了一段著名的日记："拟于毕业后尽早探索天王星运动不规则之原

勒威耶（左）和亚当斯（右）肖像
（来源：弗拉马里翁著《大众天文学》）

因。查明在它以外是否可能有一颗行星在对它起作用；若是，则争取确定其大致的轨道参数，以便发现这颗新行星。"1843年，他取得了学位。同年10月，他初步推算出新行星的质量和轨道。1844年春，他通过剑桥天文台台长查利斯从格林尼治天文台借到天王星的详细观测资料，着手进行更细致的计算。又是一年半的辛劳，直到1845年9月他终于完成了这项繁重的工作，将计算结果呈送格林尼治天文台台长艾里，请求帮助寻找这颗新行星。亚当斯预告：它位于宝瓶座中，是一颗9等星。遗憾的是艾里将他的论文放进了抽屉，整整7个月未予理睬。

在英吉利海峡的对面，法国人对此一无所知。1845年夏，正值亚当斯的计算接近尾声之际，巴黎天文台台长阿拉果向当时34岁的天文学家勒威耶表示，希望他勇敢地挑起解决天王星运动问题的重担。勒威耶立即全力以赴，并于当年11月10日向法国科学院提交了第一篇报告。1845年6月1日，他又送上了第二篇，文末写道："我将在下一篇报告中算出这颗未知行星的位置和质量。"

艾里在伦敦读到勒威耶的第二篇论文后非常震惊，他想起了亚当斯，顿觉形势逼人，遂请查利斯负责搜寻新行星。后者于1846年7月29日开始进行这项工作。两个月中，他不只一次观测到了这颗新的行星，并记录下它的位置。然而，他却误以为这只是一颗普通的恒星。

8月31日，勒威耶发表了他的第三篇报告，题为《论使天王星运动失常的行星，它的质量、轨道和当前位置的确定》，报告中宣布：新行星将出现于宝瓶座中，它是一颗8等星。法国天文学家并未迅速地帮助勒威耶寻找它。勒威耶遂致函欧洲其他天文台，请求按他指明的方位用望远镜搜寻新行星。9月23日，柏林天文台的天文学家加勒收到来信，当晚便在离预告位置不足1°的地方发现一颗星图上未标记的暗星。次晚，该星的位置有所移动，移动量亦如勒威耶之所料。几天后，勒威耶收到比他年轻一岁的加勒来函："先生，您指出了位置的那颗行星是真实存在的。"发信时间是1846年9月25日。

发现新行星的荣誉应该归于谁？英法两国学者为此展开了长时间的激烈争论。阿拉果盛赞勒威耶的功绩，说他"为祖国争得了光辉，为子孙赢来了荣誉"，并提议将新行星命名为"勒威耶"。天王星的发现者威廉·赫歇尔之子、英国天文学家约翰·赫歇尔则于1846年10月3日在伦敦发表公开信，声称勒威耶只是重复了亚当斯早已完成的计算而已……

法国雕刻家安托万·柯塞沃克（Antoine Coysevox, 1640—1720）的大理石雕像"海神涅普顿"，手持三股叉是海神涅普顿的标配（卢浮宫藏，来源：Wikipedia）

在天文学中海王星的符号正是海神的三股叉

　　勒威耶很谦虚，他不赞成用自己的名字命名新行星，而是希望遵守用神话人物命名行星的老传统。最后人们接受了他的提议，用大海之神的名字涅普顿（Neptune）来称呼新行星，译成中文就是"海王星"。

　　亚当斯也很有教养，在大学时代，他就在日记中写道："对他人的荣誉不应嫉妒，对自己的成功不应骄傲。"他从不参与两国科学家围绕着他的争论，也从未责怪艾里和查理斯。1847年夏天，英国女王维多利亚参观剑桥大学时派人转告副校长："为表彰亚当斯研究新行星的贡献，女王陛下决定授予其爵位。"但是，亚当斯婉言谢绝了。他说："这是科学巨人牛顿曾经获得的荣誉。我与牛顿是无法相比的。"

　　1847年冬，英法两国科学家的论战已趋白热化。这时，事件的两位主角——勒威耶和亚当斯，终于在一次国际学术会议上见面了。尽管勒威耶曾一度怀疑亚当斯的成就是英国人杜撰的，但随着事实真相渐趋明朗，他对自己的这位异国竞争对手充满了兄弟般的情谊。亚当斯则对比自己年长8岁的勒威耶钦佩有加。他们热烈握手的场面感人至深，他们崇高的友谊亦永垂科学史册。

　　时至今日，每逢遇见科学圈内的名利角逐或纷争，我总会情不自禁地想起一个半世纪前的那两位年轻人——勒威耶和亚当斯。

原载《科技日报》1996年6月16日第2版

074

"科普道德"随想四则

科普作家必须具有强烈的社会责任感和高尚的职业道德,方能激情回荡,佳作迭出。

——题记

社会责任感

成就卓著的科普人物,大多具有很强的使命感。例如,苏联的伊林就是大家所熟悉的。美国的阿西莫夫原来是一位生物化学家,并且很早就在创作科幻小说方面获得巨大的成功。但是从1958年开始,几乎长达15年之久,他连一部长篇科幻作品都未再发表。这是为什么?是1957年10月苏联发射世界上第一颗人造卫星触动了他。他深感当时美国社会公众所具备的科学知识,已普遍落后于由卫星上天所标志的当代科技水平。他深感自己有责任尽力而为,促使这种差距尽快地缩小。于是,他毅然收缩早已得心应手的科幻创作,而全神贯注于撰写科普作品。阿西莫夫一生出版了467本书,其感人事迹至今犹在世界各国读者中广为传颂。我国的竺可桢、茅以升、高士其等老一辈科学家和科普作家的社会责任感和历史使命感,更是我们学习的楷模。作为后来者,我们自当加倍努力,发扬光大先人遗志,为提高全民族的科学文化素质不断作出新贡献。

作 品 质 量

我国有一支相当不错的科普作家队伍,其成员多为中国科普作家协会和各级地方科普作协的会员。多年来,他们创作了大量优秀的科普作品。这是非常可贵的。然而,近年来只顾经济利益而无视质量、甚至假冒伪劣的所谓"科普作品"也是屡见不鲜,对此我们必须充分重视。

科普作品,无论是著作还是翻译,都必须精益求精,视质量为生命。科普作品的质量,内含很丰富,包括科学性、可读性、趣味性、哲理性诸多要素,其中首要的则在于科学性。在这层意义上,科学家,尤其是学术造诣深厚的知名科学家的科普作品,便具有特别重要的价值。

我是中国科学院北京天文台的科研人员,20年来在完成本职工作的同时,还参与编著、翻译了科普图书70余种,在报刊上发表科普和科学文化作品300余篇,累计字数约300万,读者从小学生直到非本行的科学家。有些朋友称我"多产""快手",坦率地讲,我是颇不以为然的。我认为,一位科普作家若能既"好"又"快"又"多"地进行科普创作,那当然再妙不过。但这几者之间,最重要的还是"好",而不能单纯地追求"快"或者"多"。这就不仅要"分秒必争,惜时似命",而且更必须"丝毫不苟,嫉'误'如仇"。舍此为之,势必欲速而不达。

创 作 动 机

科普创作的态度,常和创作者的动机直接相关。那些误人、坑人、甚至害人的"作品",往往出于动机不良之辈。从事科普事业的人,若将目光倾注于名利,那将是很可悲的。乐圣贝多芬有一句名言:"使人幸福的是德行而不是金钱。"其实,这就是我们常说的职业道德问题。从事科学普及事业的人,永远不能见利忘义。只有将科普视为自己的神圣职责,才能真正做到维护科学的尊严。

"科普",唯有深入此道,方知其中甘苦。它不仅费心费神、费时费力,而且时常被人误解,有人甚至会以庸俗的眼光来看待它,如将科普创作等同于"捞稿费"之类。这时,严谨的科普工作者却不宜动肝火,而应喻之以理,耐心解释科普与两个文明建设的密切关系。精诚所至,金石为开;决意取得真经,便有路在脚下。

勿"文人相轻"

"文人相轻",在以前相当普遍,在今日也难绝迹,这颇值得注意。为了广大读者,也为了作者自身,我们无论做了多少工作,都不可居功自傲,鄙视他人。在此,我乐于引用已故郑逸梅先生于九十高龄时撰写的《写作与养身》一文中的几句话:"且我所写都很率真,不胡夸己长,不妄斥人短,掌握原则,是者是之,否者否之,想到什么,就据实写出来,觉得问心无愧。临睡自省,一天的光阴,没有白白地虚掷,然后酣然入梦。"这样,"在自己来说,是一个小小成绩,对社会来说,也算一个小小贡献,一举两得,乐趣无穷"。老人胸怀坦荡,心安理得,斯情斯景,跃然纸上,值得我后学者深思。今年2月,全国科普工作会议上我被表彰为"全国先进科普工作者",这应该成为自己工作中的新起点。我国有许许多多人为科普事业所奉献的比我多得多。我要虚心向他们学习,取人之长补己之短。在新的历史时期,和大家一起,同心同德将祖国的科普事业推向更新的高度。

原载《科技日报》1996年4月7日第2版

075

《诗人的末路》偶注

纪念抗战胜利五十周年,谈论郁达夫的机会多了。近有友人觉得郁达夫《诗人的末路》一文费解。其实,此文对于了解郁达夫的性格是很有意思的。《末路》,略去原作者注的英文,正文仅300余字,兹照录、注释如次。

司考脱兰特的耕农词客彭思在故乡穷得不了,想飘流到谢马衣加去的时候,有一次对他的将痕说:

"将痕呀,百年之后,他们大概能知道我的真价罢。"

在生前被一般势利的盲目批评家骂得可怜,终于悒郁而死的薄命诗人克子,只剩了一句豪语说:

"我想我死后总能入英国诗人之列。"

但他的墓铭,仍是一句:

"此间埋着的可怜虫,他的名字是写在水上的!"深自谦抑的伤心之语。

穷途潦倒,死在施医院里的鬼才汤梦生对他心爱之人说:

"……你跟我来哟!

千秋万岁,我将护你前行,

你和我将入不朽之域。"

啊啊!古今来的薄命词人,到了途穷日暮谁不是这样的想,但无情岁月,怕已吞没了许多才人的名姓了的罢!我为彭思克子汤梦生泣,我更不得不为我所不知道的许多薄命诗人泣!

● **司考脱兰特:**今定译"苏格兰",位于大不列颠岛北部,现为英国的一部分。

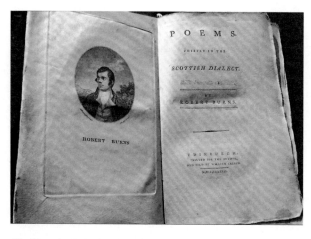

其纬度虽高达54°以上（较我国黑龙江省北端尤北），却因墨西哥湾洋流的影响，气候并非酷寒，其北部高地为消夏佳处。苏格兰颇多驰誉全球的文化名人，如蒸汽机的发明者瓦特、物理学大师麦克斯韦、对数的发明人耐普尔、大作家司各特，都是苏格兰人，《福尔摩斯探案》的作者柯南道尔也生于爱丁堡。下文提到的"彭思"则更是苏格兰民族的骄傲。

- 耕农词客：意即"农民诗人"。

- 彭思：今定译"彭斯"。苏格兰文学史上最杰出的诗人。1759年1月25日生于贫苦农民家，13岁即担当成人的农活。从农20年屡屡失败，后来做了税员。1796年7月21日贫病交加而卒，终年37岁。所受正规教育极微，但博览群书，作品有深厚的生活根底和群众基础，故极具生命力。今天世界各地广为流传的《昔日时光》（一译《友谊地久天长》）歌曲，就是彭斯搜集和改编的苏格兰民歌。

- "故乡"句：彭斯的故乡是苏格兰西部的埃尔郡阿洛韦镇。1786年，他因在家穷极潦倒而欲往西印度群岛谋生。为旅费计，他尝试出版第一个诗集，不意引起轰动，旋罢漂洋之想。

- 谢马衣加：今定译"牙买加"，加勒比海岛国。相传当初发现新大陆的哥伦布初抵牙买加，与当地土著发生冲突，粮断水竭，情况危急异常。略通天文的哥伦布知道当晚将发生月全食，便威胁土著居民道："你们再不给我食物，我就不给你们月光！"晚上，他的话果然应验。土著人诚惶诚恐，遂与哥伦布化干戈为玉帛。

- 将痕：今译"琼"，彭斯爱人名。

- "百年之后"句：彭斯于1787年5月应邀访问爱丁堡，当地上层人士一时以与之结交为荣。但人们对其"真价"有充分的认识的确是在其"百年之后"。

- 克子：今译"济慈"。英国浪漫主义大诗人。1795年10月31日生，1821年

丰子恺先生为郁达夫故居题写的"风流儒雅"匾额

2月23日卒,终年26岁。拙文《济慈的"新行呈"和太平洋》(本报1992年11月15日)曾详细诠释了其第一首成熟的诗作《初读查普曼译荷马》之科学背景。

"此间埋着"句: 直译宜作"葬于斯者,其名书于水上"。

● **施医院:** 即慈善医院。

● **鬼才:** 原系宋人评唐李贺(李长吉)之词,如钱易谓"李白为天才绝,白居易为人才绝,李贺为鬼才绝";宋祁谓"太白仙才,长吉鬼才"等。

● **汤梦生:** 今译"汤普森",系19世纪末英国审美派诗人。1859年12月18日生,1907年11月13日卒。初时学医,1893年出版《诗集》,很获好评。后贫至以卖火柴和报纸为生。不少作品在死后出版。

● **"怕已吞没"句:**《末路》作于1923年8月12日,其时白话文语法尚在逐渐规范之中。此句在今日汉语中似应作:"怕已吞没了许多才人的名姓吧!"

郁达夫生于1896年12月7日,作《末路》时正投身"创造社"的领导工作。时世维艰,性格复杂的他写下了不少颇显倔强、又露脆弱的作品,这在《末路》中亦可察见。达夫在文中为他人泣,实际也是感怀自己的身世。《末路》至今七十二载。天翻地覆,沧海桑田,达夫的时代一去不复返了。

史有"外史",传有"外传",本文似宜算作"外注"。笔者事天文,注名家美文是外行,尚祈方家教正。

原载《科技日报》1995年11月5日第2版

076

宇宙无中心

地球绕太阳转,还是太阳绕地球转?

正确的答案是前者。但是,1994年中国科协和国家科委的"中国公众与科学技术"抽样调查却查明,约有23％的成年人尚不具备这一科学常识。美、英等国同类调查的结果与此亦堪称伯仲。

古人仰望苍穹,觉得自己就在天地中央。他们目睹日月群星东升西落,自然而然地得出"地静天动"的结论。这种观念在世界上流传了数千年,直到1543年,才

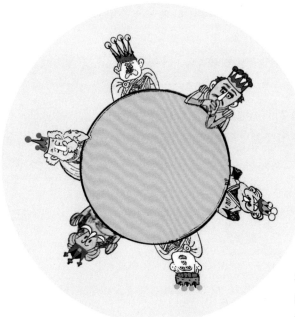

宇宙无中心的类比:圆桌会议上的6位国王处于彼此"平权"的地位,谁也不是什么"中心"

有波兰天文学家哥白尼详细论证了地球如何与其他行星一道绕着太阳运行,他认为宇宙的中心不是地球而是太阳。

日心学说在人类认识史上具有划时代的进步意义,但它的传播却相当艰难曲折。哥白尼去世后半个多世纪,莎士比亚在其戏剧中描绘的宇宙图景依然是"地心说",伽利略则因宣扬哥白尼的学说而迭遭罗马教廷的迫害。

18世纪后期,人们终于迈出了新的一步:英国天文学家赫歇尔证明,太阳与千百万颗恒星一起构成了庞大的"银河系",群星——包括太阳——则在银河系中不停地运动着。不过,赫歇尔以为太阳位于银河系的中心附近。

20世纪初,美国天文学家沙普利确切证明了太阳在银河系中偏处一隅。如今,天文学家已在宇宙中发现了成百上千亿个星系,银河系则是其中的普通一员。它当然不是"宇宙的中心"。

那么,是不是根本就不存在什么"宇宙的中心"呢?是的,现代天文学和宇宙学的全部成就恰恰表明了这一点。在巨大的宇宙尺度上,众多的星系彼此处于"平权"的地位,谁也不是什么"中心"——就像一个圆周上或者一个球面上的每一个点,都和同一圆周或同一球面上的其他点完全"平权"一样。

相对于整个宇宙,人的形体至为渺小,但人的认识能力极其伟大。人在小小的地球上竟能查明"宇宙无中心",足见"知识就是力量"一语何其精当。而科普工作之所以崇高,也正在于其目的是让全体社会成员都变得更有力量!

原载《北京晚报》1995年10月30日第15版

077

星座与命运
能扯到一起吗?

　　近年来,中小学生中关于某人的星座、性格、命运的话题多起来,一些小报在人物介绍中也把"星座"列入其中。那么星座是怎么回事,它和人的命运有关系吗?

　　根据天象预卜世事,称为"占星术",又称"占星学"。它是古人为了预知自身的命运,企图阐释天象隐秘的一种努力。在古代,占星术和天文学之间并无鲜明的界限,那时的天文学家往往也是占星学家。随着人类对天体运动了解的深入,天文学便与占星术彻底分了家。在今天,天文学是一门重要的自然科学,占星术则是一种引人误入歧途的伪科学。

　　这些年,国内书摊上也出现了不少有关占星术的书,大讲什么"星座""黄道十二宫""命运预测"之类,那么"星座"与人的命运有关吗? 这要从什么是星座,什么是"黄道十二宫"说起。

　　地球绕着太阳转动,每转一圈就是一年。但是,古时人们在知道这个道理之前,在地球上看到的,却是太阳在群星之间不断移动,直到一年以后又重新回到老地方。"黄道"就是太阳在天穹上运动的轨迹,它是环绕天穹整整一圈的大圆。古代巴比伦和希腊天文学家为了表述太阳在黄道上所处的位置,而将黄道大圆划分为12段,称为"黄道十二宫",每宫各占30°。古人还将天穹上的恒星依位置划分成组,一组星就称为一个"星座"。古代巴比伦人在公元前3000年左右已经开始划分星座,并给它们取了名字。公元前13世纪,他们把黄道附近的星座确定为12个,依次称称为:白羊座、金牛座、双子座、巨蟹座、狮子座、室女座、天秤座、天蝎座、人马座、摩羯座、宝瓶座和双鱼座。这些名字一直沿用到了今天。目前国际上

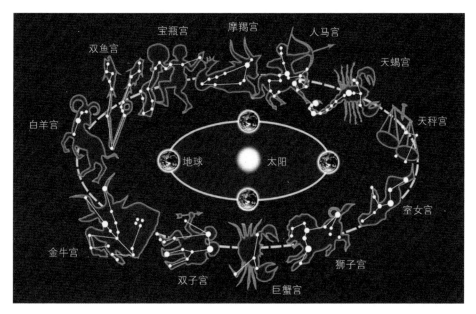

双鱼宫　宝瓶宫　摩羯宫　人马宫
白羊宫　　　　　　　　　　　　　天蝎宫
　　　　　　　　　　　　　　　　天秤宫
　地球　太阳　　　　　　　室女宫
金牛宫　　　　　　　　　　狮子宫
双子宫　巨蟹宫

黄道十二宫示意图

通行的星座体系，是国际天文学联合会于1928年在古代星座的基础上最终划定的。它一共包含88个星座，每个星座相应于一个固定的天空范围，宛如地球上的每个国家都有确定领土一般。

古人把黄道十二宫与附近的12个星座对应起来。比如，白羊座所在的那个"宫"就称为"白羊宫"。黄道和天球赤道有两个交点，即"春分点"和"秋分点"，黄道十二宫的起算点就是春分点。由于天文学上的"岁差"运动，春分点总是在沿着黄道缓慢地东移。于是渐渐地，黄道十二宫就和12个黄道星座错开了。如今白羊宫已差不多和双鱼座重合在一起。

占星术中所说的"双鱼照命"，是说此人出生时太阳正位于黄道上的双鱼宫中。"天蝎主性"，则是说此人出世时与天蝎宫相应的那部分星空正从东方升起。不用多解释即可明白，这瞬间的天象怎能决定一个人今后的命运呢？当今世界上每秒钟都要诞生好几个新婴，其降生时的天象是相同的，但他们的人生道路却截然不同。即使是双胞胎、三胞胎的个人志趣、经历和社会遭遇也可以有很大的差异。这样的事例可谓不胜枚举。

在漫长的岁月中，占星术拉扯到的天象变得越来越多、越来越复杂了，这既增添了它的神秘感,又增加了占星术士们既可以这样说又可以那样说的回旋余地。所以占星术的"预言"似乎真有"蒙"准的时候。对此人们可以从概率方面作些分析,而且应该充分考虑心理暗示、社会世故诸方面的因素,有时还可能存在着更复杂的背景。

总之,无论是成年人还是青少年,遇事都要琢磨出个所以然来。一些迷信的东西,无论是土产,还是舶来品,都不代表文明进步,也没什么可时髦的。

原载《中国教育报》1995年10月14日第3版

链 接

"占星学"也称"星占学"。在古代,星占学与天文学错综交织,情况相当复杂。因此,深入研究古代天文学,往往就需要了解古人有关星占的各种事项。2008—2009年,中国科学技术出版社出全了中国天文学史研究者们奋力编著近30年而成的十卷本"中国天文学史大系",书目为:《中国古代天文学思想》《中国古代历法》《中国古代天象记录的研究与应用》《中国古代星占学》《中国少数民族天文学史》《中国古代天体测量学及天文仪器》《中国古代天文学的转轨与近代天文学》《中国古代天文机构与天文教育》《中国古代天文学家》和《中国古代天文学词典》。其中《中国古代星占学》一书的著者是南京大学的卢央教授。

十卷本《中国天文学史大系》"全家福"

078

对贯彻"加强科普工作若干意见"的几点想法

    我是中国科学院北京天文台的一名专业天文工作者,也是中国科普作家协会的一名会员。我热爱自己的科研工作,也热心于科普宣传。近几年我国科普工作面临不少困难,我和科普界的许多朋友对此都甚感不安。最近学习了《中共中央国务院关于加强科学技术普及工作的若干意见》(以下简称《意见》),我的心情很不平静。在科普工作处境维艰、甚至有所萎缩之际,听到这盼望已久的声音,既使我倍感温暖,也使我强烈地意识到将《意见》的精神尽快落实到行动上的责任。遂坦陈己见如下,以作引玉之砖。

    科研、教育单位要坚定地支持科普工作。   许多事例表明,过去有不少科研教育单位对本部门中热心科普工作的同志未能给予适当的支持,甚至严重挫伤了他们的积极性。这不仅对科普工作造成了损失,而且有碍于全社会对科研教育事业的理解和支持,因此对科研教育的自身发展也是非常不利的。《意见》中明确要求:"各科技机构、大专院校和科技工作者要积极投身于科普事业,""要进一步创造环境和气氛,使专业科普工作者和其他科技工作者从事科普工作的劳动成果得到应有的承认;同时要在工作、生活、进修、奖励、职称等方面给予适当的倾斜,以稳定队伍,繁荣创作。"这对把我国的科普工作提高到一个新的水平将起到非常重要的作用。实践证明,科普对科研教学人员自身水平的提高和扩大本门学科的影响,以及成果的推广应用,也大有好处。相信会有越来越多的科教单位重视和支持科普工作。

    大力支持高品位科普书刊的出版、宣传、发行工作。   目前,在我国出版高品位的科普书刊往往是要"赔钱"的。一些恪守高品位的科普书刊往往因此而难以为继。例如,著名的美国《科学年鉴》在世界各国,包括在我国知识界是很有影响的;科学出版社从1973年起即逐年组织翻译出版,责任编辑和一批严肃认真的译者为此可谓呕心沥血,译本取得了很好的社会效果。遗憾的是,这样一项高品位翻译工程,在1991年却"寿终正寝"了,原因据悉就是"经费困难"。又如,80年前由任鸿隽、杨杏佛、胡明复、赵元任等前辈学人于内战连年、外侮交加之际,毅然节省留学生活费而创办的《科学》杂志,10年前由上海科学技术出版社复刊;它是我国为数极少的综合性高级科普刊物之一,其科学性、哲理性、可读性皆甚堪称道。据悉该刊经费亦相当拮据,深望各界有识之士共同关心支持。当然,此类书刊本身需要进一步加强宣传发行工作;但与此同时,有关方面的切实支持也是不可或缺的。

科普作品的稿酬标准宜适当提高。　稿酬,既是对作者付出的辛勤劳动给予的回报,又是鼓励人们积极从事这类劳动的一种方式。目前,与普遍的物价水准相比,科普作品的稿酬明显偏低。为了鼓励创作更多的优秀科普作品,我认为国家应该提高科普作品的稿酬标准,或进一步出台放开稿酬的办法。

积极宣传有突出成就的科普人物。　如今各行各业对于人物的宣传都相当重视,而各种新闻传媒对科普工作者、包括成就卓著的科普作家的宣传至今依然寥若晨星。这反映了我们对宣传"科普人物"的重要性认识依然不足。其实,人是最活跃的宣传对象;宣传"人"的同时也就宣传了"事",而且留给社会公众的印象往往更加深刻。我建议中国科普作家协会和各级地方科普作协与新闻、出版界紧密配合,充分发挥各方面的积极性,把"科普人物"的宣传搞好搞活,搞出特色,搞出成绩,搞出影响来。

希望中国科协和省、市、自治区科协增强对科普作家协会支持的力度。　中国科协向各全国性学会、协会、研究会,各省、自治区、直辖市科协和中国科协机关各部门、各直属单位发出了学习、宣传、贯彻《意见》的通知,并着手安排了12项工作。作为中国科协几个下属学会和协会的会员,我对此深表拥护。同时,我也衷心希望中国科协和省、市、自治区科协进一步增加对科普作家协会的支持力度,特别是必要的经费支持和政策上的倾斜。我深信,这样做是会获得丰厚回报的。

原载《中国科协报》1995年9月14日第2版

　　1994年12月5日,《中共中央、国务院关于加强科学技术普及工作的若干意见》(下简称《意见》)发布实施。《意见》指出:"科学技术普及工作是普及科学知识、提高全民素质的关键措施,是社会主义物质文明和精神文明建设的重要内容,也是培养一代新人的必要措施。"文件共提出13条意见,强调"全党、全社会都要高度重视,认真抓好。各有关部门要研究制定加强和改善科普工作的实施方案,并认真督促执行。各级党委和政府要根据各地的实际情况和经济、社会发展条件,研究制定贯彻本文件的具体实施办法,并尽快落实"。

　　本文是作者在中国科学技术协会为贯彻落实《意见》召开的座谈会上的发言,后在《中国科协报》的"科学普及与社会进步"专题中刊出,署名"中国科普作协　卞毓麟"。

079

科普与社会安定

科普专家谈科普（代编者按）

为了更好地贯彻落实《中共中央国务院关于加强科学技术普及工作的若干意见》精神，本市前不久召开了科普工作联席会议，讨论了北京市的具体方案。随后，市科协制定了《关于加强科学技术普及工作的决定》，并配合市科委拟定了《北京市1995年科学技术普及工作要点》。

与此同时，在科学家们的建议下，市政府召开了以"进一步加强北京市科学技术普及工作"为主题的科学技术季谈会。其目的在于进一步提高全社会对科普工作的认识，改善和加强市委、市政府对全市科普工作的领导，充分发挥首都科技优势，利用现有的科普队伍和设施，根据首都建设的需要，动员全社会力量，多形式、多层次、多渠道地开展科普工作，传播科技知识、科学方法和科学思想，使科普工作群众化、社会化、经常化。

为此，我们将部分专家关于科学普及的观点、趋向和意见介绍给读者。

北京市科协副主席　季延寿

建设精神文明，是科学普及的一项重要功能，这直接关系到社会的安定。这里，我想举两个例子来作一些说明。

1994年7月17日到22日发生的苏梅克—利维9号彗星撞击木星事件，是国际天文界的一项重要的研究课题，也是各国公众普遍关注的热点。我国天文界抓住这一重要天象，为普及科学知识、宣扬社会主义精神文明打了一个漂亮仗。仅我所在的中国科学院北京天文台就开展了多种形式的宣传普及工作。

事实证明，由于宣传、普及工作得力，社会上没有发生利用彗星撞木星制造迷信和恐慌的现象。有人说，一些人预言什么"1999年大灾难"，彗星撞木星却预言不出来；可是天文学家在一年多以前就作了准确的预报，这才是真正的科学。不少人看了彗撞木的展览后说，过去以为天文学没什么用处，现在才知道它同人类的关系很密切。还有人说，"养军千日，用兵一时。这次能对彗撞木准确预报和观测研究，是因为我们有一支素质良好的天文队伍和必要的天文仪器设备。看来，要解决'小天体是否会撞击地球，对此如何预测、预警和采取对策'这样重大的问题，天文这支兵还得好好养"。可见，通过科普宣传，我们的科学事业也进一步取得了公众的理解和支持。

今年是农历乙亥年，闰八月。近来社会上出现了"闰八月是不祥之兆""闰八月要出事儿"之类的谣言。据中国科学院云南分院的同志相告，前些时昆明一度谣传，说什么男人穿红裤衩、女人穿红衣服就可以消灾免难，结果居然弄得红布、红衣服一时脱销。

道理很简单，"闰月"是以地球和月亮这两个天体的运动为依据、按照一定的规律来确定的，所以，闰八月和天灾人祸当然没有必然的联系。可是，谣传居然会借助简简单单的"闰八月"，造成人们思想上的混乱，甚至在某种程度上成为不安定的因素，这是我们始料未及的。近来，我们和各种新闻媒介大力配合，积极宣传"闰八月"的科学道理，已经取得了明显的效果。

上面两个例子是很能说明问题的。我相信，广大科学工作者、包括科普工作者，通过积极宣传、普及科学知识、科学思想和科学方法，必将能为建设社会主义精神文明、包括维护我们的社会安定作出更大的贡献。

原载《北京日报》1995年6月1日第8版

080

从"彗木相撞"到"闰八月"

　　彗星,俗称"扫帚星"。千百年来,它常被视为灾难的象征——饥荒、瘟疫、地震、战乱、流血和死亡。1910年哈雷彗星回归时,在科学发达的欧美国家,也出现过相当的混乱。例如有人说,彗星的有毒气体将会渗入地球大气,从而置人于死地。更有人宣称,就像鳄鱼尾巴扫着鸡蛋那样,哈雷彗星的尾巴将轻而易举地把地球扫翻。不少人惊恐万状,等待着"世界末日"的来临。然而,1985年至1986年哈雷彗星再度回归时,在我国却未闻利用这一天象宣传迷信、制造谣言的事件。这是为什么? 是因为当时宣传、介绍、普及彗星知识的工作开展得既广泛又深入,既生动又持久,使反科学、伪科学的东西失去了市场。

　　1994年7月17日至22日,发生了苏梅克—利维9号彗星撞击木星事件。木星,我国古称"岁星",也就是所谓的"太岁"。按照迷信的说法,"太岁头上动土"乃是大忌。"扫帚星"扫到"太岁"头上,真是祸莫大焉。对此,我国天文学家及时进行了多方面的宣传。

　　正因为宣传、普及工作得力,所以没有发生利用彗星撞木星散布迷信和制造恐慌

1994年5月17日,苏梅克—利维9号彗星的21个碎片在太空中列成一串的情景,同年7月17日至22日这些碎片相继与木星相撞(来源:NASA)

的现象,对维护社会安定起了良好的作用。

宣传普及"彗木相撞"的佳绩可谓恰如所料。然而,1995年(农历乙亥年,闰八月)伊始,却出乎意料地接连出现了关于"闰八月"的荒唐谣言:"闰八月预示着地震""闰八月要出事儿"等等。也许是上一次闰八月——1976年(农历丙辰年)给我们留下了太深的印象,这些谣言才有了可乘之机。那么,"闰八月"究竟又是怎么一回事呢?

自古以来,人们就利用昼夜交替、月亮圆缺、四季更迭等自然现象,作为计量时间

因苏梅克—利维9号彗星碎片撞击,木星大气中留下的痕迹——图中从中下部到右下方的一串暗斑(来源:NASA)

的单位。地球自转一周为一"日",它是昼夜交替的周期。地球绕太阳公转一周称为一"回归年",它是四季更迭的周期,时间长度为365.2422日。月亮圆缺变化的周期称为"朔望月",长度等于29.5306日。由此可见,大自然为我们提供的"年"和"月",实际长度都不是"日"的整数倍。这就需要制定历法,来协调年、月、日三种不同的时间单位,做到既准确又方便地计量时间。

根据地球公转运动制定的历法叫作"阳历"。国际通用的公历就是一种阳历,全年12个月,共365天(闰年的2月多一天,全年为366天),非常接近于真正的"回归年"。根据月球绕地球的运动制定的历法叫"阴历"。阴历月大30天,月小29天,月大月小交替出现。故阴历"月"的平均长度与一个"朔望月"相近,它能较准确地反映月亮的圆缺变化。阴历也是一年12个月,但全年只有354或355天。这与一个"回归年"相差甚多,因此阴历不能反映季节的变化。

我国长期使用的"农历"很有特色。它采用阴历的(月),也是月大30天,月小29天。同时,为使其平均"年"长尽可能与季节变迁保持一致,即尽可能接近于回归年的长度,在农历中平均每过两年多的时间,就要额外增加一个月,称为"闰月"。凡有闰月的年份就是农历的"闰年",这一年就有13个月,其他年份则仍为12个月。由于农历兼具阴历和阳历的特点,所以它是一种"阴阳历"。

那么,闰年中的哪一个月才算是闰月呢?这与一年中的24个节气有关。24节气又分为"节气"和"中气"两大类,它们各有12个,彼此交替出现。例如立春、惊

蛰为节气,雨水、春分为中气等。通常,农历每个月内有中气和节气各一个。但因接连两个中气相隔的时间平均约为30.5天,而农历每月的平均长度却只有29.5天,所以就一定会发生某一个月内只有一个节气、而没有中气的情况。这样的月份就被定为闰月。如果这个月紧接在农历八月之后,那就称为"闰八月"。可见,"闰月"是以地球和月亮运动为依据,按照一定的规律来确定的。

有人说:"1976年闰八月发生唐山地震,今年又是闰八月,还要发生大地震。"但是,只要看看以下这些数字就可明白,上述说法并没有什么根据。20世纪有过3个闰八月的年份:1900年(庚子年)、1957年(丁酉年)和1976年(丙辰年)。20世纪我国8级以上的大地震则有9次,分别发生在1902年、1906年、1920年(两次)、1927年、1931年、1950年、1951年及1972年,其中没有一次遇上闰八月。1920年(庚申年)12月16日的宁夏海原8.5级大地震死亡人数达20余万,与1976年7月28日的唐山7.8级地震相当,而那一年却根本不是闰年。

我们再来看另一例"天灾"。近代长江流域最严重的一次水灾发生在1931年(辛未年),当时长江中下游普降大雨,从湖北、湖南、江西、安徽、江苏直到上海,沿江城市受淹,汉口城里甚至可以行船;这次受灾总人口达2800多万,直接造成死亡14万多人,淹没农田5000万亩。但是,那一年并不是闰八月。

还有人说:"闰八月不逢天灾,也有人祸。1900年(庚子年)闰八月,就发生了八国联军入侵的大灾难。"然而,给中国人民带来更深重灾难的日本侵华战争却与闰八月毫不沾边:1931年(辛未年)"九一八"事变,1937年(丁丑年)卢沟桥事变,乃至八年全面抗战,没有一个年头是闰八月的。再往前看,鸦片战争那年1840年(庚子年)不是闰八月;英法联军入侵、"火烧圆明园"的1860年(庚申年)也不是闰八月。1840年以来,除前已提及的1900年、1957年和1976年外,就只有1851年(辛亥年)和1862年(壬戌年)是闰八月了。但这两年中,都没有发生可与鸦片战争、"火烧圆明园"、日军侵华等相提并论的重大事件。

所以显而易见,闰八月和天灾人祸并没有什么必然的联系。

"彗木相撞"和"闰八月"本是互不相关的两个话题,但它们说明了同一个道理:科学普及对于建设精神文明实在非常重要。

原载《中国科学报》1995年5月22日第4版

081

我看"科海新大陆丛书"

　　科学家和发明家都是好奇的,但科学研究和发明创造决不只是为了满足少数人的好奇心。

　　科学技术的进步,是社会发展的动力,是人类文明的象征。为什么这样说?已经有无数的书籍和文章作了回答。尽管如此,我还是建议广大青少年再去读一读一套十分有趣的新书,那就是郑延慧主编的"科海新大陆丛书"——其实成年人也很值得一读。

　　"科海新大陆丛书"的涵盖面很广,这从它11册书的题目即可一目了然:《工业革命的主角(蒸汽机史)》《开启电气时代(电气史)》《传播文明的使者(造纸、印刷术史)》《战胜传染病的征途(医学史)》《上帝不曾给人翅膀(航空史)》《摆脱地球的束缚(航天史)》《无所不在的力士们(能源史)》《威力无比的原子(原子能史)》《电脑先驱者的足迹(计算机史)》《机器人向我们走来(机器人史)》以及《奇异的生物工程(遗传学、生物工程史)》。

　　这些题目还表明,这套丛书有条贯穿始终的主线,那就是科技史。用最通俗的语言讲,科技史就是人类向科学技术进军的漫长征途中,接连不断地写下的无数可歌可泣的真实故事。"科海新大陆丛书"正是通过这些史实,生动而又雄辩地告诉人们:科学的发现,不是少数特别聪明的人灵机一动的

"科海新大陆丛书",郑延慧主编,河北少年
儿童出版社1995年出版

产物,而是一代又一代科学家艰苦奋斗的结晶。一种光辉的科学思想出现之后,必须历经许多国家的大批有志者继续开拓,才能达到比较完美的境界。在科普作品中,在描述伟大的科学发现和科学家的伟大成就时,避免简单化并不是一件容易的事情。"科海新大陆丛书"的作者们则通过他们的艰辛劳动,基本上做到了这一点。我认为,这可以说是该丛书的一个重要特色。

科学技术的发展是由人来完成的。在这里,成功的人当然是英雄,而失败者又何尝不是英雄呢? 有的人攀登科学高峰,在离最终胜利只有一步之差时失败了。但是,他为后人继续前进留下了宝贵的脚印。"科海新大陆丛书"的作者们在讲故事的同时,娓娓动听地分析了科学探索者们的曲折经历,与读者一起探讨怎样才能把握好稍纵即逝的机遇,怎样才能在逆境中更好地磨炼自己。它尽可能正确地反映科学史的本来面貌,所以给人的感受不是故事一到高潮便戛然而止,而是留下了无穷的回味。这是本套丛书有别于同类书籍的又一重要特色。

在"科海新大陆丛书"中,没有长篇阔论地高谈什么大道理,然而,它却巧妙地使人再次领悟了在科学上绝没有平坦的大路和捷径可言。为了科学技术的进步,人们付出了生命和财富,同时也获得了知识。知识是无价之宝,在任何领域内获得的真正的知识,在其他领域内都会非常有用。"科海新大陆丛书"告诉我们,知识的积累对于人类是多么有用,而关键则在于你如何聪明而理智地使用它。

我想用一位博学之士的话来结束这篇短文。出生在波兰、移居英国的科学家和作家布洛诺夫斯基由于在书籍和电视节目中向外行人阐述科学知识而名闻遐迩,他说:"我们生活在一个科学昌明的世界中,这就意味着知识和知识的完整性在这个世界中起着决定作用。科学在拉丁语中就是知识的意思……知识就是我们的命运。"

因此,在某种意义上,多读些优秀的科普作品,就是向掌握自己的命运前进了一步。我认为,在这类优秀作品的目录中完全可以添上——"科海新大陆丛书"。

原载《中国青年报》1995年5月15日第7版

082

说"笑"

西人入席以谈,常作低声细语,以示"教养"。吾人凭桌而侃,每多豪呼阔笑,乃显"热情"。怪乎哉?曰:"否。"盖东西文化之差异远非止于此也。

当然,中国人对"呼"之"豪"、"笑"之"阔"也未必一应称善。昔于餐馆用膳,有"财大气粗"者于杯盘狼藉时,旁若无人地喧声浪笑。他人频施"注目礼",亦无济于事。夫"笑"者,怡情之雅举也。然上述诸君之"笑",却比哭更难堪。可见笑是很有讲究的。按现今时尚,似颇可一用"笑文化"这个字眼。

"笑",中国社会科学院语言研究所编的《现代汉语词典》中解作:"露出愉快的表情,发出欢喜的声音";《辞海》中解作:"因感喜悦而开颜"。措辞虽有异,其实则一也,意思是相当清楚的。

汉语中表达笑的单字,尚有"乐"(如"把大伙儿逗乐了")、"哂"(如"不值一哂")、噱(如"可发一噱"),以及今已罕用的"辗"(如"辗然而笑")等。形容各种各样笑的双字词就更多了,如:欢笑、含笑、窃笑、微笑、嬉笑、傻笑、失笑、暗笑、痴笑、大笑、憨笑、狂笑、苦笑、哄笑、干笑、假笑、怪笑等。不出现"笑"字的各种类型的笑则有:莞尔、嫣然、解颐、破涕、抿嘴、胁肩、喷饭、捧腹、绝倒等诸般名目。再加上象声词"吃吃""咯咯""嘻嘻""哈哈",乃至"扑哧"一笑,真使人如同进入了一个笑的世界。著名红学家周汝昌曾于1979年在《讽刺与幽默》上发表短文"谈笑",真个是字字珠现,妙不可言。现谨录片断如下:

笑因人而异其态。夫子定是"莞尔",美人势必"嫣然"。《红楼梦》里的张道士理应"呵呵大笑"。"回眸一笑",只能是杨玉环。薛蟠决不会工于"巧笑"，他一发言，常常引起"哄堂""轰然"。

老一辈科普作家高士其亦曾以"笑"为题，于1981年在《光明日报》上发表知识小品，谈论了笑的方方面面。此处不妨也略引几段：

笑有笑的政治学。做政治思想工作的人，非有笑容不可，不能板着面孔。

笑有笑的教育学。孔子说："学而时习之，不亦说乎！"这是孔子勉励他的门生们要勤奋学习。读书是一件快乐的事。我们在学校里，常常听到读书声，夹着笑声。

笑有笑的艺术。演员的笑，笑得那样惬意，那样开心，所以，人们在看喜剧、滑稽戏和马戏等表演时，剧场里总是笑声满座。笑有笑的文学，相声就是笑的文学。

笑有笑的诗歌……

人们需要笑，也需要笑的艺术。在中国，大家最熟悉的正是"相声"。人民出版社"祖国丛书"中有一个雅俗共赏的专题——《中国的相声》，把相声艺术的源头、成长、繁荣等诸般要目交代得有板有眼，作为实例所举的一些相声段子，也着实令人忍俊不禁。

十多年前，上海著名滑稽演员杨华生曾为复旦大学中文系的学生讲了喜剧艺术的发展。他说，滑稽戏中的笑是一种出乎意料、又合乎情理的反常状态。所谓反常，是现象和本质、手段和目的失调。这种失调应该是对假、恶、丑的否定和批评，又应该是直接或间接地对真、善、美的肯定和赞扬。笑有鲜明的感情色彩，笑还是理智和感情的统一。这些话确是很有见地的。

《中国的相声》，薛宝琨著、方成插图，人民出版社1985年6月出版（左）；《笑——论滑稽的意义》，柏格森著，徐继曾译，中国戏剧出版社1980年3月出版（右）

《笑的历史》,让·诺安著,果永毅、许崇山译,三联书店列入"文化生活译丛"于1986年11月出版(右),1997年11月第4次印刷(左)

20世纪初的法国著名哲学家、"变的哲学"之创始人、1928年诺贝尔文学奖得主昂利·柏格森于1899年在《巴黎评论》上发表三篇论滑稽的文章,后汇编成卷,书名为《笑——论滑稽的意义》。他在这部重要的美学著作中,对各种滑稽一一包括形式、动作、情景、语言以及性格的滑稽,都作了精细的分析。作为一部专著,这本书并不容易读。但鉴于其学术价值,据我所知,它至少有过两个中译本。一是新中国成立前张闻天的译本,书名易为《笑之研究》;一是1980年中国戏剧出版社出版的徐继曾译本,书名按原著直译。

还有一本很值得一读的书:《笑的历史》,作者也是一位法国人——让·诺安。三联书店于1986年作为"文化生活译丛"之一,出版了果永毅和许崇山的中译本。该书内容相当丰富,可读性也强。全书共三章,依次为"笑的研究"、"大众的笑"以及"世界各地的笑"。限乎篇幅,只能另文再作介绍了。

回到人际交往或公共场合的"笑"上来。真诚的"微笑服务"总是给人以美的感受,而如前"财大气粗"者之浪笑却只能与"丑"为伍了。中国人凡事历来很讲究一个"品"字,如为人之有"人品",做诗之有"诗品",作画之有"画品",弈棋之有"棋品",乃至饮酒亦有"酒品"等等。我想,倘若一个人随时都能保持良好的"笑品",那应该也是其精神境界的一种体现吧。

笑是美好的。谨借高士其"笑"文中所表达的愿望为此番谈"笑"作结:

"让全人类都有笑意、笑容和笑声……世界变成欢乐的海洋。"

原载《科技日报》1995年2月5日第2版,署名"梦天"

083

马克·吐温和哈雷彗星

美国名作家塞缪尔·朗赫恩·克莱门斯,生于1835年11月30日。其笔名马克·吐温自1863年始用,它原是密西西比河水手的行话,意为"水深12英尺",航船足可通行。

马克·吐温出生那年适逢哈雷彗星回归。这位幽默的作家曾"预言",他将在哈雷彗星再度回归时死去。有趣的是,这居然被言中了!

哈雷彗星不是哈雷首先发现的。这位英国天文学家的功绩则是:准确计算了该彗星绕太阳运行的椭圆轨道,并史无前例地正确预告了它将于76年之后——即1758年再次回归。哈雷生于1656年,卒于1742年,他活到86岁,未能目睹自己预告的彗星回来。但是,后人没有忘记他,用他的名字命名了这颗蔚为壮观的大彗星。

彗星轨道上离太阳最近的那一点叫"近日点"。1835年,哈雷彗星在11月16日(马克·吐温出生前14天)过近日点。1910年哈雷彗星再次回归,并于4月20日过近日点。第2天(1910年4月21日),马克·吐温与世长辞。在欧洲大陆上也有两位著名学者的生卒年份与哈雷彗星"有缘"。英国医生悉尼·林格也生于1835年。他发现若在含食盐的溶液

马克·吐温于1907年获英国牛津大学文学博士学位,图为其身穿学位服的正装肖像,3年后他就去世了

中少量地加入某些其他离子,把取出体外而细胞未死的心脏置于其中,则可使它跳动得更久。后来,这种"林格氏液"便成了生理实验中的重要物品。林格卒于1910年10月14日。

意大利天文学家斯基亚帕雷利生于1835年3月14日。他发现火星表面有许多"线条"构成了错综复杂的图案。他用意大利语称那些线条为"水道",不料译成英语时却被人误译成了"运河"。人们猜测这些"运河"必系火星上的智慧生物所修建,于是导致了历久不衰的"火星人"之争。斯基亚帕雷利本人于晚年因目力不济难以观测而退出了争论。他于1910年7月4日去世。其时,适逢哈雷彗星向地球作别而远去。

此类名人趣事足以使人怡情长才,但它们终究只是巧合而已。昔日科学尚不发达,人们对彗星备感畏惧。诸如1910年在欧洲曾有人因恐惧地球与彗星相撞而自杀,在美国则有许多迷信者争购每盒1美元的"防彗丸"。但无论人们怎样想,马克·吐温、林格、斯基亚帕雷利之寿终正寝都和哈雷彗星不相干。

原载《北京晚报》1995年1月30日第15版

084

纪念孔子诞辰之误
——兼说北京建都纪念

孔子生于公元前551年,卒于公元前479年。这是史学上的定论,学术界已无争议。

年复一年,海内外华人、各国的汉学家和儒学家们总在纪念孔子诞辰。例如,1989年,我国纪念孔子诞辰2540周年,在北京和曲阜隆重举办了国际会议和庆典活动。我国为此发行的纪念邮品上也写明孔子诞生于公元前551年。这些活动本身都很成功,唯一的重大遗憾是:在"周年"的计算上差了一年。事实上,1989年是孔子诞辰2539周年。

此后,学术界曾有人指出这一误解应予纠正,惜乎未获得足够的重视。1994年10月5日至8日,在北京举行了"孔子诞辰2545周年纪念与国际学术讨论会"。来自五大洲的数百名学者出席了这次会议,会后又正式成立了国际儒学联合会。会议受到各有关方面的大力支持,新闻传媒也作了充分报道。只是"孔子诞辰2545周年"还是多算了一年:其实1994年应该是孔子诞辰2544周年。

造成这一误解的原因是:在公元纪年法中不存在公元零年。因为孔子生于公元前551年,所以公元前1年是他诞辰550周年;再下一年,即公元1年,是他诞辰551周年;公元2年是他诞辰552周年,由此极易

陈列于曲阜孔府东厢房中的《孔子燕居图》,是一幅流传甚广的孔子像。"燕居"是闲居在家,生活舒坦愉快。画家生活在明代,佚名

北京宣武门城楼老照片，英国摄影家菲利斯·比阿托（Felice Beato，1832—1909）摄于1860年

推算，孔子诞辰2540周年应是在公元1990年，诞辰2545周年则是在公元1995年。再往后些说，纪念孔子诞辰2550周年应该是在2000年，而不是在1999年；纪念其2600周年诞辰，则应在2050年，而不应该在2049年。

公元纪年法中不存在公元零年，这是一个常识。在公元后纪念发生在公元前的历史事件，都需要考虑到这一点。鉴于人们在纪念多少"周年"时颇易疏忽这一细节，所以有不少智力小测验常以此为题。例如，当代极享盛名的美国数学趣题大师马丁·加德纳，在1961年出版的《引人入胜的数学趣题》一书中，就有一道小题目：古希腊雄辩家拉里因吉提斯生于公元前30年7月4日，死于公元30年7月4日。问："他在世多少年？"答案是："59年。因为不存在公元零年。"

在浩瀚的历史长河中，一年之差有时未必至关重要。但对于重大的、严肃的纪念活动来说，那就要格外留心了。

近闻北京市有关部门正考虑于1995年举行北京建都3040周年纪念活动。其依据是周武王伐纣后分封的诸侯国燕，于公元前1045年在今北京市房山区境内琉璃河畔建都。本文全然不拟谈论具体的考证问题，而只是想指出：若以公元前1045年为北京建城之始，则公元1995年实为北京建城3039周年，而非3040周年。这还是因无公元零年之故。如上述依据确然无误，则北京建城3040周年应是在1996年。诚盼此节能引起有关方面重视，若能由此免除种种误会，则幸甚焉！

原载《中国科学报》1994年12月7日第1版

085

数字杂说

即使目不识丁的人，通常也会数数，诸如一棵树、二本书、三元钱等等。不过，纵然是饱学之士，倒也未必尽识数字的身世、数字的情趣，乃至数字的遗憾。

数字的发展走过了漫长的路程。大约4000年前，地中海东岸的腓尼基人发明了字母表。它在传播的过程中，或多或少地发生了种种变化，例如，古老的希腊字母和希伯来字母就不太一样。但是，古代希腊人和希伯来人都曾用字母表中的字母依次代表数字。后来，人们也曾用英语字母代表过数字，例如依次用A、B、C、D代表1、2、3、4；I、J、K、L代表9、10、20、30等等。

大约2000年前，古罗马人统治着整个地中海周围、跨越欧亚非三洲、直达大不列颠岛的辽阔地域。他们创立了一套书写数字的独特方法：用I、II、III、V、X分别表示1、2、3、5、10；IV和VI分别表示4和6，其中的奥妙是："若较小的数字紧靠在较大数字的左侧，则表示两者相减；若紧靠在较大数字的右侧，则表示两者相加。"所以IV表示V（即5）减去I（即1），VI则是V加上I；同理，VII和VIII分别表示"V加II"和"V加III"，即表示7和8；IX和XI则分别表示"X（即10）减I"和"X加I"，即9和11。代表数字的符号，在书写时的顺序非常重要。

在罗马记数法中，还用L代表"50"，C代表"100"，D代表"500"，M代表"1000"。所以，1994用罗马数字书写，就是MCMXCIV，其中从左到右依次为：M（1000）、CM（1000减100，即900）、XC（100减10，即90），以及IV（4）。要是把这些数字符号重新排列一下，变成MMCXCVI，那么它就不是表示1994，而是代表2196了。

创造出这些记数方法，是人类文明进步的象征。然而，它们毕竟还不够方

·2· 科技日报　１９９４年１０月３０日

数字杂说

下毓麟

即使目不识丁的人，通常也会数数，诸如一棵树，二本书，三元钱等等。不过，纵然是饱学之士，倒也未必尽识数字的身世、数字的情趣，乃至数字的遗憾。

数字的发展走过了漫长的路程。大约四千年前，地中海东岸的腓尼基人发明了字母表。它在传播的过程中，或多或少地发生了种种变化；例如，古老的希腊字母和希伯来字母就不太一样。但是，古代希腊人和希伯来人都曾用字母表中的字母依次代表数字。后来，人们也曾用单语字母代表

Ⅱ、Ⅲ、Ⅴ、Ⅹ分别表示一、二、三、五、十；Ⅳ和Ⅵ分别表示四和六，其中的奥妙是：

若较小的数字紧靠在较大数字的左侧，则表示两者相减；若紧靠在较大数字的右侧，则表示两者相加，所以Ⅳ表示Ⅴ（即"五"）减去Ⅰ（"一"），Ⅸ则是Ⅴ加上Ⅰ；同理，Ⅶ和Ⅷ分别表示"Ⅴ加Ⅱ"和"Ⅴ加Ⅲ"，即表示七和八；Ⅸ和Ⅺ分别表示"Ⅹ（即"十"）减Ⅰ"和"Ⅹ加Ⅰ"，即九和十。代表数字的符号，在书写时的顺序非常重要。

法，是人类文明进步的象征。然而，它们毕竟还不够方便。比如说，今天在全世界广泛使用的"阿拉伯数字"，就要比使用罗马数字简便得多。

有趣的是，发明"阿拉伯数字"的并不是阿拉伯人，而是印度人。两千余年前，印度人首先使用了1，2，3…9这九个数字；他们书写时，用最右边的数字代表有多少个"一"，再左边的数字代表有多少个"十"，再左边的数字代表有多少个"百"，如此等。例如，1994就表示一共有4个"一"，9个"十"，9个

伯人首先将印度数字传到了西亚、北非和西班牙，这就是欧洲人称它为"阿拉伯数字"的原因。

我国广泛使用"阿拉伯数字"迄今尚不足一个世纪。然而，数字在我国却有着独特而悠久的发展史。在距今七千年至五千年的半坡文化遗址中，一些彩陶上刻画的简单符号很可能就是最原始的文字和数字。距今约三千年的殷墟甲骨上，已有代表"一、十、百、千、万"的专用数字。距今约三千年的西周钟鼎文中还用到了隔位字"又"，例如

政治家一)，……"99"（打一字……白"，皆系雅……作。在对联中，……拍案叫绝的"数……其例：上下联……数字，一一相……成。此处聊举……与十个数字相……括了诸葛亮……则，以为助兴。

"收二川，……出七擒，五丈……九盏明灯，四……顾，

取西蜀，……北拒，中军帐……革交卦，水……攻。"

然而，数字……苦恼：本来和它……情，偏偏总有……安。过去人们用……时，有的数字写……些单词；例如，……字母E代表5，……W代表500；于是……就是WOE，正……"悲哀"的拼法……此，人们认为5……利的数字。古希……人甚至创造了……让字母表示的……的含义，这就是

《科技日报》1994年10月30日刊出的《数字杂说》（局部）

便。比如说，今天在全世界广泛使用的"阿拉伯数字"，就要比使用罗马数字简便很多。

有趣的是，发明"阿拉伯数字"的并不是阿拉伯人，而是印度人。2000余年前，印度人首先使用了1、2、3……9这九个数字；他们书写时，用最右边的数字代表有多少个"一"，其左边的数字代表有多少个"十"，再左边的数字代表有多少个"百"，如此等等。例如，1994就表示一共有4个"一"、9个"十"、9个"百"、1个"千"。这在今天，就连小学生也是非常熟悉的了。

这种写法有一个缺陷：比如说，它很难将"三千又五"和"三万又五"区分开来。公元8世纪前后，印度人又发明了一个代表"根本没有"的符号："0"。于是，

甲骨文中的数字

就可以很清楚地用3005来表示3个"千"、没有"百"、没有"十"和5个"一"了。

用这种印度数字进行数字运算，不知要比用罗马数字或用字母符号方便多少。因此，它渐渐地传遍了全世界。阿拉伯人首先将印度数字传到了西亚、北非和西班牙，这就是欧洲人称它为"阿拉伯数字"的原因。

我国广泛使用"阿拉伯数字"迄今不过一个世纪。然而，数字在我国却有着独特而悠久的发展史。在距今7000年至5000年的半坡文化遗址中，一些彩陶上刻画的简单符号很可能就是最原始的文字和数字。在距今3000余年前的殷墟甲骨上，已有代表"一、十、百、千、万"的专门数字。距今约3000年的西周钟鼎文中还用到了隔位字"又"，例如"六百又五十又九"，即659。后来，我们中国人又创造了表示空位的符号"○"；它与"阿拉伯数字"中的0相比，可谓大同小异。

数字之妙远远不局限于数学王国本身。它的概括力使人易于记忆，便利交谈。"二十四史""三十六计""三好学生""七大奇迹""四项基本原则""七十七国集团"……诸如此类的例子，委实不胜枚举。更何况它在文化生活中还给人以无穷的乐趣。例如，在灯谜中，"十（打日本一政治家），谜底：田中"，"99（打一字），谜底：白"，皆系雅俗共赏的上乘之作。在对联中，古往今来令人拍案叫绝的"数字对"亦不乏其例：上下联中均嵌入诸多数字，一一相对，天然浑成。此处聊举以五行和五方与十个数字相对、巧妙地概括了诸葛亮一生的旧联一则，以为助兴：

收二川,排八阵,六出七擒,五丈原前,点四十九盏明灯,一心只为酬三顾;

取西蜀,定南蛮,东和北拒,中军帐里,变金木土革爻卦,水面偏能用火攻。

然而,数字却也有自己的苦恼,本来和它毫不相干的事情,偏偏总有人硬往它身上安。过去人们用字母代表数字时,有的数字写出来就像是一些单词,例如,人们曾用英语字母E代表5,用O代表60,用W代表500,于是,565写出来就是WOE,正好和英语单词"悲哀"的拼法完全一样。因此,人们认为565是一个不吉利的数字。古希腊人和希伯来人甚至创造了一套方法,故意让用字母表示的数字带有一定的含义,这就是所谓的"占数术"。其实,它和"占星术"一样,纯系无稽之谈。

可悲的是,"占数术"这种骗人的话,居然在今天的中华大地上再度看好走俏。君不见,有人如痴如醉地想弄上8888168这么一个电话号码——期盼着"发发发发,一路发";君不见,有人视7424994这个号码如丧门之神,仿佛真会害得他"妻死儿死舅舅死"。如今,人们仿佛对这种畸形的文化现象已经见怪不怪了。其实,数字和"发"或"死"又有什么关系?

原载《科技日报》1994年10月30日第2版

追 记

《数字杂说》一文,于2000年收入人民教育出版社中学语文室编著的"九年义务教育三年制初级中学教科书(试用修订本)《语文》第二册"(人民教育出版社出版);于2006年收入上海中小学课程教材改革委员会的"九年义务教育课本《语文》六年级第二学期(试用本)"(上海教育出版社出版)。

上海教育出版社的品牌期刊《语文学习》,素有追踪采访课文作者的传统。2009年秋,应编辑周燕之邀,我写了《〈数字杂说〉的背景及其他》一文,刊于《语文学习》2010年第1期。文中谈到,20世纪90年代,我先后为《科技日报》科文交融型的专刊专栏撰文数十篇,例如《雪莱夫妇·弗兰肯斯坦·机器人》《哥伦布和"新大陆"》《牛顿和伏尔泰》《端午漫思》等,并自忖写一篇轻快的短文,说说数字

的历史沿革，谈谈数字的美学功能，岂不引人入胜？何况时至今日，仍有不少人迷恋现代的"占数术"，对此也颇有一揭真相之必要。正是在这双重驱动下，我用尽可能朴素的词语写下了这篇《数字杂说》。

《语文》课本收入《数字杂说》，使我既感荣幸，更觉任重道远。做好科学普及，尤其是科文交融，是不容易的。但是，"没有枯燥的科学，只有乏味的叙述"，只要肯下苦功夫，困难终归是可以克服的。我在《〈数字杂说〉的背景及其他》中谈到：

> 我们的读者朋友也必须占据一个高视点，来鸟瞰科技发展所置身的社会、文化、心理环境。只有这样，才能更深刻地认识当今时代的变革，并有效地在变革中求得发展。有一些语文教师，对科学似乎有点畏惧。其实这是不必要的。科学也同艺术一样，人人皆可欣赏。一开始可以多读一些科学小品和科学新闻，日积月累，底子渐渐厚了，就可以尝试阅读较为系统的科学基础和科学史读物了。

> "决意取得真经，便有路在脚下"。诚哉斯言，愿与《语文学习》的作者、编者、读者朋友共勉。

086

《水调歌头·明月几时有》科学注
——甲戌中秋偶成

【原编者按】苏轼的名篇《水调歌头·明月几时有》脍炙人口，历代的评论和注释不计其数。卞毓麟先生仿效美国科普大师阿西莫夫，为这首词作科学注释，可谓别开生面。艾萨克·阿西莫夫曾对多种文学名著广作科学注释。如《阿西莫夫氏莎士比亚指南》(2卷，1970年)，《阿西莫夫注〈唐璜〉》(1972年)，《阿西莫夫注〈失乐园〉》(1974年)，《阿西莫夫注〈格列佛游记〉》(1980年)等，因其风格独持，格调高雅，内容翔实而深受读者欢迎。

科普文章的形式是多种多样的。希望读者、作者和编者共同探讨新颖、生动的各种科普文体，以实现我们的办刊宗旨——在大文化的框架中注入科学的精华。

苏轼于中秋夜写下了传颂千古的《水调歌头·明月几时有》。今又值中秋，兴之所至，乃效阿西莫夫注莎士比亚、弥尔顿诸文坛泰斗名著之举，试注斯词如次。

明月几时有？把酒问青天。

不知天上宫阙，今夕是何年。

我欲乘风归去，又恐琼楼玉宇，高处不胜寒。

起舞弄清影，何似在人间。

转朱阁，低绮户，照无眠。

不应有恨，何事长向别时圆？

人有悲欢离合,月有阴晴圆缺,此事古难全。

但愿人长久,千里共婵娟。

- **明月** "月亮"在天文学中的正式称谓是"月球",它本身并不发光,只因反射太阳光才显得如此明亮。不少欧洲人曾误以为达·芬奇率先于15世纪提出月光来自日光。其实,中国人和希腊人提出此说还要早得多。如西汉末年成书的《周髀算经》即已提及"月光生于日所照"。

- **几时有** 月球在任何时候都只有半个球面照到太阳光,且任何时候也只有半个月球表面向着地球。月亮不停地绕地球转动,太阳光照射月球的方向同我们观察月球的视线方向之间的夹角便不断地变化,于是造成月亮的盈亏圆缺。我国农历以月亮经历一次完整的盈亏变化作为一个月,明亮的满月总是出现在每月的十五、十六日。

- **青天** 地球大气对红橙色光散射最轻微,对蓝紫色光散射最强烈,"天"呈青色或蓝色,即系地球大气对太阳光中不同颜色的成分散射效果各异所致。在地球大气外看到的天空是漆黑一片,但在暗黑的天穹上太阳显得异常耀眼,满天繁星却可与太阳同时出现。在没有大气的星球上绝不会有"青天",例如在月球上就是如此。

- **天上宫阙** 从地球上看觉得月亮在"天上",宇航员在月球上又看见地球在"天上"。其实从天文学的立场看,地球和月球都是天体。当观测者置身于某一天体上时,他就觉得自己"脚踏实地",其他星球则悉数皆在"天上"。人类迄今尚未发现地球外其他天体上的生命,更未发现"他们"建造的"天上宫阙"。"灵霄殿""广寒宫"都只是人们的想象而已。

- **今夕是何年** 地球上的"一年"是地球绕日公转一周所需的时间,即地球的公转周期。其他行星的公转周期各不相同。例如,火星的公转周期是地球的1.88倍,因此在火星上一年的长度就相当于地球上的1.88年。在谈论不同星球上的"年"时,常需具体言明是指"地球年",还是"火星年"等等。月球作为地球的卫星,随地球一起绕日运行,故"月球年"的长度和"地球年"相同。可见"天上宫阙,今夕何年"这个问题还很有天文意味呢。

- **乘风归去** "风"是大气运动的一种表现形式,没有大气的地方便无风可言。欲"乘风"在地月之间旅行,其实是不可能的。

● **琼楼玉宇**　1969年,美国"阿波罗11号"宇宙飞船首次将2名宇航员送上月球。如今科学家已在认真考虑大规模开发月球的可能性。预期在21世纪,人类将会频频往返于地、月之间。那时,"琼楼玉宇"就会成群地出现在月球上了。

● **高处不胜寒**　月球没有大气和海洋的调节,因而昼夜温差极大:白昼阳光直射处的温度可超过120℃,夜间温度则可低到零下180℃——那可真是"不胜寒"啊!

● **起舞、何似在人间**　月球表面重力仅约地球表面重力的1/6,故宇航员们在月球上行动显得非常飘然优雅。若在月球上举行运动会,无论是跳高、跳远,还是铁饼、铅球,都会远远突破地球上的纪录。在月球上翩翩起舞,自然也不似在人间了。

● **转朱阁,低绮户,照无眠**　"转朱阁,低绮户",形容明月行空,清辉入户。农历月半,月亮于日落时升起、翌晨日出时落下,故可彻夜伴照无眠之人。

● **何事长向别时圆**　月圆适逢人离别,纯系触景生情之语,自无科学依据。

● **阴晴圆缺**　"阴晴"是气象现象,取决于地球大气中的云量多寡,其实与月之圆缺(即"月相")无关。农历初一全不见月称为"朔";两三天后,日落不久在西边天空中可见"新月"如钩;新月渐盈成为"蛾眉月";初七、初八日落时在南方天空中已高悬着半圆形的"上弦月";十一、十二日落后在东方天空中可看到一轮"凸月";十五、十六日落时"满月"正好冉冉升起;此后月轮渐亏,二十二、三在后半夜出现的"半个月亮"称为"下弦月";再过四五天,就只能在黎明时分的东方天空中看到一弯"残月"了。宋代沈括在《梦溪笔谈》中已准确地描绘了月相变化的成因:"月本无光,犹银丸,日耀之乃光耳。光之初生,日在其傍,故光侧而所见才如钩;日渐远,则斜照,而光稍满如一弹丸。以粉涂其半,侧视之,则粉处如钩;对视之,则正圆,"浑若一份精彩的实验报告。

● **千里共婵娟**　"婵娟"原指"嫦娥",转指月亮。此句原说亲人远隔千里,总算还能共享明月清辉。不过,世界上不同经度的地方在同一时刻看到的天空景象互有差异——这就是所谓的"时差"。例如,当北京明月中天时,在伦敦月亮却尚未东升。可见"千里"之外的亲友还未必真能"共婵娟"呢。

原载《科技日报》1994年9月18日第2版

　　2007年10月,中国"嫦娥一号"探月卫星发射在即。《中国国家天文》2007年10月号因此重刊此文,题目改为"《水调歌头·明月几时有》别样解读"。10月24日,"嫦娥一号"发射成功,举国欢腾。翌日,《人民日报》之《科教周刊·探月特刊》又以《科学视角下的千古绝句——〈水调歌头·明月几时有〉别样解读》为题,再发此文。

《中国国家天文》2007年10月号刊出的《〈水调歌头·明月几时有〉别样解读》一文题头图

087

月月隔河相望
年年七夕相会

　　我国民间有四大传说,讴歌爱情的忠贞不渝:"孟姜女""牛郎织女""白蛇传"和"梁山伯与祝英台"。我以为其中最富想象力、最有诗意者,似数牛郎织女鹊桥相会的故事——这样说,也许是因为它与天文学"沾亲带故",而我本人恰好又是一名天文工作者。

　　"织女"和"牛郎"是我国沿用已久的传统星名。按国际通用的恒星命名规则,它们分别被称为"天琴座α"和"天鹰座α"。α读如"阿尔法",是希腊语中的第一个字母。以α命名者,多系所在星座中的第一亮星;织女和牛郎正是天琴座和天鹰座中最亮的星。夏夜星空中,它们高悬于银河两侧,是很容易看见的。

　　"织女"和"牛郎"这两个星名起源很早,确切的年代已难考定。《诗经·小雅》中有一篇《大东》,反映了东方诸侯国臣民对西周王室赋役沉重的抱怨;诗的后半部借星象称谓讥讽统治者身踞高位而不恤民间疾苦。其中有四句,已言及银河、织女和牵牛:

　　　　维天有汉,监亦有光。跂彼织女,终日七襄。虽则七襄,不成报章。睆彼牵牛,不以服箱。

译成现代汉语,大意为:天上有银河,明亮似镜,却照不出人影。织女处的三颗星,一天要从卯到酉移过七个辰次。虽然每天移过七次,却又织不成布帛。牵牛星虽然明亮,却不能驾驭牛车。可见,这些天文学名词早已传之甚广了。

　　严格地说,在天文学中"牵牛"和"牛郎"并非完全同义。二十八宿中有一个"牛宿"(亦称"牵牛宿"),其中有个星官(中国古代将群星划分成组,一个"星官"

就是彼此邻近的一组星）就叫"牵牛"，由六颗星组成；另一个星官叫"河鼓"，由"河鼓一""河鼓二"和"河鼓三"三颗星组成，牛郎就是"河鼓二"的别名。"织女"也是牛宿中的一个星官，也由三星组成，其中"织女一"要比"织女二"和"织女三"亮得多。通常所说的"织女"，一般就是指"织女一"。牛郎织女故事的较早记载，常以六朝梁殷芸著《小说》中的文字为代表：

> 天河之东有织女，天帝之女也，年年机杼劳役，织成云锦天衣，容貌不暇整。天帝怜其独处，许嫁河西牵牛郎，嫁后遂废织纴。天帝怒，责令归河东，许一年一度相会。

不过，此处的"河东""河西"恰与现代的天象记录方式相反：织女星其实在银河以西，牛郎星则在银河以东。殷芸的《小说》今已无存，上述文字是由明代冯应京《月令广记·七月令》转引的。

另一部古书《尔雅翼》说得更有趣：有道是入秋第七日乌鸦忽然都秃了顶，究其故，原来是当天牛郎、织女要河东相会，让乌鸦搭成桥，人从它们头上踏过，结果把鸦毛都踩掉了。

这些说法，皆已经过文人加工。早先传颂于民间的牛郎、织女故事，尚与此颇多差异。例如，在袁珂《中国神话选》中有一种颇具代表性的说法，其梗概如下：

织女是天帝的孙女，住在银河东边。人间有个牛郎，父母双亡，兄嫂只给他一头老牛就算分了家。一日，老牛忽吐人言，告诉牛郎怎样可以和织女结为夫妻。牛郎依言行事，娶了织女，育有一儿一女。天帝和王母娘娘闻讯大怒，遂将织女押回天廷，牛郎追之不及。此时老牛再吐人言："我死后，你剥下我的皮披在身上，就可上天。"老牛言尽身亡，牛郎依言，真的挑着孩子上了天。但是，王母娘娘用她的金簪一划，清浅的银河顿时变成了波涛汹涌的天河，拦在牛郎面前。牛郎和孩子们一瓢一瓢地决心要舀干天河水，这多少震撼了天帝和王母娘娘冷酷的心。他们让牛郎一家每年七月初七相会一次，并让喜鹊来搭桥，但平时牛郎、织女却只能隔河相望。牛郎星两侧的"河鼓一"和"河鼓三"就是他用扁担一头一个挑着的两个小娃娃。

我国民间于七夕有少女"乞巧"之俗。盛装的少女们在月下穿针引线，以求智慧和灵巧，谁穿得最快谁就最巧。

澳门邮票"传说与神话十——牛郎织女"小型张,画面图案为"鹊桥相会"

习俗随着时代而变迁。在当代生活的快节奏中,多数人已不能再花费时间去"精工细扎""穿针乞巧"了。不过,要是有什么"民俗博物馆"或"民俗节"能展示一下祖国各地历史上的七夕习俗,那一定是很令人赏心悦目的事呢。

原载《科技日报》1994年8月14日第2版

088

太阳系的边界在哪里？

　　世界上的许多古老民族，如古代的中国人、巴比伦人、埃及人、印度人、希腊人等等，对于天和地都各有自己的看法。然而，大家都把大地当作宇宙的中心。

　　公元2世纪，古希腊著名天文学家托勒玫系统地总结和发展了古希腊人的地心宇宙体系——地球是宇宙的中心，恒星、行星、太阳和月亮都亘古不变地绕着地球转动。这种观念统治着整个欧洲长达千余年之久。那时，在人类对大自然的认识中，根本就没有"太阳系"这回事。

　　直到16世纪前期，伟大的波兰天文学家哥白尼提出了日心地动学说，太阳系的概念才逐渐开始形成。如今我们知道，太阳系是一个以太阳为中心的天体系统；在太阳系中除了太阳以外，还有9颗大行星（按：冥王星后于2006年被"降级"为"矮行星"，详见本书"044　冥王星能否留住宝座"之【追记】）、成千上万的小行星，以及为数更多的彗星，它们各沿自己的轨道环绕太阳运行；多数大行星的周围又各有为数不等的卫星绕之转动。月球就是我们地球的卫星。

　　人们常将太阳系比作一个巨大的"王国"。那么，这个王国的疆域究竟有多大？它的边界究竟在什么地方呢？

　　哥白尼及其学说的早期继承者已经知道，行星离太阳自近而远排列依次为：水星、金星、地球、火星、木星及土星。当时，人们很自然地将土星轨道视为太阳系的边界。

　　为了便于比较和计算，在天文学中常将日地距离（1.496亿千米）作为一把"尺子"——这称为1个"天文单位"，用以量度太阳系中诸天体间的距离。例如，土星与太阳的距离是9.54天文单位。1781年，英国天文学家威廉·赫歇尔发现了天王星,它将当时人们所知的太阳系尺度一举翻了番。1846年,德国天文学家加勒发现了海王星,后者与太阳相距30.1天文单位。1930年,美国天文学家汤博发现了冥王星,它的公转轨道是一个偏心率甚大的椭圆。因此,当冥王星在轨道上到达近日点附近时,它比海王星离太阳更近;而当其处于远日点附近时,离太阳却几乎达50天文单位之遥。冥王星和太阳的平均距离是39.5天文单位。

然而,并没有理由可以肯定地说,冥王星以外就不再有别的大行星了。虽然天文学家们推想的"冥外行星"至今尚未露面,却有不少迹象表明它确有可能存在。例如,不少彗星与大行星有着明显的联系。有不下70颗彗星的远日点恰好都在木星轨道附近,它们称为"木星族彗星"。同样地,还有"土星族彗星""天王星族彗星"等等。现在已经发现,在冥王星以外,也有几族彗星分别聚集在离太阳不等的距离上,它们依次被称为"冥外第一彗星族""冥外第二彗星族""冥外第三彗星族"等。是不是每一个"冥外彗星族"也各有一颗行星与之相伴呢?

再者,我们何不直接利用彗星来"触摸"太阳系的边界呢?

彗星能够运行到离太阳极远的地方。绝大多数彗星的轨道都拉得很长。有些彗星的轨道是非常扁的椭圆,它们的近日距可以小于1个天文单位,远日距却可达到成千上万天文单位——但它们依然是太阳系的成员。另一些彗星的轨道是抛物线或双曲线,它们绕过近日点后就离太阳越来越远,直至最终进入星际空间,一去而不复返——也就是说脱离了太阳系。然而,彗星最多可以走到多远,仍能算作尚未越出太阳系的疆界呢?

通常认为大致可以"奥尔特云"为界。著名荷兰天文学家奥尔特于1950年提出一种被广泛采纳的彗星起源理论:在太阳系外围距太阳15万天文单位处有一个彗星储库——"彗星云"(后称"奥尔特云"),它是一个近乎均匀的球层,其中分布着大约1000亿颗彗星,它们的总质量不超过地球。该云中的彗星绕太阳公转一周需几百万甚至数千万年。从附近经过的恒星以其引力使一部分原始彗星的运动轨道发生变化,致使这些彗星窜入太阳系内层而为我们看见。

奥尔特云已经处在容易与其他恒星的"势力范围"相冲突的地段了。众所周知,离太阳最近的一颗恒星是位于半人马座中的"比邻星",它与太阳相距4.22光年,约相当于27万天文单位。在太阳到比邻星的方向上,奥尔特云倒是离比邻星

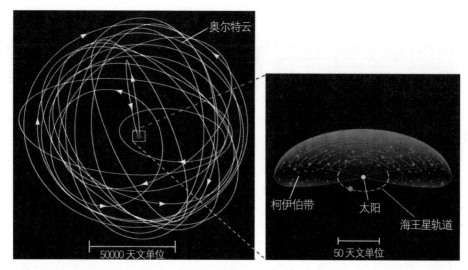

奥尔特云和柯伊伯带：奥尔特云中少数轨道极其扁长的彗星有可能进入太阳系的内区而为我们所见（左），柯伊伯带则是短周期彗星之源（右）

比离太阳更近些。不过，比邻星的质量比太阳小，引力也不如太阳那么强，所以奥尔特云还是受太阳的控制。

非常有趣的是，通过一条与上述分析截然不同的途径，人们推测太阳拥有一颗尚未被发现的暗伴星——一颗质量和体积都比太阳小、发光能力也比太阳弱的恒星，它与太阳组成了一个双星系统。导致这结论的推理链是这样的：

过去2亿多年间，地球上有过多次全球性的生物集群绝灭，它们似乎具有2600万年的周期。生物集群绝灭当然是由于环境剧变造成的，因此人们要寻找以2600万年为周期的环境剧变的原因。对此作出的推测之一，就是太阳有一颗伴星正以2600万年的周期在高度偏心的轨道上绕太阳转动。根据轨道运动周期，容易推算出它与太阳的平均距离为88 000天文单位，即约1.4光年。由于它的轨道极其扁长，故其远端深深栽入"奥尔特云"中，而在它经过近日点附近时，则会在地球上酿成置多种生物于死地的环境剧变，人们谑称这颗伴星为"尼米西斯"——希腊神话中的复仇女神，并拟用空间红外探测等强有力的方法去搜寻它。

从上述讨论可见，太阳王国的疆界并不像地球上截然分明的国界。我们知道，随着离开太阳系的引力中心——太阳本身——越来越远，太阳的影响便越来越

古罗马皇帝哈德良(Hadrian)时代一种被称作"塞斯特斯"的铜铸硬币(136年),画面为复仇女神

小；太阳系的边界应该划在太阳与其他恒星的引力影响彼此势均力敌的地方。显然，这在空间的不同方向上乃是互不相同的。再者，宇宙间所有的天体都在不停地运动着，它们相对于邻近天体而言的"势力范围"当然就在不断消长着。换句话说，太阳系的边界其实无时无刻不在变化。如此看来，我们又何必强求非要为太阳王国画出一条精确的"国界线"呢？

原载《科技日报》1994年7月13日第2版

089

端午漫思

我国各民族为数众多的传统节日每与历法相关。我国采用公历始于辛亥革命后的1912年。在此之前的漫长岁月中,我国人民、特别是汉民族一直使用农历,并形成了一系列与此紧密联系的传统节日,如春节、元宵、端午、七夕、中秋、重阳等。

现在专说"端午"。此节又称"端阳""端五""重午""重五",日期是农历每年的五月初五。它在公历中的日期每年游移不定,今年的端午是公历的6月13日。古字"午"与"五"通,故"端午""重午"即"端五""重五"。据传唐玄宗生于八月初五,为避"五"讳,"端午"遂取"端五"而代之。

"端"有"初""始"之意。"端阳"谓阳气始盛,天气开始大热起来。我国古代以地支纪月,以十一月为"子月",以十二月为"丑月",依次类推至五月为"午月"。午月初五,便是"重午"或"重五"了——这天还可以简称"午日"。另外,还有"端月"和"端日",即正月和大年初一。秦始皇名政,古字"政"与"正"通,为避"政"字连"正"也一起陪绑。君王专制,煞是苦了百姓。

帝王宫殿朝南的正门称"端门""午门"。就连"天上宫阙"也设有一座"端门"。我国古代将天界群星划分成一组组"星官",这与西人之划分"星座"委实有异

屈原傅
明弘治戊午(1498年)刻历代名人像赞本

明弘治戊午(1498年)刻《历代名人像赞》之"屈原"

曲同工之妙。其中"三垣二十八宿"中的"太微垣",是人们想象的"天子之庭"。该垣南部有二星,名曰"左执法""右执法",即室女座η和室女座β,两星之间即为"端门"。其位置在著名亮星"角宿一"(室女座α星)略偏西处,黄道和天赤道均在此通过。

儿时盼端午,意在粽子美味,屈原故里湖北秭归有民谣《粽子歌》曰:

有棱有角,有心有肝。

一身洁白,半世煎熬。

这实在是很有深意的。除食粽外,端午划龙船也是一大盛事。千百年来,人们广泛传说粽子和龙船皆与屈原有关。公元前278年,这位三闾大夫眼见君王宠信奸佞,国家覆亡在即,自己也已回天无力,便在极度悲愤之中于五月五日投入了汨罗江。人们为了不让其葬尸鱼腹,就往汨罗江中投下大批粽子和其他食物,供水族们享用。江上舟船也竞相打捞屈子遗体,日后便形成了龙舟竞渡的习俗。闻一多尝对端午另有见地。他指出,古吴越民族以龙为图腾,每年五月五日,他们都要举行盛大的图腾祭。用竹筒盛以食物,或以树叶包裹,一边投入江河供图腾神——"龙"享用,一边自己吃着,以加强与图腾神的联系。同时还驾龙形独木舟竞渡:既悦神,且自娱。由是,此风当远在屈原饮恨汨罗江之前。

端午习俗,尚有制艾虎、悬菖蒲、饮雄黄酒等。艾与菖蒲"祛邪防灾",其科学依据大概在于它们可助人抵御初夏时节大肆繁殖的细菌。雄黄酒相传可驱魔逐妖,白娘娘端午节喝了雄黄酒现原形,正是这种观念的生动体现。儿时逢端

清代门应龙绘屈原《惜往日》
诗句"临江湘之玄渊兮"意境

清·门应兆作
临江湘之玄渊兮。

午，祖母也用雄黄酒在我前额上写个"王"字。说是避邪。孩儿们不信邪，只是觉得好玩而已。

历朝诗人咏端午赞屈原者不计其数。唐代江南僧人文秀虽仅以七绝"端午"孤篇载入《全唐诗》，却历时愈久而愈令人觉其隽永。诗曰：

> 节分端午自谁言，万古传闻为屈原。
>
> 堪笑楚江空渺渺，不能洗得直臣冤。

光阴荏苒，自屈而唐时约千年，自唐而今亦逾千载。世界在不断地变迁，但人类高尚的精神却亘古不损其容。故叶剑英于1979年题诗怀屈、追思屈原精神曰：

> 泽畔行吟放屈原，为伊太息有婵娟。
>
> 行廉志洁泥无滓，一读骚经一肃然。

余今重读历代赞屈诗词，感怀益深。遂承古意，亦得《重五怀屈》一律：

> 怠饮雄黄酒，勤习端阳诗。骚经千古诵，灵均万民思。
>
> 先生凉心地，后学弘凤志。湘流竞龙渡，宁扬直臣事？

"先生"句，原出宋代史浩《卜算子·端午》下阕："角簟碧纱厨，挥扇消烦闷。唯有先生心地凉，不怕炎曦近。""凉"，在此处一字而蕴多义，诚绝妙好词也！

原载《科技日报》1994年6月12日第4版

090

恐龙、陨石及社会文明

　　自"葫芦居"开张以来，金涛、甄朔南诸先生已相继"随笔"恐龙、恐龙蛋及由此引发的若干社会现象。本人事天文而涉笔于此，盖与金、甄二公同出一心也。

　　6500万年前，地球上盛极一时的恐龙突然绝迹。酿成这起"恐龙灭绝惨案"的"元凶"究竟是谁？古生物学家、地质学家、气象学家、地球物理学家等纷纷提出了自己的看法。每种科学猜想都有相当的道理，然迄今尚无使人咸服的圆满解答。众说纷纭之中，天文学家也屡屡发表了饶有兴味的见解。

　　早在1954年苏联科学家曾率先提出，大约7000万年前，太阳系附近爆发了一颗超新星，它发出极强的高能宇宙线，穿透地球大气层到达地面，使恐龙受到超剂量的辐照而毙命。也有人认为，那些高能宇宙线或许是太阳上超级耀斑爆发的产物。

　　几位英国天文学家又提出曾有一颗直径约10千米的彗星，以大约每秒30千米的速度击中地球，它们相撞后扬起的尘埃遮天蔽日，在空中漂浮数年之久，使地球环境发生了极大的变化，影响了植物的生长。于是，需要食用大量植物的恐龙断了炊，最后竟至绝迹。有的天文学家则认为撞击地球的是一颗小行星，而不是彗星。

　　这样大的彗星或小行星击中地球，必定会在地球上留下直径达数十乃至数百千米的坑。确实，人们已在地球上发现了上百个这样的陨击坑，并测定了它们的形成年代。

　　其实，地球上不仅有过恐龙灭绝，而且还有过其他多种生物的大规模绝迹。1982年，美国科学家、诺贝尔物理学奖得主阿尔瓦雷兹等人把陨击坑的形成年

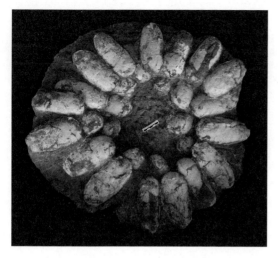

代与各种古生物灭绝的时间序列联系起来分析,发现两者颇为一致。他们据此认为,地球与小天体的撞击可能就是历次生物大灭绝的主要原因。阿尔瓦雷兹还指出,在葡萄牙有一个直径300千米的陨击坑约形成于7000万年以前。撞出这个陨击坑的天体可能就是一手炮制"恐龙灭绝案"的"凶手"。简而言之,恐龙灭绝的祸端可能是自天而降的巨大陨石! 啊,天地万物的关联,其微妙竟至如此。

天文学家与古生物学家联手侦查"恐龙灭绝案",这在科学上已成佳话一段;恐龙与陨石在真正科学的意义上联系在一起亦是趣事一桩。然而,大千世界无奇不有,你无论如何也想不到的是,在恐龙绝迹6500万年后、人类文明加速发展的今天,"恐龙"和"陨石"竟在堕落的心灵和愚昧的行径夹击下,成了一对难兄难弟。

君不见,1993年,河南省西峡县恐龙蛋化石群被野蛮地盗掘,被猖狂地走私,使这项令世界欣喜的重要科学发现蒙上了一层让世人震惊的阴影;君不见,还是1993年,广西壮族自治区南丹县又发生了盗挖、哄抢铁陨石的恶性事件:在已拍照登记的陨石落点,大大小小的陨石不翼而飞,有出价每公斤18元收购陨石而倒卖者,有持假证明前来盗挖者,更有群起寻猎陨石而几至发生械斗者⋯⋯

较诸西峡恐龙蛋化石而言,南丹铁陨石的科学背景似乎还不那么广为人知。它是明代正德十一年(公元1516年)陨落的,发现时间是1958年,主要成分是铁镍合金。陨落的具体地点是在南丹县里湖乡仁广村一带,分布在方圆数十里、人迹鲜至的山地中。其中的单块陨石大者重以吨计,中等的亦各有数百千克。例如,南丹县公园里有一块1吨多重的,北京天文馆天象厅后面也陈列着一块重680千克的南丹陨石。这些陨石样品,近而言之可供研究地球和陨石本身的特征和历史,研究它们相互作用的物理过程,远而言之更可用于研究整个太阳系的起

南丹陨石，北京天文馆陈列

源与演化。在某种意义上，陨石作为宇宙物质实际样品的价值，在今天依然是无可替代的。有鉴于此，中国科学院贵阳地球化学研究所早在南丹铁陨石陨落区设置了地标，南丹县人民政府亦将南丹陨石及其落点作为县重点文物保护单位（此处姑且不论陨石当否称作文物）。孰知"地标"与陨石齐"飞"，"保护"之神也奈何盗贼不得。

长眠地下的"龙蛋"有人盗，天上掉下来的"石头"也有人偷！此情此景，此时此地，仅仅"长太息以掩涕"固然无补于事；单单"口诛笔伐"也难以杜绝恶行。看来，在采取措施亡羊补牢以"治标"的同时，更重要的还是狠下功夫以"治本"。

或问："计将安出？"但曰："唯法制之健全、道德之教育与科学之普及三者为大。"嗟乎，若能如是，则夫复何加，夫复何求？！

原载《科技日报》1994年5月22日第4版

链 接

1986年，《科技日报》的前身《中国科技报》创办"文化"副刊，包括作者在内的一些编委共同倡议，将"把科学注入我们的文化"作为办刊要旨之一。自1991年起，《科技日报·星期刊》开辟"四季风"专版，旨在发表融科学、文化与社会于一体的雅俗共赏的短文。该专版内又先后开辟若干专栏，如"三原色""葫芦居随笔"等。1995年，《星期刊》改为《社会文化周刊》，设置"梦溪随笔"等栏目。笔者曾先后在这些刊、栏发表科学文化类作品30余篇，本书选辑的《端午漫思》《恐龙、陨石及社会文明》《火箭和〈星条旗〉的故事》《牛顿和伏尔泰》《闲话元日诗》《哥伦布和"新大陆"》等皆属此列。

091

火箭和《星条旗》的故事

"哦，你可看见，通过一线曙光，我们对着什么，发出欢呼的声浪？……火炮闪闪发光，炸弹轰轰作响，它们都是见证，国旗安然无恙。"

这是美国国歌《星条旗》的第一段。全歌共有4段，词作者是美国律师弗朗西斯·斯科特·基（1779年8月1日生，1843年1月11日卒）。这首歌诞生于1812年，独立未及半个世纪的美国为保护航海自由和中立权利向英国宣战。战争持续了两年半，直到1814年12月双方签订根特和约。和约规定英国在美洲西北地区的属地尽归美国所有，这为美国人向西北地区开发铺平了道路。然而，这

场战争本身是很激烈的。1814年9月，基在执行任务时被英军扣留。9月13日至14日，他目睹英军猛轰保卫巴尔的摩城的要塞麦克亨利堡，心焦如焚夜不成眠。翌晨，他遥见祖国的国旗——星条旗依然在要塞上空飘扬，便激情满怀地写下了日后名驰全球的这一诗篇。该诗原题为《麦克亨利堡保卫战》，于9月20日在《巴尔的摩爱国者报》上匿名发表。1931年3月3日，美国参议院通过法案，规定《星条旗》

看到要塞上国旗依然高高飘扬，弗朗西斯·斯科特·基满怀激情，创作了日后驰名全球的诗篇《麦克亨利堡保卫战》

作为美国正式国歌。

本文引用的是正规中译歌词，文韵俱佳，朗朗上口。但是从科学上推究，"火炮闪闪发光"一句却与原诗有所偏离。此句原文本作"火箭炫目的红光"，要害是"火箭"而非"火炮"；它在当时乃是英军的新式武器——虽然与今天的火箭不可同日而语。

然而，最早发明火箭的却不是英国人，而是中国人。13世纪前期，汴京（今开封）的守军曾用原始的火箭抗敌。16世纪，明将戚继光抗倭已经常使用火箭，其箭杆粗约7分，长逾尺，捆在杆上的药筒粗2寸，长7寸，全箭重2斤许，射程可达300步。18世纪后期，印度军用火箭有了较大进展，射程可达1千米多，并在抗击英法军队时取得良好战果。

印军的成功战例刺激了欧洲火箭技术。曾在印度服役的英国火炮专家威廉·康格里夫在19世纪初进一步改进了印度火箭，使射程增至3千米。英军在麦克亨利堡战役中使用的便是康格里夫火箭。后来，常规火炮又有了重大改进，它们的命中率和杀伤力都比当时的火箭强得多，于是火箭武器便暂时从战争舞台上匿迹了。

20世纪伊始，有两个人各自独立地想到了火箭的一种新用途，即帮助人类克服地球引力，飞向太空。这两位航天事业的先驱者便是俄国的齐奥尔科夫斯基和美国人戈达德。

齐奥尔科夫斯基是一位自学成材的中学教师。他于1898年写了一篇很长的论文，首先阐明了用火箭排气推动宇宙飞船的原理，文中描述的那类飞船在半个多世纪以后终于成了现实。

戈达德从小就对科学幻想故事很入迷。他读了英国作家威尔斯的《大战火星人》之后便开始了终生的梦想：飞出地球，进入太空。1901年他写了一些讨论空间旅行的小品文，1919年又出版了一本论述火箭发动机的小册子。1926年3月16日，他在马萨诸塞州的农场上发射了世界上第一枚液体燃料火箭，其长度仅约1.2米，直径15厘米，大约上升到60米的高度。当时没有任何外人在场，只有他的妻子为他在行将点火的火箭旁留下了一张珍贵的照片。戈达德是1945年8月10日去世的，此前一年内德国发射了数以千计的V-2火箭，其中有1230枚击中伦敦，造成英国人的重大伤亡。然而，这并未挽回希特勒的败局。

戈达德驾车拖着心爱的小火箭

　　戈达德生前从未受到美国政府的真正重视。但他死后几年，美国政府却不得不付出上百万美元以使用他的200项专利，要不研究工作就会停滞不前。今天，人类用火箭发射的人造卫星已经数以千计，同样由火箭发射的宇宙飞船则不仅已经飞出地球，而且甚至越出了太阳系。

原载《科技日报》1993年10月10日第4版

092

牛顿和伏尔泰

　　有些偏僻的地方，若不是出了个盖世英杰，恐怕就永远不会名播四海。英国林肯郡的伍尔索普村便是一例：正好350多年前的那个圣诞节（1642年12月25日），在那里降生了一个早产的遗腹子。他的名字叫艾萨克·牛顿。

　　人们常将牛顿与阿基米德、爱因斯坦并列为人类历史上最伟大的三位科学家。牛顿在科学上的重大贡献简直不胜枚举。他确立的力学三定律为近代物理学奠定了基础；他创立的微积分奠定了近代数学的基础；他用棱镜将阳光分解成光谱，开启了近代光学的先河；他发现了万有引力定律，从而必不可免地引出了天体力学这门新学科……任何人只要取得上述任何一项成就，便可当之无愧地跻身一流科学家之列，而牛顿则完成了所有这些业绩。

　　牛顿的不朽名著《自然哲学的数学原理》（以下简称《原理》）是用拉丁文写的。负责出版的英国皇家学会资金匮乏，致使《原理》难以付梓。多亏了牛顿的挚友英国天文学家哈雷的大力协助和慷慨解囊（哈雷因父亲被谋杀而继承了大笔遗产），《原理》方得以在1687年出版。伏尔泰则使《原理》一书在法国、特别是在非科学家中广泛流传。伏尔泰本人并非科学家，然而却很难指望有哪位科学家能把这件事做得比伏尔泰更漂亮。

1702年牛顿60岁时的肖像，作者是当时英国最享盛名的肖像画家戈弗雷·内勒（Godfrey Kneller，1646—1723），英国国家肖像馆藏

伏尔泰生于1694年11月21日，他是法国当时聪明过人、思想敏锐、言辞犀利、文才横溢的文学家、史学家和哲学家。青年时因写诗讥刺权贵曾两度入狱。1726年至1729年避居英国，结识了一批知识界的高层人物。他曾拜访比他年长52岁的牛顿，并学习了牛顿的学说。1727年3月20日，85岁高龄的牛顿在睡眠中病逝。3月28日，牛顿的遗体入葬威斯敏斯特大教堂，英国的王公大臣、文人学士纷纷前往吊唁。伏尔泰也参加了牛顿的葬礼，他羡慕地评论道：英国给予一位数学家的荣耀就像其他国家给予一位国王的那样隆重。

伏尔泰对牛顿心往神驰。他曾说过：将世上一切天才放在一起，牛顿当为其中之佼佼者。他返回法国后，便请他的情人夏特莱夫人把《原理》译成法文。她从1745年着手工作，一直干到1749年在一次分娩时死去，终年43岁。译作非常出色，伏尔泰为之作序。法文版全书于1759年出版，从而使欧洲大陆上不懂拉丁文和英文的人也有了弄清牛顿学说真正含义的机会。伏尔泰的冠世文采对《原理》之普及起了无可估量的作用。还有一个家喻户晓的故事说，1665年秋天，牛顿在果园里看到一个苹果落到地上。这使他想到了"地心引力"，并想到月球也许受这同一种力的控制，于是万有引力的思想便由此萌芽、开花、结果。这是牛顿的外甥女巴尔顿夫人告诉伏尔泰的，后者又写进了他的《牛顿哲学原理》。虽然，这只是一个故事。

伏尔泰活了84岁，几乎和牛顿一样长寿。作为启蒙运动时期的光辉代表，他的去世象征着这一时期业已寿终正寝。不多年后，欧洲便发生了以法国大革命为重要标志的巨大变化。科学本身则迅速进入了专业高度分化的新时期。因此，人们在科学史分期上，常在18世纪与19世纪中间划上一条分界线。

300年来人们曾经无数次地发问："为什么只有牛顿能做到所有的这一切？"诚然，牛顿本人曾经说过："如果我比别人看得更远些，那是因为我站在巨人们的肩上。"但是，和他同时代的其他人难道就没有站到那些巨人们的肩

伏尔泰肖像（1824或1825年），作者是法国肖像画家尼古拉·德·拉吉利埃（Nicolas de Largillière，1656—1746），现藏凡尔赛宫

上吗? 是他们未能攀登到那么高,还是登了高却未能远眺?

牛顿的科学成就,已经渗入人类生活的每一个细胞。如今,还有什么地方不需要牛顿的力学定律,或者不需要用到微积分呢? 看来,对于牛顿,最恰当的颂词还是其拉丁语碑铭的最后一句:

> 人们啊,欢欣吧!
>
> 为了给人类增光的伟大俊豪。

原载《科技日报》1993年6月27日第4版

链 接

伏尔泰(Voltaire)原名弗朗梭阿·马利·阿鲁埃(François Marie Arouet),1717年23岁时因写诗讽刺封建贵族,而被不公正的审判,关进巴士底狱。他在狱中创作了第一部悲剧《俄狄浦斯王》(1718年),首次用"伏尔泰"署名。1726年他第二次入狱,获释后即前往英国,留居三年。在此期间,他考察了英国的社会制度,熟悉了莎士比亚等人的英国文学作品,研究英国的唯物主义哲学,并对牛顿的科学成就充满敬意。这对其主张由开明的君主执政、强调资产阶级的自由和平等,有着很大的影响。伏尔泰著述丰硕,主要有《哲学通信》《牛顿哲学原理》《形而上学论》《哲学辞典》等。

伏尔泰的哲理小说——最著名的有《查第格》《老实人》等,具有很强的生命力。它们不再模仿过时的文学传统,而根据启蒙思想的需求寻找合适的艺术形式,通常以谐谑的笔调,借助传奇式或半神话的故事影射现实,讥讽时政,阐明哲理。对法国封建专制制度的嬉笑怒骂、旁敲侧击,是伏尔泰哲理小说的精华。

093

闲话元日诗

　　"元日"即农历正月初一,古称"元旦",今谓"春节",它是备受人们重视的我国民间传统节日。扫尘守岁、春联年画、鞭炮锣鼓、舞龙耍狮、冰灯花市、拜年贺喜,诸多习俗洋溢着一派浓郁的喜庆气氛。千百年来,人们也留下了大量歌咏新年的元日诗。

　　在《古今图书集成·岁功典》"元旦部"中,录有写元日的诗140首,词9首。我很爱以写景见长的孟浩然的那首《田家元日》:

> 昨夜斗回北,今朝岁起东。
>
> 我等已强仕,无禄尚忧农。
>
> 桑野就耕父,荷锄随牧童。
>
> 田家占气候,共说此年丰。

　　诗意清新淳朴,大有陶渊明之遗风。以科学观之,区区40字涉及天文、气象与农桑三大方面,亦殊为不易。其中尤以第一、二句写天象与时令最妙。"斗"指"北斗",是北方天空中极易辨认的一组亮星,共有七颗;四颗布成方形,状似斗身,三颗排成一线而略呈弧形,宛如斗柄。根据斗柄的指向可以定四时,如《鹖冠子·环流》曰:"斗柄东指,天下皆春;斗柄南指,天下皆夏;斗柄西指,天下皆秋;斗柄北指,天下皆冬。"上述民谚反映了古人观星象定时令的依据和方法。顺便说一下,这里描述的斗柄指向,是二三千年前在黄昏时分所见的景象。由于天文学上所说的"岁差",今日所见的斗柄指向已略有差异。孟诗中的第一、二句谓昨夜斗尚北指,即还是冬天,今朝却已是春天了——农历新年和立春常常是很接近的。一夜跨了两个年头，也跨了两个季节。

孟浩然写此诗时隐居家乡，诚所谓"处江湖之远"；与此适成对照，宋代"居庙堂之高"的王安石也写了一首有名的《元日》诗：

> 爆竹声中一岁除，春风送暖入屠苏。
>
> 千门万户瞳瞳日，总把新桃换旧符。

王安石博学多才，系唐宋八大家之一，诗文俱佳。本诗作于其初居相位、力行新法之际。诗中"新桃换旧符"非常含蓄而有力地表达了作者锐意改革的决心和信心。该诗第二句十分传神，说是春风把温暖吹进了屠苏酒，饮了这样的酒自然是会感到浑身暖洋洋的。

对于诗词之褒贬，历来都是见仁见智的。如王安石《元日》未为《古今图书集成》所收，孟浩然《田家元日》和顾况《岁日作》均未入《唐诗三百首》便是例证。

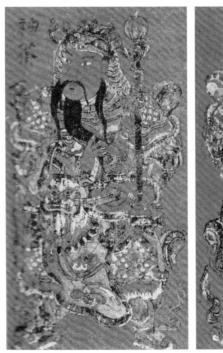

王安石《元日》诗提到的桃符，源自古代习俗，元日在桃木板上画神荼、郁垒二位神像，或写他们的名字，悬于门旁以"驱灾压邪"。相传五代十国时期，后蜀国主孟昶在桃符上写下联语"新年纳余庆，嘉节号长春"，此后题春联风气渐盛，王安石诗后两句"千门万户瞳瞳日，总把新桃换旧符"即是明证

实际上,《唐诗三百首》中"正宗"的元日诗仅有刘长卿的五律《新年作》一首:

乡心新岁切,天畔独潸然。老至居人下,春归在客先。

岭猿同旦暮,江柳共风烟。已似长沙傅,从今又几年?

作者性刚,因犯上两度迁谪。其诗工五言,长于写景,此诗当系诗人贬居岭南时作,故有"岭猿"句。"春归在客先"是说春已归来而自己尚未归去;长沙傅指汉代贾谊为大臣忌谤贬为长沙王太傅,诗人借以自况;末句言不知贬居他乡更要淹留多长时间。全诗情景交融,春光与客思浑成一体,确是很出色的。

近代中国自晚清以降灾难深重,这在一些爱国者的诗词中也多有反映。南社发起人之一陈去病的七绝《癸卯除夕别上海,甲辰元旦宿青浦,越日过淀湖归于家》作于光绪三十年(1904年)元日后:

湏洞鲸波起海东,辽天金鼓战西风。

如何举国猖狂甚,夜夜樗蒲蜡炬红。

首两句指当时在我国东北大地上燃烧着日俄战争的炮火,后两句道出清政府的腐败与荒唐。"樗蒲"类似于后来的掷骰子,彻夜赌博,可见世风之日下。凡此种种,诗人皆极感痛心。

再说1942年董必武在重庆写的七律《元旦口占用柳亚子怀人韵》:

共庆新年笑语哗,红岩士女赠梅花。

举杯互敬屠苏酒,散席分尝胜利茶。

只有精忠能报国,更无乐土可为家。

陪都歌舞迎佳节,遥视延安景物华。

字里行间浸透着对革命事业的一片忠心。其时抗战维艰,唯有精忠报国,方可期来日乐土安家。诗中所说的"胜利茶",是当时重庆商店里出售的纸包茶,意在预祝抗日胜利。

同是写元日,时世境遇不同,酿就了如此大不相同的诗篇。

原载《科技日报》1993年1月24日第4版

094

哥伦布和"新大陆"

　　直到13世纪初,欧洲人的地理观念仍相当幼稚。他们曾错误地认为,意大利的威尼斯乃是世间最繁华的城市。然而正是一位威尼斯人——约生于1254年的探险家马可·波罗,使他们知道了遥远的东方还有一些极富庶的城市和国家。他在13世纪末将自己的经历写成了著名的《东方见闻录》,或称《马可·波罗游记》。

　　将近两个世纪后,另一位意大利人克里斯托弗·哥伦布充满激情地读了这部书。他向往书中描绘的东方,但是不打算像马可·波罗那样从陆路东行,而是要破

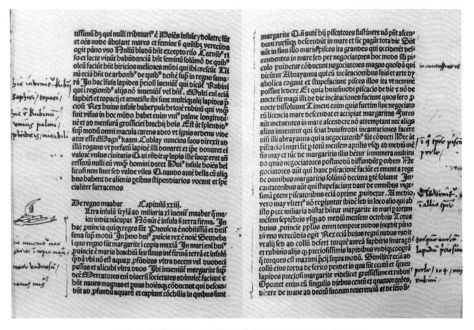

哥伦布在《马哥·波罗游记》书页边空上手写的注记

天荒地开辟一条从西欧越过大西洋,再往西至东亚或南亚的新航线。当时的欧洲人无人知晓美洲的存在,更不知在美洲的另一侧还有一个太平洋。人们甚至对大地是不是球体也还存在异议。哥伦布深信地球是圆的,因而无论向东或向西,只要勇往直前,都能到达同一个目的地。

我们对哥伦布的早年生活知之甚微。他生于1451年,年轻时即有志于航海,并于1479年与一位航海家的女儿结为夫妻。他曾和佛罗伦萨著名地理学家托斯卡内利有所联系,后者绘制的世界地图将欧洲画在大西洋东岸、将中国和印度画在大西洋对岸,这给哥伦布留下了很深刻的印象。

哥伦布错误地低估了地球的大小。他以为从欧洲往西航行不过5000千米便可抵达日本,因而比取道东途前往印度和中国近得多。值得庆幸的是,这一错误反倒使他的航海计划听起来更显得切实可行,并最终促使西班牙国王费迪南和王后伊萨贝拉决心支持和资助他。

哥伦布的画像而今已不复存在。所有对他的描写都有这样的特征:下腭宽阔坚实,蓝眼睛敏锐有神,整个形象果敢坚毅。他于1492年8月3日率领三艘帆船、90名水手,以"圣玛利亚号"为旗舰从西班牙的帕洛斯港出发,驶往北非海岸外大西洋中的加那利群岛。在那里停泊3周后,于9月6日起锚,向海图上无任何标记的茫茫大洋中径直西去。他们在海上航行30余天见不到任何陆地,水手们不堪想象继续冒险将会有何后果,遂于10月10日在旗舰上哗变。他们强烈要求哥伦布返航,否则就把他扔到大海中去。哥伦布答应如3天之内仍不见陆地,便立即返回西班牙。

幸运的是,就在10月12日凌晨,他们看见了一个小岛,当地土著居民称它为瓜纳哈尼。哥伦布登陆时脱口而出地将其命名为"圣萨尔瓦多"——西班牙语中的"救世主"。该岛亦称华特林岛,系今日美洲巴哈马群岛的成员。就这样,"1492年10月12日哥伦布发现美洲"便永远地载入了史册。

此画标题是"一幅据传是克里斯托弗·哥伦布的男人肖像",现藏纽约大都会艺术博物馆,作者系盛期文艺复兴时代的意大利画家塞巴斯蒂亚诺·德尔皮翁博(Sebastiano del Piombo,约1485—1547)。迄今尚未发现有可靠的哥伦布肖像传世

巴哈马群岛上纯朴的印第安人热情地为哥伦布引路。他们全然不会想到,西班牙人对他们身上的黄金饰物远比对他们本身看得更为珍贵。哥伦布在日记中写道:"我注意着,并不辞劳苦地去探听是否有黄金";"在这些土地上必有巨量的黄金,在我船上的印第安人……头颈、耳朵、手臂和腿上都戴着很大的金圈。"黄金梦激励欧洲人不断地前来冒险,也给印第安人不断地带来灾难。例如,哥伦布的船队于当年12月5日发现了海地岛,此后短短20年间,该岛数十万印第安人几乎已被西班牙殖民者残害殆尽。

哥伦布于1493年3月回到西班牙时受到空前热烈的隆重欢迎。国王和王后在满朝文武簇拥下从宝座上伸出手来让他亲吻,并赐坐让他面述探险经历。其盛况有如今天的宇航员从太空归来所受到的欢迎与礼遇。

此后,哥伦布又于1493年、1498年和1502年三次横渡大西洋。尽管从未找到马可·波罗描述的种种风土人情,他却直至1506年5月20日去世依旧坚信自己抵达了"印度群岛",并认为自己最后踏上的大陆与亚洲相连,中国和印度就在旁边。然而,1504年另一位意大利航海家亚美利哥正确地判断这块陆地乃是一块"新大陆",并断言它与亚洲之间必定还隔着另一个大洋。1507年,德国地图师瓦尔德泽米勒把新大陆画到了地图上,并用亚美利哥的名字来标记它——这便是"亚美利加洲"名的来由。西班牙人一度企图将它更名为"哥伦比亚洲",以纪念哥伦布的功绩,不过为时已经太晚了。

今年10月12日是哥伦布首航美洲整整500周年。他富于热情的理想和大无畏的精神,使他成了人类历史上最伟大的航海家之一。哥伦布的杰出贡献在于他首先在北半球的热带和亚热带海域多次横越大西洋,在于他是第一个沿中美洲和南美洲海岸长途航行的欧洲人;在于他发现了美洲中部的大批岛屿;在于他登上了美洲大陆并断定那是一片极大的陆地;在于他作出了一系列新的其他发现——新的自然现象、新的植物和新的人种等。这一切都大大丰富了人类的知识宝库——那是黄金所无法比拟的东西。它使人们更深刻地认识到了古代和中世纪传统知识的不足,从而为日后更广泛深刻的科学革命扫除了障碍,不久以后麦哲伦的环球航行和哥白尼的日心宇宙体系便十分生动地证实了这一点。

原载《科技日报》1992年10月11日第4版

095

话说《科学词汇及其来历》

人类之生存发展离不开语言,社会之昌明繁荣仰仗于科学。现代科学宛如一个疆域辽阔的王国,五花八门的科学名词则是其多彩的臣民。年复一年,人们还不得不创造越来越多的新词汇,以表达新的科学概念和新的发明、发现。倘若有人写出一本雅俗共赏的书,专门介绍科学名词的词源与掌故知识,那么它一定是会备受欢迎的。如果此书又出于名家之手,那就更是两全其美了。

又是艾萨克·阿西莫夫出色地做了这件事。1959年,他的第31本书《科学词汇》问世;1972年,他出版了第122本书《又一批科学词汇》。1974年出版了上述两书的合订本,取名为《科学词汇及其来历》,阿西莫夫本人未将它算作一部独立的著作,故未予编号。该书约合中文40余万字,采用一般工具书的体例,按英语字顺设有497个科学词条,但正文中实际涉及的科学名词则多达数千,大凡"探源"意味稍著者皆列入书末索引。故该书既是一部科普佳作,又兼具小型科技百科之功效。1985年上海翻译出版公司出版了该书中文选译本,取名《科技名词探源》,共译出225个词条,并酌加少量注释或按语,约21万字。

阿西莫夫在该书序言中表述了他对浩如烟海的科学词汇的见解:"我们无法缩小科学词汇表的容量,或

《科技名词探源》,I·阿西摩夫著,卞毓麟、唐小英译,上海翻译出版公司1985年2月出版。"阿西摩夫"系"阿西莫夫"之又译

者迫使其膨胀趋势缩小，但是却肯定能使它变得不那么令人望而生畏。人们只要仔细看看这些词汇，弄清其中隐含的意义，那就会发现，它们要比仅仅根据词典上的定义来揣摩更有趣味，更富于戏剧性，也更引人入胜"；"一旦你知道了有关的故事，你就能更容易地记住相应的词汇。当你与它交上了朋友，它就再也不像以前那样令人生畏了。"

此处附译科学词汇条目"望远镜"，茶余饭后阅之，当可平添一番雅趣，然否？

望远镜（Telescope）

如今，玻璃透镜早已成了一种普通的玩具，它可以放大报刊书籍上的字画，也可以使太阳光聚焦而把纸张烧焦。"透镜"（lens）原是一个拉丁词，其本意是lentil，即"扁豆"，因为最常见的透镜形状很像一颗扁豆种子。

但是，透镜决不仅仅是玩具而已。1608年，一位名叫汉斯·利帕希（Hans Lippershey）的荷兰眼镜制造商，将两块透镜装入一根金属管，使远处的东西看起来变近了。他要求将它作为自己的专利品，但是，当时的荷兰政府发觉这是一种很有用的秘密武器，便拒绝了他的专利要求。不过，荷兰政府还是买下了制作权，并让利帕希继续试验。

和往常一样，秘密是保守不住的。有关这一发现的传闻扩散开来了；1609年，意大利物理学家伽利略重新发明了一具类似的仪器，并开始用以探索天空。人们将这种仪器称作"telescope"（望远镜），此词源于希腊语中的tele（意为"遥远"）和skopein（意为"注视"）。它使人们有办法注视遥远的物体了。

伽利略很快就取得了成就。他发现了月亮上的山脉，太阳上的黑子，金星的位相变化和木星最大的四颗卫星，后者至今还称为伽利略卫星。

汉斯·利帕希（约1570—1619）肖像，荷兰著名雕刻家和出版商雅各布·范莫伊尔斯（Jacob van Meurs，1619或1620—约1680）作于1655年（来源：Wikipedia）

法国内科医生拉厄内发明的早期听诊器（约1820年），现藏伦敦科学博物馆

　　现在广泛地用-scope作为科学仪器名称的后缀，来表示这些仪器帮助人们"看见那些看不见的东西"。然而，人类还可以靠视觉以外的其他感觉来了解周围的环境，有一种人们非常熟悉的仪器，靠的是听觉。

　　在漫长的世代中，医生总是靠把耳朵贴在病人的胸壁上捕获心搏和呼吸的声音，以了解病人胸腔内的情况。这叫作"听诊"（auscultation），它源自拉丁词auscultare，意为"听"。1819年，法国内科医生拉厄内设计出一种管子，其一端贴在病人的胸膛上，另一端置于医生耳内，那样听到的胸音就更清晰了。这样，就诞生了现代内科医生必不可少的"听诊器"（stethoscope），它源自希腊词stethos，意为"胸脯"，其后缀则与telescope的后缀一样，也是-scope。

原载《科技日报》1992年10月11日第2版，
因同期报纸第4版已有卞毓麟《哥伦布和"新大陆"》
一文，编辑遂将本文作者改署"阿麟"

096

雪莱夫妇·弗兰肯斯坦·机器人

今年8月4日是英国大诗人珀西·雪莱200周年诞辰。这位诗人出生小贵族家庭，早年深受英国学者威廉·葛德文《社会正义》一书的影响。他热爱人类，追求真理，献身理想，是欧洲最早歌颂空想社会主义的诗人之一。他27岁时写下了享誉全球的《西风颂》，诗中以摧枯拉朽的西风比喻势不可当的革命力量，其结尾——那是诗人对未来的憧憬——尤为脍炙人口：

> 从我的唇间吹出醒世的警号吧，西风啊，
>
> 如果冬天已到，春日焉能遥遥？

1814年春末夏初，22岁的雪莱拜访葛德文，后者未满17岁的女儿玛丽对他十分钟情，以后两人结成夫妻。1822年7月8日，方届而立之年的雪莱偕友驾舟在海上猝遇风暴，船覆身亡。玛丽随即整理其遗稿，于1824年刊印《雪莱遗诗集》，1839年出版详加注释的《雪莱诗集》，1840年出版《雪莱散文集》《海外书信集》等。1851年2月1日，玛丽·雪莱与世长辞。

玛丽本人的佳作有历史小说《瓦尔珀加》（1823年）、科学幻想小说《最后的人》（1826年）等。她最为世人推崇的作品则是其21岁时出版的《弗兰肯斯坦》（1818年），故事梗概是——

日内瓦的富家子弟维克多·弗兰肯斯坦是一位酷爱自然科学的大学生。他通晓解剖学和生理学，且在研究工作中发现了创造生命的秘密。他用解剖室和陈尸所里的材料造出一个身高8尺、容貌极端狰狞可怖的怪人。他本人也被怪人的突然出现吓呆了，在恐惧中惊叫着把自己的造物撵出去。怪人虽然诚挚地盼

《玛丽·雪莱和珀西·雪莱》，乔治·斯托达特（George Stodart, 1784—1884）依照亨利·威克斯（Henry Weekes, 1807—1877）的雪莱纪念碑创作的点刻雕版画（1853年）

望和人类交朋友，但是每一个人见到他不是惊呼狂逃便是企图置他于死地。伤心绝望之余，怪人萌生了复仇的念头。从此，灾难便接二连三地降临到维克多的头上：心爱的幼弟被人勒死，忠诚的女仆受人栽赃陷害成了凶手的替罪羊；接着，最知心的朋友在旅途中惨遭杀害；而当维克多与相爱至深的义妹成亲时，新娘当晚便被人乘隙掐死在洞房中。

所有这一切皆系怪人所为。维克多怒不可遏，发誓要铲除自己制造的这个恶魔。他拼命追踪怪人，直至冰天雪地的北极附近，终因心力交瘁含恨死去。那个怪人则厌恶无情的人世，悲凉地消逝在茫茫冰雪中。

后人将《弗兰肯斯坦》视为近代意义上的第一部科学幻想小说。19世纪初，资本主义在英法等国正处于上升时期，人们日渐觉察到了科学技术对于社会变革的巨大影响。同时，作者也深刻地看到了当时社会中包括善恶之争在内的种种矛盾冲突。正如诗人雪莱在由他代笔的该书"原序"中所说，这个故事"提供了一个新的着眼点：借助于想象，较诸单凭观察现实生活中的普通人际关系，更能全面而居高临下地刻画人类的激情"。

1831年版《弗兰肯斯坦》书影

　　《弗兰肯斯坦》一书影响深远。"弗兰肯斯坦"这个名字在英语词典里已成为一个具有特定含义的单词:"作法自毙的人。"弗兰肯斯坦的故事被再三再四地改编成戏剧,搬上银幕和摄制成电视片。由它开创的主题也为后来的科学幻想小说一再采用——人类造出了"科学怪人"或"机器人",到头来反为后者所害。

　　但是,将机器人描绘成为所欲为的怪物不仅与真正的科学大相径庭,而且对社会公众造成了不良的心理影响。20世纪40年代,美国作家艾萨克·阿西莫夫开始扭转了这种局面。他笔下的机器人可以说是一类全新的"人物",它们大多很善良,是人类的好伙伴。它们执行各种程序指令,而不会危及人类的安全——这正是现代科学技术中研制各种机器人的本意所在。

原载《科技日报》1992年9月13日第4版

097

不朽的阿西莫夫

　　1992年4月6日，在纽约大学附属医院，一颗不平凡的大脑永远地停止了思维——72岁的美国著名作家艾萨克·阿西莫夫因心脏和肾功能衰竭而与世长辞。根据他本人的意愿，遗体火化了，不举行葬礼。在半个多世纪的写作生涯中，他出版了近500本书。他的读者遍布全世界，人们在哀悼、怀念他。

　　将近20年前，我读到了阿西莫夫作品的第一个中译本：《碳的世界》（科学出版社，1973年）。这本不足10万字的小册子以极其平易浅显的语言颇有深度地讲述了有机化学的故事，讲述了形形色色的有机化合物与人类的关系：汽油、酒、醋、维生素、糖类、香料、肥皂、油漆、塑料……在这本书中，他写道："我们设想有两个小孩，各有一箱积木，可以用来搭房子。甲孩子那箱积木，有90种不同形状的木块，但是每一次只允许用10块或12块来搭房子。乙孩子那一箱积木，只有四、五种不同形状的木块，但是，他每次可以用任意数量的木块来搭房子，如果他喜欢，可以用100万块。显然，乙孩子可以搭成更多式样的房子！正是因为同样的理由，有机化合物要比无机化合物多得多。"

　　在这里，每一种形状的木块代表一种化学元素的原子。有机化合物虽然仅由碳、氢、氧、氮等少数几种元素构成，它们的分子中却可以包含成千上万、甚至上百万个原子；无机化合物虽可由90来种元素构成，却因每个分子仅含少量原子而远不如有机化合物那样变化多端。这个貌似平凡的比喻使我初次瞥见了作者很不平凡的阐释能力；从整本小册子中，我也初步领略了阿西莫夫科普作品的风貌。后来，我曾将其概括为：背景广阔、主线鲜明；布局得体、结构严整；推理严密、叙述生动；史料详尽、立足前沿；新意迭出、深蕴哲理。

阿西莫夫的书不仅写得极好,而且写得极多,其题材之广堪称空前:众多的科学普及读物(从数理化天地生到科学史和科学家传记,可谓无所不包)及大量的科学幻想小说;他写文学、写历史、写探案、写讽刺与幽默,乃至写《圣经指南》,等等。他的两大卷《莎士比亚指南》于1970年问世后有一位演员慕名拜访,后者以为阿西莫夫乃是一名莎学专家,故望能对自己的事业有所帮助。

阿西莫夫的第100本书《作品第100号》出版于1969年。该书节选了他的头99本书中富有代表性的片断,酌加说明编纂而成。他曾说过:

> 作家自己写的作品最能说明其人。倘若有人坚持要我谈谈我自己的情况,那么他们可以读一下我的几本书:《作品第100号》《早年的阿西莫夫》以及《黄金时代以前》,在那些书里,我告诉他们的东西比他们想知道的还要多得多。

1979年,按照同样的构思和格局,出版了他的《作品第200号》。

几乎与此同时,我和黄群首次合作译完阿西莫夫的一部作品:《洞察宇宙的眼睛——望远镜的历史》。我在译者前言中曾写道:"阅读和翻译阿西莫夫的作品,可以说都是一种享受。然而,译事无止境,我们常因译作难与作者固有的风格形神兼似而为苦。"

当时,适逢十年动乱告终,科学的春天到来之际。国内的科普创作日趋繁荣,国外优秀科普作品也时有引进。我本人则利用业余时间更多地研究阿西莫夫的著作。为此,我觉得有必要与阿西莫夫本人直接取得联系,并于1983年5月7日发出了致这位作家的第一封信:

> ……我读了您的许多书,并且非常非常喜欢它们。我(和我的朋友们)已将您的某些书译为中文。三天前,我将其中的三本(以及我自己写的一本小册子)航寄给您。它们是《走向宇宙的尽头》,《洞察宇宙的眼睛》,和《太空中有智慧生物吗?》,我自己的小册子则是《星星离我们多远》……

5月12日,他复了一封短信(他的信都相当简短,但非常清晰明了):

> 非常感谢惠赠拙著中译本的美意,也非常感谢见赐您本人的书。我真希望

1988年8月13日本书作者(中)
在纽约阿西莫夫家做客,与阿西
莫夫伉俪合影

我能阅读中文,那样我就能获得
用你们古老的语言讲我的话的感
受了。我伤感的另一件事是,由
于我不外出旅行,所以我永远不
会看见您的国家,但是,获悉我的
书到了中国,那至少是很愉快的。

艾萨克·阿西莫夫

确实,他从不旅行,也从不度假。1988年8月,我去美国开会,顺访阿西莫夫夫妇时又谈到了这一点。他诙谐地说:"人们度假时干什么呢?搂着自己的妻子,去做他们喜欢做的事。对吗?而我喜欢做的事情就是写作,所以如果说要度假的话,那么我做的事情也还是写书,这样也就无所谓度假了。"

1985年2月,我收到了阿西莫夫本人签名寄来的《作品第300号》(1984年出版),其体例与结构仍如《作品第100号》和《作品第200号》。及至1988年与之面晤时,他已收到了刚出版的第394本书。按惯例推断,此后不久就应该出现一本《作品第400号》了。想不到他在1989年10月30日的来信中写了这样的一段话:

事情恐怕业已明朗,永远也不会有《作品第400号》这样一本书了。对于我来说,第400本书实在来得太快,以致还来不及干点什么就已经过去了……

也许,时机到来时,我将尝试完成《作品第500号》(或许将是在1992年初,如果我还活着的话),并希望由道布尔戴出版公司出版。

我一直在期待这本书,它将会按时间先后列出阿西莫夫的第301本到第500本书的详目。去年我给他寄圣诞贺卡时还提及此事,然而未获回音。这使我隐约觉得:"或许有什么事情不太妙了?"——那差不多正是他去世前的一百天。

《作品第500号》永远不可能问世了。但是,阿西莫夫生前的许多作品都能使您愈读而愈见其妙。例如,《科技名人传记辞典》(中译116万字)和《最新科学指南》(中译94万字)我尤为喜爱,这也是阿氏本人最为得意的科普名著,我愿借此机会推荐给尚未读过它们的朋友们。另外,据本人统计,阿西莫夫的作品至少已有70多个中译本,皆值得一顾。

若要用寥寥数字来回答:"阿西莫夫其人若何?"那么我将会说:"严肃的作家,平易诙谐的人。"有很多例子可以说明他的幽默性格。1985年,法国《解放》杂志出版了一部题为《您为什么写作》的专集,收有各国名作家400人的笔答。阿西莫夫的回答是:

> 我写作的原因,如同呼吸一样;因为如果不这样做,我就会死去。

真的,他活着,一直在写;而当丧失写作能力时,他死了。有人说,"阿西莫夫一生中只想做一件事,并且极为出色地学会了它:他教会自己写作,并用自己的写作使全世界的读者深受教益,共享欢乐"。看来,一辈子真正做好一件重要的事情,要比做一百件事却件件做得并不出色更加令人向往和敬仰吧。

原载《科技日报》1992年7月5日第4版

追 记

艾萨克·阿西莫夫去世后,其遗孀珍妮特·阿西莫夫根据他的三大卷自传辑录选编了《这是美好的一生》一书,由普罗米修斯图书公司于2002年出版。"这是美好的一生"系阿西莫夫去世前不久向读者告别的用语,后面还有一句:"请别为我担心。"

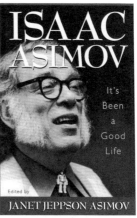

2003年12月14日本书作者再访年已77岁的阿西莫夫遗孀珍妮特(左),并获赠她辑录的《这是美好的一生》一书(右)

098

明月几时休
把酒问光环

常言道：物以稀为贵。然而，对于大自然的探索者而言，即使对同类对象的观测，看来也还是多多益善。此类事例不胜枚举，自可拾趣而述之。

1609年，伽利略发明了天文望远镜。它以神奇的方式武装了人类窥视大千世界的眼睛。然而，有那么一件事情却使这位大智者茫然弥久而无所适从。

1610年，伽利略从望远镜中看到土星的两侧似乎各有一个"附属物"。这使他想到，也许土星亦如木星一般，拥有自己的卫星。但奇怪的是，这些附属物竟日复一日地缩小，乃至消失不见了。

在欧洲，土星是以古罗马神话中的萨图恩神（即希腊神话中的克洛诺斯神）命名的。他废黜了生父天神乌拉诺斯而入主天界。他唯恐自己的孩子也来个以其人之道还治其人之身，便在他们初生之际将他们一一吞吃了。面对着土星"附属物"之失踪，伽利略不免暗自思索：难道萨图恩神至今还在吞食自己的子女？后来，这些奇怪的"附属物"又出现了。但是，要想查明其本质，已非伽利略那些简陋的仪器所能奏效。

40年后，荷兰学者惠更斯以大为改善的望远镜揭开了土星"附属物"之谜。1659年，他以简练而富于诗意的话语公布了自己的发现："有环围

土星光环由无数岩石碎片和冰块构成，
这些碎块小的如同尘埃，大的堪比楼宇

绕,又薄又平,不和土星接触,而与黄道斜交。"这,便是著名的土星光环。惠更斯还正确地阐明了土星光环形状不断变化的原因:地球和土星在环绕太阳运行的过程中,彼此间的相对位置在不断地变化,所以土星光环便常以不同的角度朝向我们。而当我们恰从其侧面看去时,薄薄的光环便仿佛消失了。

嗣后300余年间,人们一直把美丽的土星光环视为造化赐予天文学家的精美工艺品。"土星是太阳系中唯一带环的行星",在一代又一代人撰写的天文学教本中,不知重复了多少遍。这真是"物以稀为贵"啊。

然而,这种垄断局面在1977年被意外地打破了。那年3月10日,美国、印度、中国等几个国家的天文学家各自准备就绪,等候观测一次罕见天象——天王星掩恒星,这乃是间接地研究天王星大气的极佳时机。观测结果使人们大为惊异:在预计的掩星时刻前数十分钟,先期出现了一些"次掩",而在天王星本体掩星过后,又再次发生了另一组类似的"次掩"事件。

精细的研究表明,这些出乎意料的"次掩"乃是围绕着天王星的一些环造成的。可惜,这些环既暗且细,因此在地球上无法直接从望远镜中目睹其实际形象。

1979年3月,"旅行者1号"宇宙飞船掠过木星时,发现了木星也有光环。至此,在各大行星中,确定带环者已多达三个,"成三为多"光环已非"稀有之物"了。

但是,天文学家们并未因为光环不再罕见而减少了对它们的兴趣。他们清楚地认识到,每多一个光环样品便多了一个更深刻地理解这种自然现象的机会。无论是土星环、木星环,还是天王星环,皆由无数小碎块组成。碎块直径仅为几厘米乃至更小,只有少数可用米度量。每个碎块都宛如一颗小小的卫星,在自己的轨道上绕着母体行星奔波不息。各行星环的来龙去脉虽有不同,却有一个基本的共同点,那就是行星的潮汐力使离它近到

2005年哈勃空间望远镜拍摄的天王星及其环带。照片系使用不同曝光时间所摄图像合成而得,如此才能使明亮的天王星主体和幽暗的环带同时显现出来(来源:NASA/ESA/STScI)

1989年"旅行者2号"拍摄的海王星环系，由左右一双图拼合而成（来源：NASA/JPL）

某一范围内（这称为"洛希极限"）的那些物质不能凝成大团而只能各自成块。

在太阳系中，木星、土星、天王星和海王星相似之处甚多，人们有时统称它们为类木行星。木星环既经发现，人们立即联想到：海王星是否亦有环？当然，由于海王星比前述三颗行星遥远得多，即使它真有环，也很难指望用天文望远镜直接观测到。

1984年7月，"掩星"再次帮了天文学家的忙。这次发生的是"海王星掩恒星"事件。有两组天文学家在此期间探测到，有一个弧状物在距离海王星大约7.7万千米处绕之运行。人们虽然还不清楚这个"海王星之弧"的来历，但它是一个"不完整的环"则已无多大异议。目前，"旅行者2号"宇宙飞船正在向海王星奔去。预计它在1989年掠过海王星时，便可获得海王星环的明确答案。随着观测到的光环数目的增加，人们对光环的认识更深入了。因此，在天文学者们中间已出现了一个大胆的预测：今后还可能在太阳系的其他星体出现新的光环。例如，火星的一颗卫星——火卫一，距离火星仅9000余千米，而且由于潮汐作用，其公转轨道正在日益缩小。它很可能在今后一亿年内在离火星更近的地方被火星的潮汐力撕碎、瓦解，从而产生一个暗弱的"火星环"。

倘若月亮绕地球运行的轨道也不断地缩小，那么它总有一天会落到地球的"洛希极限"以内。那时，地球的潮汐力也会将其粉而碎之。有人根据地—月系统潮汐演化的趋势推断，这或将发生于50亿年之后。那时，皎洁的明月便不复可见，取而代之的则是一道美妙动人的光环。到那时，人类对光环的认识已远非今日所能相比。光环早就不是什么稀罕的东西了，但是，只要还有人留在地球上，他们就决不会拒绝欣赏这个由月亮变成的"地球光环"，那时的人们将举杯赞叹："明月几时休，把酒问光环！"。

原载《科技日报》1987年2月17日第4版，署名"梦天"

099
从耶稣诞生到"乔托"号冒险
——三月十三日,"乔托"号抵达最接近彗核的地方

当代科学的词汇多得令人眼花缭乱。许多看来很奇怪的科学名词,往往蕴含着妙趣横生的故事和源远流长的信息。今年前往迎接哈雷彗星的"乔托"号宇宙飞船,其命名之由来可追溯到耶稣降生的传说,便属兴味盎然的一例。

在《圣经》中,"耶稣降世"的故事梗概是:童贞女玛丽亚蒙恩圣灵而有孕。不久,罗马皇帝奥古斯都下旨调查人口,命百姓各回原籍。玛丽亚随夫返归伯利恒故里。他们到达伯利恒那天,因旅店客满,只得暂栖畜厩。偏巧,玛利亚产期已临,便在畜厩中生下儿子耶稣。这时候,伯利恒上空出现了一颗奇亮的明星。在东方有三位博士,见此奇星乃知真主降世,便赶赴伯利恒参拜了刚诞生的圣子。

这个充满神奇色彩的故事,唤起了后世画家的灵感。意大利文艺复兴时期的大师如达·芬奇、波提切利、菲利波·利比等皆曾以此题材作画。其中乔托的《三博士朝圣》却有其特殊的妙处。他的作品表达方式简明而富有表现力,这幅画中玛丽亚感人的脸庞

乔托(Giotto di Bondone, 约1267—1337)肖像,制作年代在1490至1550年之间

1988年8月作者在美国巴尔的摩市举行的第20届国际天文学联合会大会上拍摄的"乔托"号飞船复制品

便是人们乐道的典范。更有趣的是,后世天文学家对这幅画的钟爱程度甚至超过了艺术家,因为在这幅画上,奇异的"伯利恒之星"乃是一颗形态逼真的大彗星。

天文学家们推断,在传说的耶稣诞生之年并无特大彗星出现。那么,乔托的上述创作动因何在呢?

在哈雷彗星。1301年哈雷彗星回归时,那明亮的彗头和颀长的彗尾给乔托留下了极深的印象。两年后,他便在帕多瓦的一座教堂里完成了壁画《三博士朝圣》。可以顺理成章地认为,画中在畜厩上空闪耀着的,正是哈雷彗星的化身。

嗣后,迄20世纪前叶,哈雷彗星又曾先后回归8次。在此期间,人们渐次发明了天文望远镜、掌握了运用天体力学计算彗星轨道的方法、用照相术留下了彗星的永久性形象、用分光法研究了彗星的化学成分。但是,要确切查明彗星物质究竟是何等模样,却必须发送宇宙飞船去直接采集彗星物质样品。

这一次哈雷彗星再度回归,苏联、日本、西欧业已分别发射了5艘宇宙飞船,携载多种科学探测仪器,专程前往与之相会。其中,苏联的"维加1号"飞船将于今年3月6日逼近哈雷彗星,届时它与哈雷彗核的距离将在10 000千米以内。彗星的尘埃粒子或许会击穿甚至摧毁这艘飞船,因此这是一次相当冒险的飞行。

西欧国家的"欧洲空间局"则更为大胆。它要使自己的飞船切入哈雷彗星的主体,离彗核只有500千米。人们寓意深长地把这艘飞船命名为"乔托"号,是因为乔托在将近700年前首次以画家的精确性绘下了哈雷彗星的形象,这艘飞船则可望首先揭开哈雷彗核的真面目。

"乔托"号飞船将于今年3月13日抵达最接近哈雷彗核的地方。它在到达目的地之前或将因彗星尘粒的猛烈轰击而一命呜呼。因此，人们常说它也许是正在向自杀进军。即便如此，这种牺牲无疑也是值得的。"不入虎穴，焉得虎子"嘛！何况地面控制人员还可以利用"维加1号"提供的资料，将"乔托"号的飞行途径修改得更安全而切实可行。"乔托"飞船的命运和业绩在15天之内便将见分晓。

原载《中国科技报》1986年3月10日第4版，署名"梦天"

追 记

实际上，"乔托"号飞船最接近哈雷彗核的时间是1986年3月14日。那天，它到达距离哈雷彗核不足600千米处。由于遭到彗星尘粒的猛烈轰击，在发送了34分钟的数据后，约半数的仪器被毁并终止了工作。

真所谓"不入虎穴，焉得虎子"，"乔托"号查明哈雷彗核是一个极暗的物体，有三处地方喷出由细尘组成的喷流。彗核的形状不规则，宛如一只马铃薯或一粒花生，其尺度要比预期的大：长约15千米，宽7—10千米。科学家们还发现，大约90%的彗星尘埃似乎由含碳物质构成，而此前人们曾以为彗星尘埃的主要成分是硅酸盐。

1986年3月14日"乔托"号飞船拍摄的哈雷彗核照片，也是迄今为止唯一的哈雷彗核特写镜头（来源：ESO）

100

月亮——地球的妻子？姐妹？还是女儿？

中秋赏月，忽有友人相问："月亮生于何年，来自何方？"

在天文学上，这个问题称为"月球的起源"。其答案虽然至今尚付阙如，但是太空悬案的侦察员——天文学家们——却根据众多的天文观测事实，对月球的身份作了合乎逻辑的推测。总的说来，大致有三种可能：月球若不是地球的妻子，那

"月亮——地球的妻子？姐妹？还是女儿？"一文起初作为"科学小品征文"应征作品，载于《北京晚报》1983年10月19日"科学长廊"专刊第192期

便是地球的姐妹,或者是地球的女儿。

你看,月球的平均密度是每立方厘米3.34克,只相当于地球密度的五分之三,而且两者的化学成分又大不相同,因此情况很可能是这样:当46亿年以前我们这个太阳系从一大团星云物质脱胎而出时,月球和地球分别处在相去甚远的不同部位,它们各由当地的不同物质所形成。另一方面,月球的平均密度又与小行星乃至陨星的密度十分相近。所以,它原先很可能是一颗小行星,在它围绕太阳运行的过程中一度接近地球,并为后者的引力所俘获,而成为地球的卫星。这种学说称为"俘获说"。倘若情况果真如此,那么,将地球与月球比作邂逅遂成天作之合的夫妻,岂不是再妙不过了吗?

但是,地球的直径只是月球直径的3.7倍,相去并不悬殊,况且,迄今为止人们所知的小行星无一例外都比月球小得多,所以,像地球这么一颗并不很大的行星,偏偏要俘获一个像月球这么大的小行星亦实非易事。于是,有一部分天文学家认为:在太阳系形成之际,地球和月球由同一块尘埃云凝聚而成。它们的平均密度和化学成分之所以不同,乃是由于原始星云中的金属成分在行星形成之前已先行凝聚成团。地球形成的时候,一开始便以大团的铁作为核心,并在其外围吸积了许多密度较小的石物质。月球的形成稍晚于地球,它由地球周围残余的非金属物质聚集而成,因而密度较小。这种学说称为"同源说"。如此看来,月亮岂不就是地球的妹妹?

最后一种推测更具有戏剧性:在四十多亿年前,太阳系形成之初,地球、月球原为一体,当时地球处于高温熔融状态,自转很快;天长日久,便从其赤道区飞出一大块物质,形成了月球。太平洋便是月球分裂出去的残迹。你看,月亮岂不又成了地球的女儿? 不过,这种理论却面临着许多难题,比方说,它有一个必然的推论,即月球的位置应该处在地球的赤道面上,而实际情况却并非如此。现在,赞成这种"分裂说"的人已经比较少了。

可爱的月亮啊,你究竟是谁? 你尽可以讳莫如深,人类却总有一天会掀开你的神秘面纱,把你的真相查个水落石出!

原载《北京晚报》1983年10月19日第2版

追 记

《月亮——地球的妻子？ 姐妹？ 还是女儿？》(下简称《月亮》)一文的来龙去脉颇有意思。1983年秋,《北京晚报》《新民晚报》《呼和浩特晚报》等13家媒体晚报联合举办"全国晚报科学小品征文",应征文章不得超过千字。应《北京晚报》科学版编辑黄天祥先生之约,我写了《月亮》一文,介绍历史上三种不同的月球起源理论。此文于当年10月19日载于《北京晚报》"科学长廊"专刊,翌年获征文活动"佳作小品"奖。

1987年,《月亮》荣获"第二届全国优秀科普作品奖";1988年,入选人民教育出版社出版的初中课本《语文》第六册(略有改动);1989年,被北京市科学技术协会和《北京晚报》联合评为"科学长廊"10年(500期)优秀作品一等奖;1990年,收入人民教育出版社的义务教育三、四年制初级中学语文自读课本第三册《长城万里行》;2002年,收入广西教育出版社的《新语文课本·小学卷8》;2006年,收入上海辞书出版社九年义务教育课本拓展型课程教材《语文综合学习·九年级(试验本)》……

广西教育出版社的《新语文课本·小学卷8》注明,《月亮》一文选自《人与自然精品文库·环境卷》(黎先耀先生主编,四川人民出版社1995年12月出版)。这《环境卷》中的"星空篇",第一篇文章是先师戴文赛教授的《牛郎织女》。

上述13家晚报的那次征文,应征稿多达9000余篇,最后从正式发表的作品中选出近百篇结集成册,名之曰《科技夜话——全国13家晚报科学小品文选集》(黄天祥等选编,天津科学技术出版社1984年12月出版)。著名作家秦牧先生为之作"序",写道:"形象的描绘,美妙的比喻,幽默的隽语,奇特的联想,往往都可以产生神奇的魅力……这本集子的作品在这方面也有不少创造。单说标题吧!《月亮——地球的妻子？ 姐妹？ 还是女儿？》《跳进黄河洗得清》《留得秋桔春天采》《人脑中的河》之类的题目就令人禁不住想喊一声'妙'了。"

1992年10月,上海教育出版社的《语文学习》杂志编辑周忠麟先生专程赴京采访我。后来在《语文学习》1993年第6期封二刊出署名本刊记者的"科普作家卞毓麟访谈录"。凑巧,周忠麟还是我的中学校友,在上海市卢湾中学比我晚几届

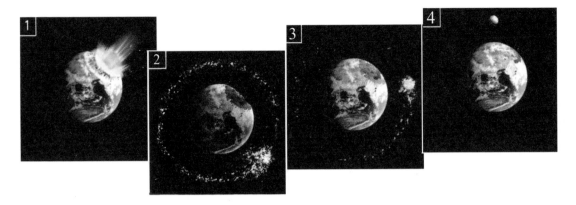

月球起源大碰撞说示意图：（1）一个火星大小的外来天体同原始地球相撞;（2）撞出的部分物质绕着原始地球转动;（3）后来渐渐凝聚成为月球的前身;（4）最终演化成今天的月球

高中毕业。

当今的科学发展很快。20世纪后期，一种关于月球起源的新假说逐渐为更多的科学家所接纳。它称为"大冲撞说"或"大碰撞说"，要点是：地球刚形成的时候，有一个和火星差不多大小的天体同它相撞；导致两者各有大量物质碎块溅入空中，撞击造成的高温使这些碎块熔化、蒸发，渐渐消散在太空中；其中有一部分物质进入环绕地球的轨道，绕着原始地球转动，后来又渐渐凝聚、冷却，成为月球的前身，并最终演化成如今人们所见的月球。

为此，我又写了一篇新的科普文章《月亮是从哪里来的》，收入《不知道的世界·天文篇》（卞毓麟著，中国少年儿童出版社1998年8月出版），后来还入选人民教育出版社2014年10月出版的义务教育教科书（新疆专用）《语文》八年级下册。